U0209827

运筹与管理科学丛书 26

排队博弈论基础

王金亭 著

科学出版社

北 京

内 容 简 介

本书简要介绍基于博弈论的排队经济学理论和主要结果,建立了一个完整的理论框架. 内容包括排队论及博弈论基础知识、可见信息系统、不可见信息系统、优先权排队博弈、可修排队博弈、休假排队博弈、重试排队博弈等各种连续时间排队系统的均衡分析,以及排队博弈在通信网络中的应用实例. 本书很多内容是作者近年来的研究成果,并包含了一些新的尚未发表的结果.

本书可作为运筹学、管理科学、系统科学、交通运输、无线通信、计算机科学等有关专业的高校师生、科研人员的参考书,同时也可作为有关专业的研究生和高年级本科生的教材. 阅读本书只需具备微积分和初等概率论的基本知识. 对于有志于从事排队论和博弈论交叉领域研究的读者,这是一本较为合适的基础性的入门书.

图书在版编目(CIP)数据

排队博弈论基础/王金亭著. —北京: 科学出版社, 2016

(运筹与管理科学丛书; 26)

ISBN 978-7-03-049094-0

I. ①排⋯ II. ①王⋯ III. ①排队–博弈论–研究 IV. ①O225

中国版本图书馆 CIP 数据核字 (2016) 第 142077 号

责任编辑: 李静科/责任校对: 张凤琴
责任印制: 张 伟/封面设计: 陈 敬

科 学 出 版 社 出版

北京东黄城根北街 16 号
邮政编码: 100717
http://www.sciencep.com

北京九州迅驰传媒文化有限公司印刷

科学出版社发行 各地新华书店经销

*

2016 年 6 月第 一 版 开本: 720 × 1000 1/16
2025 年 2 月第七次印刷 印张: 12
字数: 237 000

定价: **88.00 元**
(如有印装质量问题, 我社负责调换)

《运筹与管理科学丛书》序

运筹学是运用数学方法来刻画、分析以及求解决策问题的科学. 运筹学的例子在我国古已有之, 春秋战国时期著名军事家孙膑为田忌赛马所设计的排序就是一个很好的代表. 运筹学的重要性同样在很早就被人们所认识, 汉高祖刘邦在称赞张良时就说道: "运筹帷幄之中, 决胜千里之外."

运筹学作为一门学科兴起于第二次世界大战期间, 源于对军事行动的研究. 运筹学的英文名字 Operational Research 诞生于 1937 年. 运筹学发展迅速, 目前已有众多的分支, 如线性规划、非线性规划、整数规划、网络规划、图论、组合优化、非光滑优化、锥优化、多目标规划、动态规划、随机规划、决策分析、排队论、对策论、物流、风险管理等.

我国的运筹学研究始于 20 世纪 50 年代, 经过半个世纪的发展, 运筹学队伍已具相当大的规模. 运筹学的理论和方法在国防、经济、金融、工程、管理等许多重要领域有着广泛应用, 运筹学成果的应用也常常能带来巨大的经济和社会效益. 由于在我国经济快速增长的过程中涌现出了大量迫切需要解决的运筹学问题, 因而进一步提高我国运筹学的研究水平、促进运筹学成果的应用和转化、加快运筹学领域优秀青年人才的培养是我们当今面临的十分重要、光荣、同时也是十分艰巨的任务. 我相信,《运筹与管理科学丛书》能在这些方面有所作为.

《运筹与管理科学丛书》可作为运筹学、管理科学、应用数学、系统科学、计算机科学等有关专业的高校师生、科研人员、工程技术人员的参考书, 同时也可作为相关专业的高年级本科生和研究生的教材或教学参考书. 希望该丛书能越办越好, 为我国运筹学和管理科学的发展做出贡献.

袁亚湘

2007 年 9 月

前　　言

　　经典的排队理论主要研究排队系统本身的客观规律,在具体的排队模型中对顾客到达及其服务时间分布规律进行统计建模,利用概率论、随机过程等理论得出排队系统的队列长度、等待时间、忙期等指标.但不可忽视的是,在一个排队系统中,顾客、服务商及系统管理者也是重要组成部分.他们的自主行为将直接影响到整个系统的性能,使得排队策略具有灵活性,更加符合实际情况但同时也使得排队分析更加复杂.在经典排队理论中顾客个体的策略性决策行为往往被忽略,各种服务系统的性能分析、最优设计及控制等相关问题分析中很少考虑顾客的经济效用及其带来的对系统性能的各种影响.许多研究表明,人的行为表现出一些特有的性质,如风险厌恶(偏好)、损失厌恶、参照依赖、不等值贴现等,导致人们在行为上并不一定按照从系统整体最优化的角度给出的“效用最大”模式那样去做,而是会根据系统的不同信息及自己的风险特征做出“自己满意的选择”.因此,对于有顾客个体特征决策行为的服务系统,出现了经典运筹学、统计学和经济学不能直接应用和处理的一些新问题.

　　基于博弈论的排队经济学理论是一个快速发展的研究领域.国内外已有学者将行为科学引入到运筹学中,开展行为运筹学与行为运作管理的研究工作,并迅速成为新的学术热点.具体对于排队系统博弈理论来说,一方面,顾客希望自己能够及时得到服务.顾客在接受服务后能够得到一定的效用收益,但在一定的费用结构下,顾客的排队时间越长,相应的损失就越大.另一方面,服务设施也有本身的损耗,比如预防维修、更换服务设备等.服务商可以对提供的服务进行定价,有时对顾客收取准入费用后才允许顾客排队,以达到控制顾客流的目的.在这个过程中,顾客和服务商都追求各自的利益最大化.顾客自主选择排队策略,其行为受到自身掌握的系统信息和其他顾客行为策略的影响.服务商对服务费用定价的时候也不得不考虑顾客可能采取的行为及策略.总之,两者在决策的同时都不得不考虑对方行为对自己的影响,于是就形成了双方乃至更多方之间的博弈.另外,系统的费用结构可以根据实际问题的不同而变化,不同顾客的优先级有别、服务商的服务能力不同,以及排队规则的不同变化等,使得该问题具有多样性,因此排队系统的博弈分析在银行服务、企业订单生产、通信网络等领域都有广泛的重要应用.

　　本书试图简要介绍基于博弈论的排队经济学理论.在取材时,尽可能包括排队博弈理论的基本内容、基本模型和方法.内容包括排队论及博弈论基础知识、可见信息系统、不可见信息系统、优先权排队博弈、可修排队博弈、休假排队博弈、重试排队博弈等各种连续时间排队系统的均衡分析, 以及排队博弈在通信网络中的应用实例. 本书很多内容是作者近年来的研究成果, 并包含了一些新的尚未发表的结果. 由于篇幅的限制, 同时考虑读者的广泛性, 作者舍弃了不少更深入的理论问题和某些虽然重要但较特殊的系统的讨论.

　　本书可作为运筹学、管理科学、系统科学、交通运输、无线通信、计算机科学等有关专业的高校师生、科研人员的参考书, 同时也可作为有关专业的研究生和高年级本科生的教材. 本书对排队系统的博弈分析相关的基本概念给出了严格的数学定义, 对一些基本的结论和公式尽量给出数学证明. 对于有志于从事排队论和博弈论交叉领域研究的读者, 这是一本较为合适的基础性的入门书.

　　作者衷心感谢导师曹晋华研究员长期的鼓励和支持, 感谢美国得克萨斯州南方大学李伟教授、西华盛顿大学张喆教授、加拿大卡尔顿大学赵一强教授、新加坡国立大学张汉勤教授以及师兄刘斌、岳德权、李泉林等教授的长期合作和指导. 同时也十分感谢北京交通大学理学院数学系刘彦佩教授、修乃华教授、常彦勋教授的支持和鼓励. 感谢我的研究生们的录入及部分校对工作, 张钰同学帮助校对了书稿校样. 感谢科学出版社数理分社李静科老师, 她为本书的出版付出了辛勤的劳动. 最后, 作者感谢家人长年累月无私的支持和奉献, 没有他们的支持, 这项工作是不可能完成的.

　　本书得到了教育部新世纪优秀人才支持计划 (NCET-11-0568) 和国家自然科学基金的资助 (批准号: 11171019, 71571014, 71390334).

　　由于作者水平所限, 不妥之处在所难免, 欢迎广大读者批评指正, 以求改进.

作者

2016 年 3 月

于北京交通大学红果园

目 录

第 1 章　基 础 知 识

本章主要参考 Gross 和 Harris(1998), Hassin 和 Haviv(2003), Nisan, Rough-garden, Tardos 和 Vazirani(2007) 的专著, 给出博弈论以及排队论的相关基本概念.

1.1　博弈论基础

1.1.1　博弈的定义

博弈 即一些个人、队组或其他组织, 面对一定的环境条件, 在一定的规则下, 同时或先后, 一次或多次, 从各自允许选择的行为或策略中进行选择并加以实施, 各自取得相应结果的过程.

从上述定义中可以看出, 规定或定义一个博弈需要设定下列四个方面.

(1) **博弈的参加者 (Player)**　即在所定义的博弈中究竟有哪几个独立决策、独立承担结果的个人或组织. 对我们来说, 只要在一个博弈中统一决策、统一行动、统一承担结果, 不管一个组织有多大, 哪怕是一个国家, 甚至是许多国家组成的联合国, 都可以作为博弈中的一个参加方. 并且, 在博弈的规则确定之后, 各参加方都是平等的, 大家都必须严格按照规则办事. 为统一起见, 将博弈中的每个独立参加方都称为一个 "博弈方".

(2) **各博弈方各自选择的全部策略 (Strategies) 或行为 (Actions) 的集合**即规定每个博弈方在进行决策时, 可以选择的方法、做法或经济活动的水平、量值等. 在不同博弈中可供博弈方选择的策略或行为的数量很不相同, 在同一个博弈中, 不同博弈方的可选策略或行为的内容和数量也常不同, 有时只有有限的几种, 甚至只有一种, 而有时又可能有许多种, 甚至无限多种可选策略或行为.

(3) **进行博弈的次序 (Orders)**　在现实的各种决策活动中, 当存在多个独立决策方进行决策时, 有时候需要这些博弈方同时做出选择, 因为这样能保证公平合理, 而很多时候各博弈方的决策又有先后之分, 并且有时一个博弈方还要做不止一次的决策选择. 这就免不了有一个次序问题. 因此规定一个博弈必须规定其中的次序, 次序不同一般就是不同的博弈, 即使博弈的其他方面都相同.

(4) **博弈方的收益 (Payoffs)**　对应于各博弈方的每一组可能的决策选择, 都应有一个结果表示该策略组合下各博弈方的所得或所失. 由于我们对博弈的分析主要是通过数量关系的比较进行的, 因此我们研究的绝大多数博弈, 本身都有数量的结果或可以量化为数量的结果, 如收入、利润、损失、个人效用和社会效用、经济福利等. 博弈中的这些可能结果的量化数值, 称为各博弈方在相应情况下的 "收益". 规定一个博弈必须对收益做出规定, 收益可以是正值, 也可以是负值, 它们是分析博弈模型的标准和基础. 值得注意的是, 虽然各博弈方在各种情况下的收益应该是客观存在, 但这并不意味着各博弈方都了解各方的收益情况.

以上四个方面是定义一个博弈时必须首先设定的, 确定了上述四个方面就确定了一个博弈. **博弈论**就是系统研究可以用上述方法定义的各种博弈问题, 寻求在各博弈方具有充分或者有限理性 (Full or Bounded Rationality) 能力的条件下, 合理的策略选择和合理选择策略时博弈的结果, 并分析这些结果的经济意义、效率意义的理论和方法.

所有博弈方同时或可看作同时选择策略的博弈称为**静态博弈** (Static Game). 我们把决策有先后顺序的博弈称为**动态博弈** (Dynamic Game), 也称**多阶段博弈** (Multistage Game). 动态博弈中在轮到行为时对博弈的进程完全了解的博弈方, 称为具有**完美信息** (Perfect Information)的博弈方, 如果动态博弈的所有博弈方都有完美信息, 则称为**完美信息的动态博弈**. 动态博弈中轮到行为的博弈方不完全了解此前全部博弈进程时, 称为具有**不完美信息** (Imperfect Information)的博弈方, 有这种博弈方的动态博弈则称为**不完美信息的动态博弈**.

1.1.2 非合作博弈

一般地, 我们将允许存在有约束力协议的博弈称为**合作博弈** (Cooperative Game). 与此相对的是, 我们将不允许存在有约束力协议的博弈称为**非合作博弈** (Non-cooperative Game). 由于在合作博弈和非合作博弈两类博弈中, 博弈方基本的行为逻辑和研究它们的方法有很大差异, 因此它们是两类很不相同的博弈. 事实上, "合作博弈理论" 和 "非合作博弈理论" 正是博弈论最基本的一个分类, 它们在产生和发展的路径, 在经济学中的地位、作用和影响等许多方面都有很大的差异. 现代占主导地位, 也是研究和应用较多较广泛的, 主要是其中的非合作博弈理论.

我们常用 G 表示一个非合作博弈. 如果 G 有 n 个博弈方, 每个博弈方全部可选策略的集合我们称为 "策略空间", 分别用 S_i 表示, 其中 $i = 1, 2, \cdots, n$.

一般地, 我们将各博弈方都完全了解所有博弈方各种情况下的博弈称为**完全信息** (Complete Information)博弈, 而将至少部分博弈方不完全了解其他博弈方收益情况的博弈称为**不完全信息** (Incomplete Information)博弈或**贝叶斯博弈** (Bayesian Game).

纯策略 (Pure Strategy) 在完全信息博弈中, 如果在每个给定信息下, 只能选择一种特定策略, 这个策略称为纯策略.

混合策略 (Mixed Strategy) 如果在每个给定信息下只以某种概率选择不

同策略, 称为混合策略.

混合策略是纯策略在空间上的概率分布, 纯策略是混合策略的特例.

收益函数 (Payoff Function) 每个参与人在参与博弈时依据其所属类型和选择的行动可获得的收益.

记 $s = (s_1, \cdots, s_n)$ 为一个策略组合, $s_i \in S_i$, 每个博弈方的收益函数为 $F_i(s)$. 用 s_{-i} 表示除了第 i 个人, 其他所有人的策略组合. 如果 s_i 是一个混合策略, 以概率 α 选择 s_i^1, 以概率 $1 - \alpha$ 选择 s_i^2, 那么第 i 个人的收益就是

$$F_i(s_i, s_{-i}) = \alpha F_i(s_i^1, s_{-i}) + (1 - \alpha) F_i(s_i^2, s_{-i}).$$

策略 s_i^1 比 s_i^2 **弱占优**, 指的是对于任意的 s_{-i} 有 $F_i(s_i^1, s_{-i}) \geqslant F_i(s_i^2, s_{-i})$ 成立, 其中至少有一个 s_{-i} 使得 ">" 成立. 如果说 s_i 是一个弱占优的策略, 那么它对其他所有策略都是弱占优的.

如果

$$s_i^* \in \arg \max_{s_i \in S_i} F_i(s_i, s_{-i}),$$

那么策略 s_i^* 被称为对 s_{-i} 是**最佳对策**.

1.1.3 纳什均衡

定义 1.1.1 在博弈 G 中, 如果由各个博弈方的各一个策略组成的某个策略组合 $s = (s_1, \cdots, s_n)$ 中, 任一博弈方 i 的策略 s_i^e, 都是对其余博弈方策略的组合 s_{-i}^e 的最佳对策, 也即

$$F_i(s_i^e, s_{-i}^e) \geqslant F_i(s_i, s_{-i}^e),$$

对任意的 $s_i \in S_i$ 都成立, 则称 $s^e = (s_1^e, \cdots, s_n^e)$ 为 G 的一个**纳什均衡 (Nash Equilibrium)**.

如果简单的考虑各博弈方都是同类型的, 那么得到的是**对称均衡 (Symmetric Equilibrium)**.

由一个动态博弈第一阶段以外的某阶段开始的后续博弈阶段构成的, 有初始信息集和进行博弈所需要的全部信息, 能够自成一个博弈的原博弈的一部分, 称为原动态博弈的一个**子博弈 (Subgame)**.

如果在一个完美信息的动态博弈中, 各博弈方的策略构成的一个策略组合满足, 在整个动态博弈及它的所有子博弈中都构成纳什均衡, 那么这个策略组合称为该动态博弈的一个**子博弈完美纳什均衡 (Subgame Perfect Equilibrium)**. 简单地说, 这组策略必须在每一个子博弈中都是最优的.

子博弈完美纳什均衡是稳定的, 是比纳什均衡更强的均衡 (排除均衡策略中不可信的威胁或承诺). 如果不是子博弈完美纳什均衡, 可能在某些子博弈中不符合博弈方的自身利益.

1.1.4　进化稳定策略

定义 1.1.2　对于一个均衡策略 y, 可能存在另一个最佳对策 $z(z \neq y)$. 所以当之前的人都开始选择策略 y 时, 有部分人可能选择 z, 如果 z 对于自身是最佳对策, 并且比 y 好, 那么所有人都会转而去选择 z. 在这种情况下, 策略 y 是不稳定的. 如果没有这样的 z 存在, 则 y 是一个**进化稳定策略 (Evolutionarily Stable Strategy)**.

记 $F(x, y)$ 表示其他人选择策略 y, 自己选择 x 的收益函数. 一个均衡策略 y 被称为是进化稳定策略, 当它满足以下条件:

$$F(y, y) \geqslant F(x, y), \quad x \in S,$$
$$F(z, y) \geqslant F(x, y), \quad x \in S, z \neq y,$$
$$F(y, z) > F(z, z).$$

1.1.5　拥挤偏好和拥挤厌恶

假设对于任意的策略 y, 存在唯一的最佳对策 $x(y)$, 即

$$x(y) = \arg \max_x F(x, y).$$

如果 $x(y)$ 关于 y 单调减少, 则称这种情形为**拥挤厌恶 (Avoid the Crowd)**, 简称 ATC.

如果 $x(y)$ 关于 y 单调增加, 则称这种情形为**拥挤偏好 (Follow the Crowd)**, 简称 FTC.

在 ATC 情形中, 最多只可能存在一个均衡解. 而在 FTC 情形中, 可能存在多个均衡解.

1.2　排队论基础

排队论 (Queueing Theory) 又名**随机服务系统理论**, 是研究拥挤现象的一门数学学科. 它通过研究各种服务系统在排队等待中的概率特性, 来解决系统的最优设计和最优控制. 排队论是运筹学的重要分支, 也是应用概率的重要分支, 所研究的问题有很强的实际背景, 它起源于 20 世纪初丹麦电信工程师 A.K.Erlang 对电信系统的研究. 之后, 经过国内外的数学家和运筹学家的努力, 排队论已是一门成熟的理论, 其文献数以千计, 特别是随着计算机技术的迅猛发展, 排队论的科学研究更是日新月异, 其应用领域也不断扩大. 目前, 排队论的科学研究成果已广泛应用于通信工程、交通运输、生产与库存管理、计算机系统设计、计算机通信网络、军事作战、柔性制造系统和系统可靠性等众多领域, 并取得了丰硕成果. 因此, 排队

论在科学技术及国民经济发展中起到了直接的重要作用, 而且已成为从事通信、计算机等领域研究的专家、工程技术人员和管理人员必不可少的重要数学工具之一.

1.2.1 排队系统的基本组成部分

1. 输入过程

输入过程是表述顾客来源及顾客是按怎样的规律抵达排队系统.

(1) **顾客总体数** 顾客的来源可能是有限的, 也可能是无限的.

(2) **到达的类型** 顾客是单个到达的, 或是成批到达的.

(3) **顾客到达过程** 相继顾客到达的间隔时间服从什么样的概率分布, 分布的参数是什么, 到达的间隔时间之间是否独立.

2. 排队规则

排队规则是指服务允许不允许排队, 顾客是否愿意排队. 在排队等待的情形下服务的顺序是什么, 分为:

(1) **损失制** 顾客到达时, 若所有服务台均被占, 服务机构又不允许顾客等待, 此时该顾客就自动离去.

(2) **等待制** 顾客到达时, 若所有服务台均被占, 他们就排队等待服务. 在等待制系统中, 服务顺序又分为:

先到先服务 顾客按到达的先后顺序接受服务.

后到先服务 后到达的顾客先接受服务.

随机服务 在等待的顾客中随机地挑选一个顾客进行服务.

有优先权的服务 在排队等待的顾客中, 某些类型的顾客具有特殊性, 在服务顺序上要给予特别待遇, 让他们先得到服务.

(3) **混合制** 损失制与等待制的混合, 分为队长有限的混合制系统, 等待时间有限的混合制系统, 以及逗留时间有限的混合制系统.

3. 服务机构

刻画服务机构的主要方面为:

(1) **服务台的数目**. 在多个服务台的情形下, 是串联或是并联.

(2) **顾客所需的服务时间服从什么样的概率分布, 每个顾客所需的服务时间是否相互独立, 是成批服务或是单个服务等**. 常见顾客的服务时间分布有: 定长分布、负指数分布、超指数分布、k 阶埃尔朗分布、几何分布、一般分布等.

1.2.2 经典排队系统的符号表示

一个排队系统是由许多条件决定的, 为了简明起见, 在经典排队系统中, 常采用 3—5 个英文字母表示一个排队系统, 字母之间用斜线隔开: 第一个字母表示输入分布类型, 第二个字母表示服务时间的分布类型, 第三个字母表示服务台的数目, 第四个字母表示系统的容量, 有时用第五个字母表示顾客源中的顾客数目. 例如:

$M/M/c/\infty$ 表示输入过程是泊松流, 服务时间服从负指数分布, 系统有 c 个服务台平行服务, 系统容量为无穷, 于是 $M/M/c/\infty$ 系统是等待制系统.

$M/G/1/\infty$ 表示输入过程是泊松流, 顾客所需的服务时间独立、服从一般概率分布, 系统中只有一个服务台, 容量为无穷的等待制系统.

$GI/M/1/\infty$ 表示输入过程为顾客独立到达且相继到达的间隔时间服从一般概率分布, 服务时间相互独立、服从负指数分布, 系统中只有一个服务台, 容量为无穷的等待制系统.

$E_k/G/1/K$ 表示相继到达的间隔时间独立、服从 k 阶埃尔朗分布, 服务时间独立、服从一般概率分布, 系统中只有一个服务台, 容量为 K 的混合制系统.

$D/M/c/K$ 表示相继到达的间隔时间独立、服从定长分布, 服务时间相互独立、服从负指数分布, 系统中有 c 个服务台平行服务, 容量为 K 的混合制系统.

$M^r/M/1/\infty$ 表示顾客是成批到达, 每批到达为固定的 r 个顾客, 批与批的到达间隔时间独立、服从负指数分布, 顾客的服务时间独立、服从负指数分布, 有一个服务台, 系统容量为无穷的等待制系统.

$M^X/M^r/1/\infty$ 表示顾客是成批到达, 每批到达的数量 X 是具有某个离散型概率分布律的随机变量, 批与批的到达间隔时间独立、服从负指数分布, 同时顾客是成批服务, 每批服务的数量为 r, 服务时间独立, 服从负指数分布, 而系统中有一个服务台, 容量为无穷的等待制系统.

1.2.3　描述排队系统的主要数量指标

1. 队长与等待队长

队长是指在系统中的顾客数 (包括正在接受服务的顾客), 而**等待队长**是指系统中排队等待的顾客数, 它们都是随机变量, 是顾客和服务机构双方都十分关心的数量指标, 应确定它们的分布及有关矩 (至少是期望平均值). 显然, 队长等于等待队长加上正在被服务的顾客数.

2. 顾客在等待系统中的等待时间与逗留时间

顾客的**等待时间**是指从顾客进入系统的时刻起直至开始接受服务止这段时间, 而**逗留时间**是顾客在系统中的等待时间与服务时间之和. 在假定到达与服务是彼此独立的条件下, 等待时间与服务时间是相互独立的. 等待时间与逗留时间是顾客最关心的数量指标, 应用中关心的是统计平衡下它们的分布及期望平均值.

3. 系统的忙期与闲期

从顾客到达空闲的系统, 服务立即开始, 直到系统再次变为空闲, 这段时间是系统连续繁忙的时间, 我们称为系统的**忙期**, 它反映了系统中服务员的工作强度.

与忙期对应的是系统的**闲期**, 即系统连续保持空闲的时间长度. 在排队系统中, 统计平衡下忙期和闲期是交替出现的.

而**忙期循环**是指相邻的两次忙期开始的间隔时间, 显然它等于当前的忙期长度与闲期长度之和.

4. 输出过程

输出过程也称**离去过程**, 是指接受服务完毕的顾客相继离开系统的过程. 刻画一个输出过程的主要指标是相继离去的时间间隔和在一段已知时间内离去顾客的数目, 这些指标从一个侧面也反映了系统的工作效率.

1.2.4 $M/M/1$ 排队系统

假设顾客到达是参数为 λ 的泊松流, 即相继到达的间隔时间序列独立、服从相同参数为 λ 的负指数分布 $F(t) = 1 - e^{-\lambda t}, t \geq 0$; 顾客所需的服务时间序列独立、服从相同参数为 μ 的负指数分布 $G(t) = 1 - e^{-\mu t}, t \geq 0$; 系统中只有一个服务台, 容量为无穷大, 而且到达过程与服务过程是彼此独立的. 当满足稳定性条件 $\rho = \dfrac{\lambda}{\mu} < 1$, 在统计平衡下, 有以下结论.

(1) 系统中有 n 个顾客的概率为

$$(1 - \rho)\rho^n.$$

(2) 系统中平均队长为

$$\frac{\rho}{1 - \rho}.$$

(3) 顾客的平均逗留时间为

$$\frac{1}{\mu - \lambda}.$$

(4) 平均忙期长度为

$$\frac{1}{\mu - \lambda}.$$

(5) 一个忙期中所服务的平均顾客数为

$$\frac{1}{1 - \rho}.$$

(6) 从顾客到达系统到首次服务台空闲的平均时间为

$$\frac{1}{\mu(1 - \rho)^2}.$$

1.3   排队中的博弈

1.3.1   费用和目标函数

我们通常假设顾客是**风险中立**的 (1 单位期望收益和 1 单位确定的收益是等价的), 顾客获得服务后会得到回报, 而在等待中需要支付费用. 把顾客直接或间接的花费称为总花费, 那么顾客的收益就是服务回报与总花费之差. 在非合作的博弈中, 个人的目标是让自己的收益达到最大.

如果从社会的角度来考虑一个排队系统, 那么其目标就是使得社会收益达到最大. 这里的社会收益指的是社会中所有成员 (包括顾客和服务商) 的总收益. 需要注意的是, 社会成员中的利益转换 (顾客和服务商之间) 对社会收益不产生任何影响.

1.3.2   系统信息

当顾客到达系统, 他们会根据所掌握的有关系统状态的信息多少来选择自己的进队策略. 以经典 $M/M/1$ 排队系统为例, 根据系统透露给顾客的信息程度, 我们通常可以分为:

(1) **完全可见情形 (Fully Observable Case)**   顾客到达系统时, 服务台状态和队长均可见.

(2) **几乎可见情形 (Almost Observable Case)**   顾客到达系统时, 服务台状态不可见, 队长可见.

(3) **几乎不可见情形 (Almost Unobservable Case)**   顾客到达系统时, 服务台状态可见, 队长不可见.

(4) **完全不可见情形 (Fully Unobservable Case)**   顾客到达系统时, 服务台状态和队长均不可见.

1.3.3   阈值策略

假设到达系统的顾客根据描述系统状态的非负整数变量有两种行为选择, A_1 和 A_2. 比如, 系统的状态可以由队长来描述, 顾客的行为可以是到达系统后选择进入排队或止步.

纯阈值策略 n 表示当状态为 $\{0,1,\cdots,n-1\}$ 中的任意之一时顾客选择行动 A_1, 否则选择行动 A_2.

混合阈值策略 $x = n + p, n \in N, p \in [0, 1)$ 规定的策略为

$$
\begin{cases}
A_1, & 0 \leqslant i \leqslant n-1, \\
pA_1 + (1-p)A_2, & i = n, \\
A_2, & i > n.
\end{cases}
$$

当 x 为整数 $(p = 0)$ 时, 混合阈值策略退化为纯阈值策略. 一般情况下, 在可见情形 (队长可见) 排队系统中顾客多采用阈值策略.

第 2 章　可见排队系统

作为排队经济学的奠基人, Naor(1969) 首次研究了简单线性收支结构下的可见 $M/M/1$ 排队系统. 在他所建立的经济分析架构中, 假设新到达的顾客能够观察到系统中的顾客数并可以做出是进队 (Join) 或是止步 (Balk) 的决定, 不仅求得了顾客的纳什均衡止步策略, 还指出为了让顾客以社会最优的方式进队需要收取一定的过路费. 自此, 有大量的研究工作在此模型基础上进行了拓展.

Hassin(1985) 对 Naor(1969) 的模型进行了两点改进: 一是假设服务规则不再是先到先服务 (FCFS), 而是具有抢占的后到先服务 (LCFS-PR), 即当一个新顾客到达系统后会立即接受服务. 即使有其他顾客正在被服务, 新顾客也会优先于他接受服务, 而被打断的顾客只能退回到队首, 等到该新顾客离开后从打断的地方起继续接受服务. 二是假设任意时刻, 都允许顾客根据队长信息及排在系统中的位置选择中途退出, 同时无需缴纳额外的费用, 并且一旦选择退出就不能再返回排队系统. Hassin(1985) 对此模型进行了初步的研究, 他提出了一种新的方法, 在此方法下, 即便不对顾客收取费用, 也能达到社会最优. 随后, Nalebuff(1989) 也对此类模型进行了研究. Larsen(1998) 对 Naor(1969) 的模型进行了另一个角度的一般化, 他假设不同顾客的服务价值 (Service Value) 是不同的, 即它是一个随机变量而不是恒定的常数, 并且假设顾客到达系统后会得知自己的服务价值, 由于这个值只有顾客自己知道, 因此不能被服务商用来区分顾客. 与 Naor(1969) 得出的结论一致, 即为了使利润最大化而对顾客收取的过路费用要高于或等于社会最优时所需对顾客收取的费用. Debo 和 Veeraraghavan(2014) 在 Naor(1969) 的模型基础上假设到达的顾客不知道服务率和服务回报的信息. 他们表示在某些情况下不存在顾客的进队阈值策略. Schroeter(1982) 考虑了时间价值服从均匀分布的情形. Hassin 和 Henig(1986) 给出了控制系统通过量的最优阈值策略的一般条件. De Vany(1976) 考虑了这样一种可见排队模型: 假设顾客的服务需求是关于管理费用的函数, 那么这一模型下的结论是: 由于服务商对顾客收取的费用过高, 使得顾客的实际均衡到达率相对于社会最优到达率要低很多. Miller 和 Buckman(1987) 研究了在一个 $M/M/s/s$ 排队系统中, 当顾客的服务价值是一个随机变量时, 在社会最优条件下所需要对顾客收取的费用. Guo 和 Zhang(2013) 研究了一个具有多服务台的随机服务系统中策略性顾客的行为. 在该系统中, 开启工作模式的服务台数目随着队长的变化而改变. 此外, 还有一些更贴合实际的可见排队经济学模型. 其中, Chen 和

Frank(2001) 改进了 Naor(1969) 的模型, 引入了贴现率 (Discounting Rate) 的概念使得原模型更加一般化, 并利用相同的贴现率来寻求顾客和服务商的利益最大化. 并且, 他们还研究了依赖于状态定价 (State Dependent Pricing) 的排队经济学模型. 文中指出, 当服务商可以根据系统状态制定价格时 (前提是顾客都是同类的, 即服务完成后获得的服务价值相同), 服务商利益最大化的结果和社会收益最大化的结果可以达成一致. 最后, 他们进一步考虑了顾客服务价值不同时的情形. Borgs 等 (2014) 考虑了可见情形下的单服务台排队系统, 在动态定价下研究了 Naor(1969) 的社会收益模型以及 Chen 和 Frank(2001) 的利润最大化模型.

在 Naor(1969) 研究的可见 *M/M/1* 排队系统中, 服务时间和顾客到达间隔时间具有无记忆性. 而当这些随机变量不再服从指数分布时, 对这类排队系统的分析变得困难和复杂. Altman 和 Hassin(2002) 考虑了可见情形的 *M/G/1* 排队系统. 在他们的模型中, 服务时间服从伯努利分布, 顾客可根据当前队长来决定是否进入排队. 他们表示, 在对到达率和收支结构进行某些特定的假设时, 会存在均衡的阈值进队策略组合. Whitt(1986) 研究了更复杂的可见 *M/G/s* 排队系统的顾客均衡策略. Kerner(2011) 提出了一个递归算法来得到 *M/G/1* 排队系统的纳什均衡进队策略. Mandelbaum 和 Yechiali(1983) 假设在 *M/G/1* 排队系统中, 除了一个特殊的顾客, 其他所有到达的顾客都必须进入系统排队. 该特殊顾客在到达的时刻可以选择进队、止步或者等待下一个服务完成后再做决定. 通过研究最后得到了特殊顾客的个体最优策略. Stidham(1978) 研究了 *GI/M/1* 排队系统, 其中顾客的到达间隔时间服从一般分布. 在该模型中, 服务回报的大小是随机的, 顾客的等待时间是关于系统中顾客数的凸函数. 与 Naor 的结论一致, 社会最优策略比顾客个体最优策略要小. Yechiali(1971,1972) 将 Naor(1969) 的结果推广到了 *GI/M/1* 和 *GI/M/s* 排队系统中.

2.1   *M/M/1* 排队系统

2.1.1   模型描述

考虑一个先到先服务的单服务台排队系统, 顾客到达是参数为 λ 的泊松流, 服务时间服从参数为 μ 的指数分布. 假设顾客在到达时可根据队长信息来决定是否进入排队. 每个顾客在服务完成后会获得回报 R. 并且他们在系统中逗留期间 (包括排队等待和被服务期间) 的单位等待费用为 C. 假设顾客都是风险中立的, 一旦做出进入系统的决定则不能反悔, 即不能中途退出; 如果决定止步则不能再返回. 假设 $R > \dfrac{C}{\mu}$, 以保证系统为空时顾客会选择进入排队系统接受服务.

2.1.2　个体最优策略

当一个顾客到达看到系统中有 i 个顾客 (包括被服务的顾客) 时, 他选择进队后的平均收益为

$$G_i = R - \frac{C}{\mu}(i+1).$$

当该顾客的收益为非负, 即 $i+1 \leqslant \dfrac{R\mu}{C}$ 时, 他会选择进入排队系统, 否则, 选择止步. 于是, 可以得到一个纯阈值策略

$$n_e = \left\lfloor \frac{R\mu}{C} \right\rfloor,$$

使得当顾客到达看到系统中有 i 个顾客时, 如果 $i \leqslant n_e - 1$, 则选择进队; 如果 $i \geqslant n_e$, 则选择止步. 因此, 在个体最优情形下, 系统中的顾客数目最多不超过 n_e, 所以也可以看做是 $M/M/1/n_e$ 排队系统.

2.1.3　社会最优策略

假设系统中队长的最大值为 n, 即顾客到达系统时, 如果看到前面有 n 个顾客则选择止步. 用 q_n 表示系统中有 n 个顾客的概率, 可列出以下平衡方程:

$$\lambda q_0 = \mu q_1,$$
$$(\lambda + \mu)q_i = \lambda q_{i-1} + \mu q_{i+1}, \quad 1 \leqslant i \leqslant n-1,$$
$$\lambda q_{n-1} = \mu q_n.$$

求解方程组并结合归一化条件, 可得

$$q_n = \frac{\rho^n(1-\rho)}{1-\rho^{n+1}}.$$

因此, 顾客的实际到达率为

$$\lambda(1-q_n) = \frac{\lambda(1-\rho^n)}{1-\rho^{n+1}}.$$

系统中的平均队长为

$$L_n = \sum_{i=0}^{n} iq_i = \frac{\rho}{1-\rho} - \frac{(n+1)\rho^{n+1}}{1-\rho^{n+1}}.$$

那么, 单位时间的平均社会收益为

$$S(n) = \lambda R(1-q_n) - CL_n = \frac{\lambda R(1-\rho^n)}{1-\rho^{n+1}} - C\left(\frac{\rho}{1-\rho} - \frac{(n+1)\rho^{n+1}}{1-\rho^{n+1}}\right).$$

由于 $S(n)$ 是一个单峰函数, 可利用

$$\begin{cases} S(n-1) \leqslant S(n), \\ S(n+1) < S(n), \end{cases}$$

解得 n^* 使得单位时间的平均社会收益最大. 由关系 $n^* \leqslant n_e$ 知, 个体最优的决策偏离了社会最优的决策, 这种差异是由个体最优行为所产生的负面作用而引起的. 每个顾客为了追求自身利益的最大化而导致系统过度拥塞, 使得整个社会的利益锐减. 例如, 在交通系统中, 每个司机从自身的利益出发, 为了尽快到达目的地而没有形成一个良好的秩序, 最终会导致交通拥堵, 从而难以实现全局最优. 因此为了使顾客接受全局最优的阈值 n^*, 可以施加一个入场费 p, 使得顾客的收益满足

$$\begin{cases} G_{n^*} = R - p - \dfrac{C}{\mu} n^* \geqslant 0, \\ G_{n^*+1} = R - p - \dfrac{C}{\mu}(n^* + 1) < 0, \end{cases}$$

即 p 满足

$$n^* = \left\lfloor \frac{(R-p)\mu}{C} \right\rfloor.$$

因此最优的入场费 p^* 满足

$$R - \frac{C}{\mu}(n^* + 1) < p^* \leqslant R - \frac{C}{\mu} n^*.$$

实际上, 也可以通过增加单位时间等待费用 C 来代替减小回报 R, 从而促使顾客采用全局最优的阈值 n^*. 即增加单位时间等待费用 t, 使得个体最优阈值减小为 n^*, 此时 t 满足

$$n^* = \left\lfloor \frac{R\mu}{C+t} \right\rfloor.$$

2.1.4 入场收入最大化策略

假设系统向顾客征收一个入场费 p, 且顾客根据这样一个费用信息以及队长信息决定是否进入排队系统. 也就是说, 当顾客到达系统看到有 i 个顾客时, 当且仅当 $R \geqslant p + \dfrac{C(i+1)}{\mu}$, 他会选择进入排队系统. 所以, 当系统中的顾客数最多为 n 时, 所征收的入场费 p 的最大值为 $R - \dfrac{Cn}{\mu}$. 因此, 对于入场费的征收者而言, 其单位时间的总收入为

$$Z(n) = \lambda(1 - q_n)p = \frac{\lambda(1 - \rho^n)}{1 - \rho^{n+1}} \left(R - \frac{Cn}{\mu} \right).$$

所以, 使得总收入最大化的阈值需满足

$$
\begin{cases}
Z(n-1) \leqslant Z(n), \\
Z(n+1) < Z(n),
\end{cases}
$$

由此解得入场收入最大化的阈值 n_m. 通过比较可以得到阈值关系 $n_m \leqslant n^* \leqslant n_e$ 以及入场费关系 $p_m > p^*$. 这表明, 如果以社会收益为目标函数, 则征收一定的入场费用是有益的. 但是如果征收费用的机构为了最大化其自身的利益, 就会对进入系统的顾客征收过高的入场费 p_m, 以致不能达到社会最优.

2.2　$M/G/1$ 排队系统

2.2.1　模型描述

　　考虑一个先到先服务的 $M/G/1$ 排队系统, 顾客到达为参数是 λ 的泊松流. 服务时间服从一般分布, 且分布函数为 G, 其拉普拉斯–斯蒂尔切斯变换为 $G^*(s) = \int_{x=0}^{\infty} \mathrm{e}^{-sx} \mathrm{d}G(x)$. 用 $\bar{x}$ 和 $\bar{x^2}$ 分别表示服务时间的一阶矩和二阶矩. 顾客到达系统后可根据队长来决定是否进入排队系统, 一旦做出进队或止步的决定则不能反悔. 每个顾客在服务完成之后, 将获得回报 V. 顾客在系统中的单位时间逗留费用为 C. 假设 $V > C\bar{x}$, 以确保到达发现系统为空的顾客会选择进队.

2.2.2　均衡策略

　　首先, 介绍一些记号.

　　(1) p_n 表示新到达的顾客看到系统中有 n 个顾客时选择进入系统的概率, 并且记 $P_n = (p_1, \cdots, p_n), P = P_\infty$.

　　(2) L 和 L_a 分别表示任意时刻和到达系统时刻系统中的顾客数目.

　　(3) R 表示当前正在接受服务的顾客的剩余服务时间. 用 $\bar{r}_n(p)$ 表示当进队概率集合为 P, 且系统中顾客数为 n 时的平均剩余服务时间, 即 $\bar{r}_n(p) = E_p(R|L_a = n)$.

　　(4) $F_n^*(s)$ 表示系统中有 n 个顾客时, 正在接受服务的顾客的剩余服务时间的拉普拉斯–斯蒂尔切斯变换.

　　由 Kerner (2008) 文章中的推论 2.2.1 和推论 2.2.2 可得到以下关于剩余服务时间的拉普拉斯–斯蒂尔切斯变换的递推关系式

$$
F_n^*(s) = \frac{\lambda p_n}{s - \lambda p_n} \left(G^*(\lambda p_n) \frac{1 - F_{n-1}^*(s)}{1 - F_{n-1}^*(\lambda p_n)} - G^*(s) \right), \quad n \geqslant 2, \tag{2.2.1}
$$

其初始条件为

$$
F_1^*(s) = \frac{\lambda p_1}{\lambda p_1 - s} \frac{G^*(s) - G^*(\lambda p_1)}{1 - G^*(\lambda p_1)}. \tag{2.2.2}
$$

同理有

$$\bar{r}_n(P) = \frac{G^*(\lambda p_n)}{1 - F_{n-1}^*(\lambda p_n)} \bar{r}_{n-1}(p) - \frac{1}{\lambda p_n} + \bar{x}, \quad n \geqslant 2, \tag{2.2.3}$$

其初始条件为

$$\bar{r}_1(P) = \frac{\bar{x}}{1 - G^*(\lambda p_1)} - \frac{1}{\lambda p_1}. \tag{2.2.4}$$

当新到达顾客看到系统中有 n 个顾客时, 给定一个进队概率集合 P, 则他的平均等待时间 (包括被服务的时间) 为 $n\bar{x} + \bar{r}_n(P)$. 考虑顾客之间的对称博弈, 用 $P^e = (p_1^e, p_2^e, \cdots)$ 表示对应的纳什均衡进队概率集合, 则 P^e 需要满足

$$p_n^e \in \arg \max_{0 \leqslant p \leqslant 1} p(V - C(\bar{r}_n(P^e) + n\bar{x})), \quad n \geqslant 1. \tag{2.2.5}$$

注意到 $F_n^*(s)$ 和 $\bar{r}_n(P_n)$ 都是关于 $p_1, \cdots, p_n$ 的函数, 则 (2.2.5) 可以通过代入初始值 $n = 1$ 由递推方法求得. 于是有

$$p_n^e = \begin{cases} 1, & V > C(\bar{r}_n(P_{n-1}^e, 1) + n\bar{x}), \\ p, & V = C(\bar{r}_n(P_n^e) + n\bar{x}), \\ 0, & V < C(\bar{r}_n(P_{n-1}^e, 0) + n\bar{x}), \end{cases} \quad \text{对于任意的} p \in [0, 1].$$

如果 $V = C(\bar{r}_n(P_n^e) + n\bar{x})$, 则个体收益为零, 顾客可以选择进队也可以选择止步, 或者选择以一定的概率进队. 而且容易知道, 当 n 足够大, 比如 $n \geqslant \dfrac{V}{C\bar{x}}$ 时, $p_n^e = 0$.

为了求出均衡策略 P^e, 需要先求出初始值 p_1^e.

定理 2.2.1 假设 $L_a = 1$, 则以下结论中至少有一个成立:

情形 1: 如果

$$\bar{x} + \max_{0 \leqslant p \leqslant 1} \left\{ \frac{\bar{x}}{1 - G^*(\lambda p)} - \frac{1}{\lambda p} \right\} \leqslant \frac{V}{C},$$

则选择进队是一个占优策略.

情形 2: 如果

$$\bar{x} + \max_{0 \leqslant p \leqslant 1} \left\{ \frac{\bar{x}}{1 - G^*(\lambda p)} - \frac{1}{\lambda p} \right\} \geqslant \frac{V}{C},$$

则选择止步是一个占优策略.

情形 3: 如果占优策略是不存在的, 那么以下结论中至少有一个成立:

情形 3a: 如果 $\bar{x} + \dfrac{\bar{x}}{1 - G^*(\lambda p)} - \dfrac{1}{\lambda} \leqslant \dfrac{V}{C}$, 则选择进队是一个均衡策略.

情形 3b: 如果 $\lim_{p \to 0} \left(\bar{x} + \dfrac{\bar{x}}{1 - G^*(\lambda p)} - \dfrac{1}{\lambda p} \right) = \bar{x} + \dfrac{\bar{x^2}}{2\bar{x}} \geqslant \dfrac{V}{C}$, 则选择止步是一个均衡策略.

情形 3c: 存在 $0 < p_1^e < 1$, 满足 $\bar{x} + \dfrac{\bar{x}}{1 - G^*(\lambda p_1^e)} - \dfrac{1}{\lambda p_1^e} = \dfrac{V}{C}$, 则满足该方程的所有解都是均衡解.

证明 如果情形 1(2) 成立, 则顾客选择进入排队系统的平均收益始终为正 (负), 所以选择进队 (止步) 是一个占优策略.

如果情形 3a(3b) 中的不等式成立, 当其他所有顾客选择进队 (止步) 时, 个体进队后的平均收益为非负 (非正). 所以, 均衡的策略为进队 (止步), 即 $p_1^e = 1(p_1^e = 0)$.

如果满足情形 3c 条件的 p_1^e 存在, 而且所有顾客在看到系统中有一个顾客时均以概率 p_1^e 进入系统, 则个体的平均收益为零. 因此, p_1^e 是一个纳什均衡解. 由于 $\bar{r}_1(p)$ 关于 p 是连续的, 如果情形 1 和情形 2 均不成立, 则必有情形 3c 成立. □

如果已经得到 P_{n-1}^e, 那么不管 P_{n-1}^e 是否唯一, 都能进一步求得 p_n^e. 类似于定理 2.2.1 的证明方法, 可以得到以下定理.

定理 2.2.2 对于任意均衡进队概率集合 P_{n-1}^e, 均衡进队概率 p_n^e 满足

情形 1: 如果 $\bar{r}_n(P_{n-1}^e, 1) + n\bar{x} \leqslant \dfrac{V}{C}$, 则 $p_n^e = 1$ 是一个均衡策略.

情形 2: 如果 $\bar{r}_n(P_{n-1}^e, 0) + n\bar{x} \geqslant \dfrac{V}{C}$, 则 $p_n^e = 0$ 是一个均衡策略.

情形 3: 对任意的 $p, 0 < p < 1$, 若满足 $\bar{r}_n(P_{n-1}^e, p) + n\bar{x} = \dfrac{V}{C}$, 则 $p_n^e = p$ 是一个均衡策略.

当系统服务时间的概率分布不同时, 顾客的均衡策略可能唯一也可能不唯一.

如果服务时间的分布属于平均剩余寿命递减类 (Decreasing Mean Residual Life), 则对于任意的 $n \geqslant 1$ 和任意的 $P_{n-1} \in (0,1]^{n-1}$, $\bar{r}_n(P_{n-1}, p)$ 关于 p 是单调递增的. 此时, 顾客的纳什均衡策略是唯一的.

如果服务时间的分布属于平均剩余寿命递增类 (Increasing Mean Residual Life), 则对于任意的 $n \geqslant 1$ 和任意的 $P_{n-1} \in (0,1]^{n-1}$, $\bar{r}_n(P_{n-1}, p)$ 关于 p 是单调递减的. 此时, 存在纳什均衡纯策略, 并且, 顾客的纳什均衡策略可能不唯一.

2.3 $GI/M/c$ 排队系统

2.3.1 模型描述

我们考虑一个先到先服务的可见 $GI/M/c$ 排队系统, 顾客到达的时刻为 $\tau_0, \tau_1, \tau_2, \cdots, \tau_m, \cdots$. 到达的间隔时间 $\tau_{m+1} - \tau_m, m = 0, 1, 2, \cdots$, 相互独立且同分布, 其分布函数为 $H(\cdot)$, 期望为 $\dfrac{1}{\lambda}$. 系统中有 $c \geqslant 1$ 个服务台, 每个服务台的服务时

间是独立同分布的, 均服从参数是 μ 的指数分布. 用 $\eta(t)$ 表示 t 时刻系统的队长, $\eta_m = \eta(\tau_m - 0)$ 表示第 m 个顾客到达时系统的队长. 如果 $\eta_m = i$, 则表示第 m 个顾客到达时系统的队长为 i. 假设每个顾客在到达时可选择进队或止步. 用 $\{\Delta_m, m = 0, 1, 2, \cdots\}$ 表示到达顾客所做出的决策序列, 其中 $\Delta_m = 1$ 表示顾客选择进入, $\Delta_m = 0$ 表示顾客选择止步. 所以, 根据系统在顾客到达时刻的状态转移, 可以得到一个马尔可夫决策过程 $\{\eta_m, \Delta_m\}, m = 0, 1, 2, \cdots$, 其稳态转移概率 $q_{ij}(k) = P\{\eta_{m+1} = j \,|\, \eta_m = i, \Delta_m = k\}, i, j = 0, 1, 2, \cdots, k = 0, 1$ 为

(1) 如果 $j > i + 1$, 则对于所有的 $i = 0, 1, 2, \cdots$, $q_{ij}(1) = 1$.

(2) 如果 $j \leqslant i + 1 \leqslant c$, 则

$$q_{ij}(1) = \binom{i+1}{j} \int_0^\infty e^{-j\mu x}(1 - e^{-\mu x})^{i+1-j} dH(x).$$

(3) 如果 $i + 1 \geqslant j \geqslant c$ 且 $i \geqslant c$, 则

$$q_{ij}(1) = \int_0^\infty e^{-c\mu x} \frac{(c\mu x)^{i+1-j}}{(i+1-j)!} dH(x).$$

(4) 如果 $i + 1 > c > j$, 则

$$q_{ij}(1) = \int_0^\infty \left[\int_0^x \frac{(c\mu)^{i+1-c}}{(i-c)!} t^{i-c} e^{-c\mu t} \binom{c}{j} e^{-\mu(x-t)j}(1 - e^{-\mu(x-t)})^{c-j} dt \right] dH(x)$$

$$= \binom{c}{j} \int_0^\infty e^{-j\mu x} \left[\int_0^x \frac{(c\mu t)^{i-c}}{(i-c)!}(e^{-\mu t} - e^{-\mu x})^{c-j} c\mu dt \right] dH(x).$$

容易看到

$$q_{ij}(0) = q_{ij}(1), \quad i = 1, 2, \cdots, j = 0, 1, 2, \cdots, \tag{2.3.1}$$

并且 $q_{00}(0) = 1$.

用 D_{ik} 表示新到达顾客看到系统中有 i 个顾客时选择行为 k 的概率, 即 $D_{ik} = P\{\Delta_m = k \,|\, \eta_m = i\}, m = 0, 1, 2, \cdots$. 由于 $k = 0$ 或 1, 记 $D_{i1} = D_i, D_{i0} = 1 - D_i$. 对于任意给定的止步序列 $\{D_i\}$, 随机变量序列 $\{\eta_m\}$ 构成一个马尔可夫链 (把到达时刻作为嵌入点), 其转移概率为

$$p_{ij} = q_{ij}(1)D_i + q_{ij}(0)(1 - D_i), \quad i, j = 0, 1, 2, \cdots. \tag{2.3.2}$$

记 $p_{ij}^{(t)}$ 为第 t 步时系统状态从 i 转移到 j 的概率, 则极限概率 $\pi_j = \lim\limits_{t \to \infty} p_{ij}^{(t)}, i, j = 0, 1, 2, \cdots$ 存在并且非负. 对于一个遍历的马尔可夫链及所有的 i 和 j, 系统状态的分布唯一满足以下的线性方程组

$$\pi_j = \sum_i \pi_i p_{ij}, \quad \sum_j \pi_j = 1. \tag{2.3.3}$$

假设系统中的等待空间有限, 有 $n \geqslant 0$ 个位子, 即系统中最多可以容纳 $n+c$ 个顾客. 如果到达的顾客发现所有 c 个服务台正忙并且所有 n 个等待位置被占用, 则以概率 1 止步; 否则, 当到达的顾客发现系统中有 $i < c+n$ 个顾客时均以正的概率进队. 在 $GI/M/c$ 排队系统中, 如果止步序列 $\{D_i\}$ 满足 $0 < D_i \leqslant 1(i < c+n)$ 且 $D_i = 0(i \geqslant c+n)$, 则记该系统为 $GI/M/c/n$ 排队系统. 在 $GI/M/c/n$ 排队系统中, 系统状态的转移概率 $\{p_{ij}(n)\}$ 为

$$p_{ij}(n) = q_{ij}(1)D_i + q_{ij}(0)(1 - D_i), \quad i < c+n, j \leqslant c+n, \tag{2.3.4}$$

$$p_{c+n,j}(n) = q_{c+n,j}(0), \quad j \leqslant c+n. \tag{2.3.5}$$

由于这是有限状态的马尔可夫链, 所以对于 $i, j = 0, 1, 2, \cdots, c+n$, 极限概率 $\pi_j = \lim_{t \to \infty} p_{ij}^{(t)}$ 都是正的, 并且满足 (2.3.3).

2.3.2   个体最优策略

假设每个顾客在服务完成后会获得回报 R, 同时需要支付服务费用 θ. 顾客在系统中每单位逗留时间的费用为 G. 如果到达的顾客选择止步, 则会被处以罚金 l. 记 $g = R - \theta$ 为顾客完成服务后的净回报, $b = g + l$ 为选择进队的顾客的收益, 并假设 $b \geqslant \dfrac{G}{\mu}$.

对于策略 S, 可将其表述为这样一个函数的集合: $\left\{ D_k^S(H_{m-1}, \eta_m) \right\} (m \geqslant 0)$, 其中, $H_{m-1} = \{\eta_0, \Delta_0, \cdots, \eta_{m-1}, \Delta_{m-1}\}$ 表示前 $m-1$ 个顾客行为的集合, $D_k^S(H_{m-1}, \eta_m)$ 表示在时刻 τ_m 对于给定的 H_{m-1} 且当前状态为 η_m 时, 到达的顾客选择行为 $k(k = 0, 1)$ 的概率, $D_k^S(\cdot) \geqslant 0$, $\sum\limits_{k=0}^{1} D_k^S(\cdot) = 1$. 注意到在前一小节中假设

$$D_k^S(H_{m-1}, \eta_m \,|\, \eta_m = i) = D_k^S(H_{m-1}, i) = D_{ik}, \quad m = 0, 1, 2, \cdots,$$

所以可以得到如 (2.3.2), (2.3.4) 及 (2.3.5) 所示的马尔可夫链.

用 $B_m(m \geqslant 0)$ 表示在时刻 τ_m 的收益, 并定义它的条件期望为

$$E\{B_m \,|\, \eta_m = i, \Delta_m = k\} = b_{ik}.$$

当顾客看到系统状态为 i 时选择进入, 如果 $i < c$, 则他的平均逗留时间为 $\dfrac{1}{\mu}$; 如果

$i \geqslant c$, 则他的平均逗留时间为 $\dfrac{i-c+1}{c\mu} + \dfrac{1}{\mu} = \dfrac{i+1}{c\mu}$. 因此, 当 $i \geqslant c$ 时, 有

$$b_{i0} = -l, \quad i \geqslant 0, \tag{2.3.6}$$

$$b_{i1} = \begin{cases} g - \dfrac{G}{\mu}, & i < c, \\[3mm] g - \dfrac{G}{c\mu}(i+1), & i \geqslant c. \end{cases} \tag{2.3.7}$$

对于追求个体最优的顾客来说, 他们希望找到由进队概率 $D_1^S(H_{m-1}, i)(D_0^S(\cdot) = 1 - D_1^S(\cdot))$ 构成的策略 $R = \{D_k^S(\cdot)\}$, 使得对于每个 H_{m-1} 和 i,

$$E(B_m \,|\, \eta_m = i) = D_1^S(H_{m-1}, i)b_{i1} + [1 - D_1^S(H_{m-1}, i)]b_{i0}$$

能够达到最大. 由 (2.3.6) 和 (2.3.7), 可以得到

$$E(B_m \,|\, \eta_m = i) = \begin{cases} D_1^S(H_{m-1}, i)\left(g - \dfrac{G}{\mu}\right) - [1 - D_1^S(H_{m-1}, i)]l, & i < c, \\[3mm] D_1^S(H_{m-1}, i)\left[g - \dfrac{G}{c\mu}(i+1)\right] - [1 - D_1^S(H_{m-1}, i)]l, & i \geqslant c. \end{cases}$$

当 $i > c$ 时, $b_{i1} = g - \dfrac{G}{c\mu}(i+1)$ 是关于 i 的单调递减函数, 所以存在一个最小的整数 $n(s) \geqslant 0$ 满足 $i = c + n(s)$, 使得顾客的最优选择为止步, 即 $b_{c+n(s),1} < -l$ 而 $b_{c+n(s),1} \geqslant -l$, 则 $n(s)$ 满足

$$g - \dfrac{G}{c\mu}(c + n(s) + 1) < -l \leqslant g - \dfrac{G}{c\mu}(c + n(s)). \tag{2.3.8}$$

所以对于每一个 H_{m-1} 和 i,

$$S = \left\{ D_1^S(\cdot) \,\middle|\, D_1^S(H_{m-1}, i) = 1, i \leqslant c + n(s) - 1; D_1^S(H_{m-1}, i) = 0, i \geqslant c + n(s) \right\}, \tag{2.3.9}$$

是使得 $E(B_m \,|\, \eta_m = i)$ 达到最大的策略. 注意到如果 (2.3.8) 中的不等式是严格成立的, 则 (2.3.9) 是唯一的最优策略. 由 (2.3.8) 得到

$$\dfrac{c\mu}{G}\left(b - \dfrac{G}{\mu}\right) - 1 < n(s) \leqslant \dfrac{c\mu}{G}\left(b - \dfrac{G}{\mu}\right). \tag{2.3.10}$$

由于所有顾客都会采用如 (2.3.9) 所示的策略 S, 所以该系统可以看成是一个止步序列为 $\{D_i \,|\, D_i = 1, i \leqslant c + n(s) - 1; D_i = 0, i \geqslant c + n(s)\}$ 的 *GI/M/c/n(s)* 排队系统, 则顾客的最优阈值进队策略为: 当且仅当系统中的顾客数小于 $c + n(s)$ 时, 到达的顾客会选择进队.

2.3.3   社会最优策略

对于系统管理者来说, 希望找到一个策略 S 使得所有顾客的收益总和达到最大. 对于任意给定的策略 S 和初始状态 $\eta_0 = j$, 在时刻 τ_m 的平均收益为

$$E_S(B_m \,|\, \eta_0 = j) = \sum_i \sum_{k=0}^{1} b_{ik} P_S(\eta_m = i, \Delta_m = k \,|\, \eta_0 = j), \qquad (2.3.11)$$

其中, E_S 和 P_S 分别表示在策略 S 下的期望和概率. 用

$$\phi_S(j) = \lim_{T \to \infty} \sup \left[\frac{1}{T+1} \sum_{m=0}^{T} E_S(B_m \,|\, \eta_0 = j) \right] \qquad (2.3.12)$$

表示单位时间的平均社会收益.

为了实现社会最优, 我们则要寻求策略 $S \in C_s$, 使得对于所有的 j, $\phi_S(j)$ 达到最大, 其中 C_s 是所有马尔可夫稳态策略 $S = \{D_i \,|\, 0 \leqslant D_i \leqslant 1, 对所有的i\}$ 的集合. 我们考虑所有确定的控制极限策略 S_k^D 的集合 C_{DCL}, 其中对于某一个 $k = 1, 2, 3, \cdots$, 如果 $S_k^D = \{D_i \,|\, D_i = 1, i \leqslant k; D_i = 0, i \geqslant k\}$, 则称 $S_k^D \in C_{DCL}$. 令 $S_\infty^D = \{D_i \,|\, D_i = 1, 对所有的i = 0, 1, 2, \cdots\}$. 显然, $C_{DCL} \subset C_s$. 为了寻求集合 C_s 中的社会最优策略, 可以考虑策略 $S_k^D \in C_{DCL}$, 其中仅当 $\lambda < c\mu$ 时, 考虑 S_∞^D. 因为 $b \geqslant \dfrac{G}{\mu} \left(即\ g - \dfrac{G}{\mu} \geqslant -l \right)$ 表明当系统状态为 $i < c$ 时, 到达的顾客进队后的收益非负, 所以下面只考虑策略 S_k^D, 其中 $k \geqslant c$.

对任意的 $k \geqslant c$ 和策略 $S_k = \{D_i \,|\, D_i > 0, i \leqslant k; D_i = 0, i \geqslant k\}$, 由 (2.3.11) 和 (2.3.12) 可以得到

$$\phi_{S_k} = \phi_{S_k}(j) = \sum_{i=0}^{k} \pi_i(S_k) \left[D_i b_{i1} + (1 - D_i) b_{i0} \right], \qquad (2.3.13)$$

其中, $\{\pi_i(S_k)\}$ 是在 S_k 策略下相应的极限概率, 并且满足 (2.3.3).

将 (2.3.7) 代入 (2.3.13) 得到

$$\phi_{S_k} = \sum_{i=0}^{c-1} D_i \pi_i(S_k) \left(b - \frac{G}{\mu} \right) + \sum_{i=c}^{k} D_i \pi_i(S_k) \left[b - \frac{G}{c\mu}(i+1) \right] - l, \qquad (2.3.14)$$

特别地, 如果用 S_k^D 替换 S_k, 则有 $(D_k = 0)$

$$\phi_{S_k} = \sum_{i=0}^{c-1} D_i \pi_i(S_k^D) \left(b - \frac{G}{\mu} \right) + \sum_{i=c}^{k-1} \pi_i(S_k^D) \left[b - \frac{G}{c\mu}(i+1) \right] - l. \qquad (2.3.15)$$

下面将说明社会最优决策是由阈值 $c + n(p)$ 所控制, 而且个体最优决策不能实现社会最优, 即

$$\phi_{S^D_{c+n(p)}} = \sup_{S \in C_s} \phi_S, \quad \phi_{S^D_{c+n(p)}} \geqslant \phi_{S^D_{c+n(s)}}.$$

为了得到这一结论, 假设系统中等待空间的位子有限, 为 $n > n(s)$ 个, 考虑策略

$$S^D_{c+n(s)} = \left\{ D_i \,|\, D_i = 1, i < c + n(s); D_i = 0, c + n(s) \leqslant i \leqslant c + n \right\}.$$

因此需要找到 $\phi, v_0, v_1, \cdots, v_{c+n}$ 满足

$$\phi + v_i = g - \frac{G}{\mu} + \sum_{j=0}^{i+1} q_{ij}(1) v_j, \quad 0 \leqslant i \leqslant c - 1,$$

$$\phi + v_i = g - \frac{G}{c\mu}(i+1) + \sum_{j=0}^{i+1} q_{ij}(1) v_j, \quad c \leqslant i \leqslant c + n(s) - 1, \qquad (2.3.16)$$

$$\phi + v_i = -l + \sum_{j=0}^{i} q_{ij}(0) v_j, \quad c + n(s) \leqslant i \leqslant c + n.$$

引理 2.3.1 对于任意满足 (2.3.16) 的解, 有

$$v_0 \geqslant v_1 \geqslant \cdots \geqslant v_{c+n(s)-1} \geqslant v_{c+n(s)} \geqslant \cdots \geqslant v_{c+n}.$$

证明 首先用 (2.3.16) 的第 $c + n(s)$ 行减去第 $c + n(s) + 1$ 行, 得到

$$v_{c+n(s)-1} - v_{c+n(s)} = g - \frac{G}{c\mu}(c + n(s)) + l + \sum_{j=0}^{c+n(s)} [q_{c+n(s)-1,j}(1) - q_{c+n(s),j}(0)] v_j$$

$$= g - \frac{G}{c\mu}(c + n(s)) + l \geqslant 0.$$

类似地, 分别由逆向和正向归纳可以得到 $v_0 \geqslant v_1 \geqslant \cdots \geqslant v_{c+n(s)-1}$ 和 $v_{c+n(s)} \geqslant v_{c+n(s)+1} \geqslant \cdots \geqslant v_{c+n}$. □

由此, 给出以下定理.

定理 2.3.1 存在 $n(p) \leqslant n(s)$ 使得 $\phi_{S^D_{c+n(p)}} = \sup_{S \in C_s} \phi_S$.

证明 因为只需考虑确定的控制极限策略, 所以只需证明对任意的 $n > n(s)$, 策略 $S^D_{c+n(s)}$ 都优于策略 S^D_{c+n}. 对于每一个 i, 定义

$$g_i(k) = b_{ik} + \sum_j q_{ij}(k) v_j, \quad k = 0, 1.$$

因此, 需要证明对于所有的 $n(s) \leqslant i \leqslant n$, $g_{s+i}(0) > g_{s+i}(1)$. 利用 (2.3.16) 以及等式 $q_{c+i,j}(1) = q_{c+i+1,j}(0)$, 可得到

$$g_{c+i}(1) - g_{c+i}(0)$$

$$= g - \frac{G}{c\mu}(c+i+1) + \sum_{j=0}^{c+i+1} q_{c+i+1,j}(0) v_j - \left[-l + \sum_{j=0}^{c+i} q_{c+i,j}(0) v_j\right]$$

$$= g - \frac{G}{c\mu}(c+i+1) + (\phi + v_{c+i+1} + l) - [-l + (\phi + v_{c+i})]$$

$$= g - \frac{G}{c\mu}(c+i+1) + l + v_{c+i+1} - v_{c+i}.$$

由 (2.3.8) 知, 当 $i \geqslant n(s)$ 时, $g - \frac{G}{c\mu}(c+i+1) + l < 0$, 并由引理 2.3.1 知 $v_{c+i+1} - v_{c+i} \leqslant 0$. 所以对于任意的 $n(s) \leqslant i < n$, 有 $g_{c+i}(0) > g_{c+i}(1)$. 从而, 策略 $S_{c+n(s)}^D$ 优于策略 S_{c+n}^D, 即对于任意的 $n > n(s)$, 有 $\phi_{S_{c+n(s)}^D} > \phi_{S_{c+n}^D}$, 这表明 $\phi_{S_{c+n(s)}^D} > \phi_{S_\infty^D}$. 因此, 存在 $n(p) \leqslant n(s)$ 使得

$$\phi_{S_{c+n(p)}^D} = \sup_{S \in C_{DCL}} \phi_S = \sup_{S \in C_s} \phi_S. \qquad \Box$$

则社会最优阈值 $n(p)$ 可由求解以下线性规划问题得到.

$$\text{Max}\left\{\sum_{i=0}^{c-1} \chi_{i1}\left(b - \frac{G}{\mu}\right) + \sum_{i=c}^{n(s)} \chi_{i1}\left[b - \frac{G}{c\mu}(i+1)\right]\right\}$$

$$\text{s.t.} \sum_{k=0}^{1} \chi_{jk} - \sum_{i=0}^{n(s)}\sum_{k=0}^{1} \chi_{ik}q_{ij}(k) = 0, \quad j = 0, 1, \cdots, n(s),$$

$$\sum_{i=0}^{n(s)}\sum_{k=0}^{1} \chi_{ik}, \quad \chi_{ik} \geqslant 0, \quad i = 0, 1, \cdots, n(s); k = 0, 1,$$

其中

$$\chi_{ik} = \pi_i(S_{c+n(s)}^D)D_{ik}, \quad i = 0, 1, \cdots, n(s); k = 0, 1,$$

即

$$\chi_{i1} = \pi_i(S_{c+n(s)}^D)D_i, \quad \chi_{i0} = \pi(S_{c+n(s)}^D)(1 - D_i).$$

因为在最优解中至多有 $n(s) + 1$ 个变量 χ_{ik} 是正值, 并且 $\chi_{i1} = 0 \Rightarrow \pi_i = 0$, 所以社会最优阈值 $n(p)$ 为

$$n(p) = \max\{i \,|\, \chi_{i1} > 0\}. \tag{2.3.17}$$

第 3 章　不可见排队系统

对于不可见情形下的排队系统, 顾客在做出行为选择之前不知道系统的队长信息, 这也增加了顾客之间博弈的不确定性. Edelson 和 Hildebrand(1975) 考虑了 Naor(1969) 的模型, 但是假设新到达的顾客不知晓系统中的顾客数. Little-child (1974) 在 Edelson 和 Hildebrand(1975) 的模型基础上假设服务回报是关于顾客到达率的函数. Chen 和 Frank(2004) 讨论了 Edelson 和 Hildebrand(1975) 的文章中主要结果的鲁棒问题, 指出当顾客的偏好不再是线性时, 服务商会选择社会最优的准入费用. Balachandran(1991) 考虑了不可见的 $M/G/1$ 排队模型, 其中服务台工作带有固定的花费, 这个花费不依赖于服务的顾客人数和服务时间. 他证明了顾客的均衡到达率是唯一的, 并且讨论了到达率关于服务台运转消耗的费用的联系. Guo, Sun 和 Wang(2011) 研究了具有服务时间部分信息的排队系统中顾客的均衡和社会最优进队策略. Guha, Banik, Goswami 和 Ghosh(2014) 考虑了具有多服务台和不耐烦顾客的 $GI/M/c$ 排队系统, 在线性收支结构下求得了不可见情形的顾客均衡进队策略.

在排队博弈中, 队长等信息的透露对于顾客和服务商来说可能会带来帮助也可能对他们的利益造成伤害. Hassin(1986) 表示, 对于一个追求利益最大化的服务商来说, 依赖于参数的设置, 向顾客透露队长信息可能会对社会收益有利也可能对其不利. Guo 和 Zipkin(2007) 假设顾客的等待费用服从 [0,1] 上的均匀分布, 并考虑了三种延迟信息水平: 无信息 (No Information), 队长 (Queue Length), 精确的等待时间 (Exact Waiting Time). 他们给出了如何求得这三个系统的性能指标的方法, 并证明了当给予更精确的延迟信息时顾客和服务商的收益都不一定会增加. Allon 和 Bassamboo(2011) 展示了推迟提供延迟信息对于公司影响顾客行为的能力的影响. Armony, Shimkin 和 Whitt(2009) 研究了在允许顾客离开的多服务台排队系统中, 将延迟信息透露给新到达的顾客而带来的性能影响. 在 Allon, Bassamboo 和 Gurvich(2011) 考虑的模型中, 服务商给顾客透露非核实的动态延迟信息, 这样服务商和顾客之间就形成了博弈. Hassin(1996) 表示, 当服务商之间处于竞争关系时, 透露队长信息的服务商会比不透露队长信息的服务商更有优势. Whitt(1999) 假设信息量的增加会减少顾客止步的可能性, 并展示了如何通过给顾客提供延迟信息以提高服务. Arnott, de Palma 和 Lindsey(1996,1999) 分析了在拥挤的系统中, 当服务能力和需求波动时, 信息的透露对顾客参与和时间利用的决定的影响. Shone, Knight

和 Williams(2013) 表示, 基于到达率参数和顾客是否自私的不同设置, 服务商是否透露队长信息可能会也可能不会影响顾客的进队率.

3.1 $M/M/1$ 排队系统

3.1.1   模型描述

考虑一个先到先服务的单服务台排队系统, 顾客到达服从参数为 Λ 的泊松流, 服务时间服从参数为 μ 的指数分布. 假设顾客在到达时不能观察到系统队长, 但是必须做出是否进队的选择. 每个顾客在服务完成后会获得回报 R. 并且他们在系统中逗留期间 (包括排队等待和被服务期间) 的单位等待费用为 C. 除此之外, 每个进队的顾客需要支付入场费 p. 假设顾客都是风险中立的, 一旦做出是否进队的决定则不能反悔. 假设 $R\mu \geqslant C$ 以确保到达发现系统为空的顾客会选择进队.

3.1.2   纳什均衡策略

对于任意给定的入场费 p, 用 $q(0 \leqslant q \leqslant 1)$ 表示顾客进队的概率, $\lambda(p)$ 表示有效到达率. 显然, 在均衡的条件下需要满足 $\lambda_e(p) = \lambda q_e(p) < \mu$. 当有效到达率为 $\lambda < \mu$ 时, 顾客的平均逗留时间为 $W(\lambda) = \dfrac{1}{\mu - \lambda}$, 易知这个函数是关于到达率的连续递增函数. 于是顾客到达系统并选择进队后的平均收益为 $R - [p + CW(\lambda)]$. 标记一个到达并进队的顾客, 则有以下结论.

(1) 如果 $p + CW(0) \geqslant R$, 则当其他所有顾客都不进队时, 标记顾客的平均收益是非正值. 因此进队概率 $q_e(p) = 0$ 是唯一的均衡策略, 并且止步是占优策略.

(2) 如果 $p + CW(\Lambda) \leqslant R$, 则当使其他所有顾客均进队时, 标记顾客的平均收益是非负值. 因此进队概率 $q_e(p) = 1$ 是唯一的均衡策略, 并且进队是占优策略.

(3) 当 $p + CW(0) < R < p + CW(\Lambda)$ 时, 若 $q_e(p) = 1$, 标记顾客的平均收益为负, 则 $q_e(p) = 1$ 不是均衡策略; 同理, $q_e(p) = 0$ 也不是均衡策略. 因此, 存在唯一的均衡策略 $q_e = \dfrac{\lambda_e(p)}{\Lambda}$, 其中 $\lambda_e(p)$ 满足 $CW(\lambda_e(p)) = R - p$.

需要注意的是, 假设任一顾客的进队概率为 q, 当 $q < q_e(p)$ 时, 标记顾客的最优策略是 1; 当 $q = q_e(p)$ 时, 任意的进队概率都是最优的; 当 $q > q_e(p)$ 时, 标记顾客的最优策略是 0. 由此可见, 标记顾客的最优策略是关于其他顾客的策略 q 的单调不增函数, 这是 ATC 情形, 因此有唯一的均衡解.

3.1.3   社会最优策略

记 q^* 为社会最优进队概率, λ^* 为社会最优下的实际到达率, 且 $\lambda^* = q^*\Lambda$. 因此最优解 λ^* 便是使得目标函数 $\lambda[R - CW(\lambda)]$ 达到最大的实际到达率. 由于 $W(\lambda)$ 是

严格下凸函数, 因此目标函数是严格上凸的并且有唯一的最大值. 将 $W(\lambda) = \dfrac{1}{\mu - \lambda}$

代入目标函数中, 如果 $\mu - \sqrt{\dfrac{C\mu}{R}} = \arg\max\limits_{0 \leqslant \lambda < \mu} \left\{ \lambda R - C\lambda \dfrac{1}{\mu - \lambda} \right\}$ 在 $[0, \Lambda]$ 范围内,

则其是最大值点. 由假设 $R\mu \geqslant C$ 知, 这是一个非负解. 所以, 如果 $\Lambda \geqslant \mu - \sqrt{\dfrac{C\mu}{R}}$,

则 $\lambda^* = \mu - \sqrt{\dfrac{C\mu}{R}}$; 否则 $\lambda^* = \Lambda$.

3.1.4 入场收入最大化策略

假设由垄断服务商收取入场费用 p_m, 其目的是使得自身所收取的入场总收入
达到最大, 因此垄断服务商不会给顾客留下正的收益, 即 $p_m + CW(\lambda) = R$. 那
么垄断服务商的目标是要在 $0 \leqslant \lambda \leqslant \Lambda$ 的条件下使得 $\lambda([R - CW(\lambda)]$ 达到最

大. 可以发现该目标函数与社会最优目标函数一致. 所以当 $\lambda^* = \mu - \sqrt{\dfrac{C\mu}{R}}$ 时,

$p_m = p^* = R - CW(\lambda^*) = R - \sqrt{\dfrac{CR}{\mu}}$. 当 $\lambda^* = \Lambda$ 时, $p_m = R - \dfrac{C}{\mu - \Lambda}$.

3.2 $M/G/1$ 排队系统

3.2.1 模型描述

考虑一个先到先服务的 $M/G/1$ 排队系统, 顾客到达为参数是 Λ 的泊松流. 服
务时间服从一般分布, 用 $\bar{s}_1$, $\bar{s}_2$ 和 σ_s^2 分别表示服务时间的一阶矩、二阶矩和方差.
顾客到达后不能观察到系统队长, 必须做出是否进队的选择, 并且一旦做出进队或
止步的决定将不能反悔. 每个顾客在服务完成之后, 将获得回报 R. 顾客在系统中
的单位时间逗留费用为 C. 假设 $R \geqslant C\bar{s}_1$ 以确保到达发现系统为空的顾客会选择
进队.

3.2.2 纳什均衡策略

假设顾客到达均以概率 $q(0 \leqslant 1)$ 进队, 则有效到达率为 $\lambda = \Lambda q$. 在 $M/G/1$ 排
队系统中, 顾客的平均逗留时间为

$$E[S] = \bar{s}_1 + \frac{\lambda \bar{s}_2}{2(1 - \rho)}, \tag{3.2.1}$$

其中, $\rho = \lambda \bar{s}_1$. 则顾客进队后的平均收益为

$$U(q) = R - CE[S(q)] = R - C\bar{s}_1 - C\frac{\lambda \bar{s}_2}{2(1 - \rho)}.$$

解方程 $U(q) = 0$ 得到

$$q_e = \frac{2(R - C\bar{s}_1)}{\Lambda[2R\bar{s}_1 + C(\bar{s}_2 - 2\bar{s}_1^2)]}. \tag{3.2.2}$$

如果

$$\frac{2(R - C\bar{s}_1)}{[2R\bar{s}_1 + C(\bar{s}_2 - 2\bar{s}_1^2)]} \leqslant \Lambda,$$

则 (3.2.2) 是均衡的进队概率. 否则均衡的进队概率为 $q_e = 1$.

3.2.3　社会最优策略

假设所有到达的顾客都以概率 q 进队, 则单位时间的社会收益为

$$SW(q) = \Lambda q\left(R - C\left(\bar{s}_1 + \frac{\Lambda q(\bar{s}_1^2 + \sigma_s^2)}{2(1 - \Lambda q\bar{s}_1)}\right)\right).$$

容易证明 $SW(q)$ 是关于 q 的严格上凸函数, 所以由 $SW'(q)$ 可以得到

$$q^* = \frac{2R\bar{s}_1 + C(\sigma_s^2 - \bar{s}_1^2) - \sqrt{C(\bar{s}_1^2 + \sigma_s^2)(2R\bar{s}_1 + C(\sigma_s^2 - \bar{s}_1^2))}}{\bar{s}_1\Lambda(2R\bar{s}_1 + C(\sigma_s^2 - \bar{s}_1^2))}. \tag{3.2.3}$$

由假设 $R \geqslant C\bar{s}_1$ 知 q^* 非负. 所以, 如果

$$\Lambda \geqslant \frac{2R\bar{s}_1 + C(\sigma_s^2 - \bar{s}_1^2) - \sqrt{C(\bar{s}_1^2 + \sigma_s^2)(2R\bar{s}_1 + C(\sigma_s^2 - \bar{s}_1^2))}}{\bar{s}_1\Lambda(2R\bar{s}_1 + C(\sigma_s^2 - \bar{s}_1^2))},$$

则社会最优实际到达率为

$$\lambda^* = \Lambda q^* = \frac{2R\bar{s}_1 + C(\sigma_s^2 - \bar{s}_1^2) - \sqrt{C(\bar{s}_1^2 + \sigma_s^2)(2R\bar{s}_1 + C(\sigma_s^2 - \bar{s}_1^2))}}{\bar{s}_1\Lambda(2R\bar{s}_1 + C(\sigma_s^2 - \bar{s}_1^2))}.$$

否则, $\lambda^* = \Lambda$, $q^* = 1$.

3.2.4　入场收入最大化策略

对于任意给定的入场费 p, 顾客以概率 q 进队后的平均收益满足

$$R - p = CE[S(q)]. \tag{3.2.4}$$

将 (3.2.1) 代入 (3.2.4) 可得

$$q(p) = \frac{2(R - p - C\bar{s}_1)}{\Lambda[2\bar{s}_1(R - p) + C(\sigma_s^2 - \bar{s}_1^2)]}.$$

因此, 收费方的平均收益为

$$\Pi(p) = \Lambda q(p)p = \frac{2p(R - p - C\bar{s}_1)}{[2\bar{s}_1(R - p) + C(\sigma_s^2 - \bar{s}_1^2)]}.$$

解方程 $\Pi'(p)=0$ 可以得到使得入场收入最大的入场费

$$p^* = \frac{2R\bar{s}_1 + C(\sigma_s^2 - \bar{s}_1^2) - \sqrt{C(\bar{s}_1^2 + \sigma_s^2)(2R\bar{s}_1 + C(\sigma_s^2 - \bar{s}_1^2))}}{2\bar{s}_1},$$

则单位时间收费方的最大收益为 $\Pi^* = \Lambda q(p^*)p^*$.

3.3 $GI/M/c$ 排队系统

3.3.1 模型描述

考虑不可见的 $GI/M/c$ 排队系统, 即顾客到达时不能观察到系统的队长. 顾客相继到达的时间是相互独立同分布的随机变量, 其分布函数为 $A(u)(u \geqslant 0)$, 概率密度函数为 $a(u)(u \geqslant 0)$, 它的拉普拉斯–斯蒂尔切斯变换为 $a^*(s)$, 期望为 $\frac{1}{\lambda}$. 服务规则为先到先服务, 服务时间服从参数为 μ 的指数分布.

将顾客到达的时刻作为嵌入点, 并记 $t_0, t_1^-, t_2^-, \cdots$ 为顾客相继到达的时刻. 到达的间隔时间 $T_{n+1} = t_{n+1}^- - t_n^-, n = 0, 1, 2, \cdots$ 是独立同分布的随机变量, 其分布函数为 $A(x)$. 定义 $\{N_s(t_i^-)\}$ 为系统在 t_i^- 时刻的状态, 其中 $N_s(t_i^-)$ 表示系统中的顾客数. 随机过程 $\{N_s(t_i^-)\}$ 是一个嵌入的马尔可夫链, 其状态空间为 $\Theta = \{(k), k \geqslant 0\}$. 令 $\pi_n^- = \lim_{i \to \infty} P(N_s(t_i^-) = n), n \geqslant 0$, 其中, π_n^- 为一个新顾客到达时系统中有 n 个顾客的概率.

假设顾客在到达时可以选择进队或者止步. 每个顾客接受服务后的回报为 R, 在系统中单位时间的逗留费用为 G. 假设所有顾客是风险中立且都想最大化自己的利益. 假设顾客在到达后的进队概率为 f, 并且一旦做出了选择将不能再反悔, 即, 既不能在排队中途退出也不能在止步后重新到达.

3.3.2 到达时刻系统中队长的分布

用 d_k 表示在一个到达间隔期间内系统中 c 个服务台都处于忙碌状态的条件下, 在该到达间隔期间内有 k 个顾客离开系统的概率. 记 $a_{k+1,j}$ 为一个新到达的顾客看到系统中有 $k(k \leqslant c-1)$ 个顾客并且下一个到达的顾客看到系统中有 $j(0 \leqslant j \leqslant k)$ 个顾客的概率. 那么, 在这个到达的间隔期间内有 $k+1-j$ 个顾客离开. 类似地, 定义 $b_{k+1,j}$ 为一个新到达的顾客看到系统中有 $k(k \geqslant c)$ 个顾客并且下一个到达的顾客看到系统中有 $j(0 \leqslant j \leqslant c-1)$ 个顾客的概率. 因此, 对于所有的 $k \geqslant 0$, 有

$$a_{k,j} = P(N_s(t_i^-) = j | N_s(t_{i-1}^-) = k-1) = \int_0^\infty \binom{k}{j} e^{-\mu j t}(1-e^{-\mu t})^{k-j} dA(t),$$
$$0 \leqslant k-1 \leqslant c-1, 1 \leqslant j \leqslant k,$$

$$b_{k,j} = P(N_s(t_i^-) = j \mid N_s(t_{i-1}^-) = k-1)$$

$$= \int_0^\infty \int_0^t \frac{(\mu c)^{k-c} u^{k-c-1} \mathrm{e}^{-c\mu u}}{(k-c-1)!} \binom{c}{j} \mathrm{e}^{-\mu j(t-u)} (1 - \mathrm{e}^{-\mu(t-u)})^{c-j} \mathrm{d}u \mathrm{d}A(t),$$

$$k-1 \geqslant c, 1 \leqslant j \leqslant c-1,$$

$$d_k = \int_0^\infty \frac{(c\mu t)^k}{k!} \mathrm{e}^{-c\mu t} \mathrm{d}A(t),$$

$$a_{k,0} = 1 - \sum_{j=1}^k a_{k,j}, \quad b_{k,0} = 1 - \sum_{j=1}^{c-1} b_{k,j} - \sum_{j=0}^{k-c} d_j.$$

将 $a_{k,j}$ 和 $b_{k,j}$ 化简为

$$a_{k,j} = \int_0^\infty \binom{k}{j} \mathrm{e}^{-\mu j t} (1 - \mathrm{e}^{-\mu t})^{k-j} \mathrm{d}A(t)$$

$$= \int_0^\infty \binom{k}{j} \mathrm{e}^{-\mu j t} (-1)^{k-j} \sum_{l=0}^{k-j} \binom{k-j}{l} \mathrm{e}^{-\mu t(k-j-l)} (-1)^l \mathrm{d}A(t)$$

$$= \binom{k}{j} \sum_{l=0}^{k-j} (-1)^{k-j+l} \binom{k-j}{l} \int_0^\infty \mathrm{e}^{-\mu t(k-l)} \mathrm{d}A(t)$$

$$= \binom{k}{j} \sum_{l=0}^{k-j} (-1)^{k-j+l} \binom{k-j}{l} a^*(\mu(k-l)), \tag{3.3.1}$$

$$b_{k,j} = \int_0^\infty \int_0^t \frac{(\mu c)^{k-c} u^{k-c-1} \mathrm{e}^{-c\mu u}}{(k-c-1)!} \binom{c}{j} \mathrm{e}^{-\mu j(t-u)} (1 - \mathrm{e}^{-\mu(t-u)})^{c-j} \mathrm{d}u \mathrm{d}A(t)$$

$$= \frac{(\mu c)^{k-c}}{(k-c-1)!} \binom{c}{j} \int_0^\infty \int_0^t \mathrm{e}^{-c\mu u} u^{k-c-1} \mathrm{e}^{-\mu j(t-u)} (1 - \mathrm{e}^{-\mu(t-u)})^{c-j} \mathrm{d}u \mathrm{d}A(t)$$

$$= \frac{(\mu c)^{k-c}}{(k-c-1)!} \binom{c}{j} \int_0^\infty \int_0^t g(u) h(t-u) \mathrm{d}u \mathrm{d}A(t), \tag{3.3.2}$$

其中, $g(u) = \mathrm{e}^{-c\mu u} u^{k-c-1}$, $h(t-u) = \mathrm{e}^{-\mu j(t-u)} (1 - \mathrm{e}^{-\mu(t-u)})^{c-j}$. 因此, 该二次积分是 $g(u)$ 和 $h(t-u)$ 的卷积, 故整个的积分结果为这两个函数卷积的拉普拉斯–斯蒂尔切斯变换. $g(t)$ 和 $h(t)$ 的拉普拉斯–斯蒂尔切斯变换分别为

$$\int_0^\infty \mathrm{e}^{-st} \mathrm{e}^{-c\mu t} t^{k-c-1} \mathrm{d}t = \frac{(k-c-1)!}{(s+c\mu)^{k-c}}, \tag{3.3.3}$$

$$\int_0^\infty \mathrm{e}^{-st} h(t) \mathrm{d}t = \int_0^\infty \mathrm{e}^{-st} \mathrm{e}^{-\mu j t} (1 - \mathrm{e}^{-\mu t})^{c-j} \mathrm{d}t$$

$$= \frac{\displaystyle\int_0^1 e^{-\mu t(s/\mu+j-1)} z^{c-j} \mathrm{d}z}{\mu} \quad (\diamondsuit z = 1 - e^{-\mu t})$$

$$= \frac{\displaystyle\int_0^1 (1-z)^{-\mu t(s/\mu+j-1)} z^{c-j} \mathrm{d}z}{\mu}$$

$$= \frac{\Gamma(j+s/\mu)\Gamma(c-j+1)}{\mu\Gamma(c+s/\mu+1)}. \tag{3.3.4}$$

考虑具有比例形式如 $\upsilon(s) = P(s)/Q(s)$ 的拉普拉斯–斯蒂尔切斯变换的那些分布, 其中 $Q(s)$ 的维度为 n, $P(s)$ 的维度最多为 n. 因此, (3.3.3) 和 (3.3.4) 的卷积可写成

$$\frac{(k-c-1)!}{(s+c\mu)^{k-c}}\frac{\Gamma(j+s/\mu)\Gamma(c-j+1)}{\mu\Gamma(c+s/\mu+1)} \simeq \frac{(k-c-1)!(c-j)!}{\mu}\frac{P(s)}{Q(s)},$$

其中, $\dfrac{P(s)}{Q(s)} \simeq \dfrac{\Gamma(j+s/\mu)}{(s+c\mu)^{k-c}\Gamma(c+s/\mu+1)}$. 下面考虑顾客的到达间隔时间服从参数为 $(\boldsymbol{\alpha}, \mathbf{B})$ 的 PH 型分布, 其密度函数为 $a(t) = \boldsymbol{\alpha}e^{\mathbf{B}t}\mathbf{B}^0$. 将 $a(t) = \boldsymbol{\alpha}e^{\mathbf{B}t}\mathbf{B}^0$ 代入 (3.3.2) 中, $b_{k,j}$ 可写成

$$b_{k,j} = \frac{(\mu c)^{k-c}}{(k-c-1)!}\binom{c}{j}\int_0^\infty\int_0^t e^{-c\mu u}u^{k-c-1}e^{-\mu j(t-u)}(1-e^{-\mu(t-u)})^{c-j}\mathrm{d}u\mathrm{d}A(t)$$

$$= \frac{(\mu c)^{k-c}}{(k-c-1)!}\binom{c}{j}\int_0^\infty\boldsymbol{\alpha}e^{\mathbf{B}t}\int_0^t g(u)h(t-u)\mathrm{d}u\mathrm{d}t\mathbf{B}^0$$

$$\simeq \frac{(\mu c)^{k-c}c!}{j!\mu}\boldsymbol{\alpha}\left[\frac{P(s)}{Q(s)}\Big|_{s=-\mathbf{B}}\right]\mathbf{B}^0. \tag{3.3.5}$$

d_k 的概率母函数为

$$\bar{D}(z) = \sum_{k=0}^\infty d_k z^k = a^*(c\mu - c\mu z). \tag{3.3.6}$$

观察连续两个到达时刻系统的状态, 可以得到以下差分方程:

$$\pi_0^- = f\left(\sum_{k=0}^{c-1}\pi_k^- a_{k+1,0} + \sum_{k=c}^\infty\pi_k^- b_{k+1,0}\right)$$

$$+ (1-f)\left(\pi_0^- + \sum_{k=1}^{c-1}\pi_k^- a_{k,0} + \sum_{k=c}^\infty\pi_k^- b_{k,0}\right), \tag{3.3.7}$$

$$\pi_i^- = f\left(\sum_{k=i-1}^{c-1}\pi_k^- a_{k+1,i} + \sum_{k=c}^\infty\pi_k^- b_{k+1,i}\right)$$

$$+(1-f)\left(\sum_{k=i}^{c-1}\pi_k^- a_{k,i} + \sum_{k=c}^{\infty}\pi_k^- b_{k,i}\right), \quad 1 \leqslant i \leqslant c-1, \tag{3.3.8}$$

$$\pi_i^- = f\sum_{k=i-1}^{\infty}\pi_k^- d_{k+1-i} + (1-f)\sum_{k=i}^{\infty}\pi_k^- d_{k-i}, \quad i \geqslant c. \tag{3.3.9}$$

定义 $\pi_i^-(i \geqslant c)$ 的概率母函数为 $\pi_c^{-*}(z) = \sum_{k=c}^{\infty}\pi_i^- z^{i-c}$. 将 (3.3.9) 的两边同时乘以 z^{i-c} 并相加, 可得到

$$\pi_c^{-*}(z) = \frac{\pi_c^- - f\sum_{i=1}^{\infty}\dfrac{d_i}{z^{i-1}}\sum_{j=0}^{i-1}\pi_{c+j}^- z^j - (1-f)\sum_{i=0}^{\infty}\pi_{c+i}^- z^j \sum_{k=i}^{\infty}\dfrac{d_k}{z^k}}{1 - (1-f+fz)\bar{D}\left(\dfrac{1}{z}\right)}. \tag{3.3.10}$$

(3.3.10) 在条件 $|z| \leqslant 1$ 下是解析并收敛的. 由于方程 $1 - \left(1-f+\dfrac{f}{z}\right)\bar{D}(z) = 0$ 在单位圆 $|z| < 1$ 区域内有唯一解 ω, 并且 $\pi_c^{-*}(z)$ 在 $|z| \leqslant 1$ 区域内是解析的, 所以有

$$\pi_c^{-*}(z) = \frac{K_1}{1-\omega z}, \tag{3.3.11}$$

其中, K_1 为待定常数. 对比 (3.3.11) 分解成 z^{i-c} 的系数, 可得到达时刻系统状态的概率为

$$\pi_i^- = K_1\omega^{i-c}, \quad i \geqslant c. \tag{3.3.12}$$

结合 (3.3.7) 和 (3.3.8) 以及归一化条件 $\sum_{i=0}^{\infty}\pi_i^- = 1$ 可得到 K_1 的值以及到达时刻所有系统状态的概率 $\pi_i^-, i \geqslant 0$.

3.3.3   均衡止步策略

考虑一个新到达的顾客, 如果他选择进队, 则他在系统中的平均逗留时间为

$$E[W] = \sum_{j=0}^{c-1}\frac{\pi_j^-}{\mu} + \sum_{j=c}^{\infty}\pi_j^- \frac{j+1-c}{c\mu}, \tag{3.3.13}$$

其中 π_j^- 如 (3.3.7)—(3.3.9) 所示, 则该顾客进队后的平均收益为 $\Delta = R - GE[W]$. 为了确保到达的顾客发现系统为空时会选择进队, 则假设

$$R > \frac{G}{\mu}.$$

如果当 $f = 1$ 时 $\Delta \geqslant 0$, 则进队是顾客的纳什均衡策略. 否则, 如果当 $f = 1$ 时 $\Delta < 0$, 则使得 $\Delta = R - GE[W] = 0$ 的 $f_e \in (0,1)$ 是顾客的均衡进队概率.

第4章　有优先权的排队系统

在通信系统、电子对抗系统、计算机的中断系统中, 某些 "顾客" 类必须获得优先服务, 这种排队系统我们称之为有优先权的排队系统. 在具有优先权的排队系统中, 具有较高优先权的顾客先于具有较低优先权的顾客获得服务, 而不管他们进入系统时间的先后次序. 对具有优先权的排队系统的均衡策略分析, 比相应无优先权的排队系统的分析要困难些.

Balachandran(1972) 首次研究了有优先权的排队系统中顾客的均衡行为. 他考虑了可见的 $M/M/1$ 排队模型, 其中每个到达的顾客可以从离散的无限集合 $\{b(0) < b(1) < \cdots\}$ 中选择可能的付款数目, 顾客的优先级根据他们付款数目的多少而定, 并且顾客不被告知其他顾客的付款数目. Tilt 和 Balachandran(1979) 考虑了顾客有不同时间花费的模型, 研究结果表明可能存在多个纯阈值均衡策略, 一个均衡策略可能会导致同时包含 FCFS 和 LCFS 的服务次序. Haviv 和 van der Wal(1997) 假设允许顾客根据自己的情况选择任意非负数目购买相对优先权. Dolan(1978) 考虑了一个根据顾客提供的时间花费给予相应的优先权的模型. Hassin(1995) 考虑了不可见排队系统中均衡到达时过分拥挤的问题, 并给出了解决方案. Adiri 和 Yechiali(1974), Hassin 和 Haviv(1997) 分析了具有不同优先权的两类顾客的排队系统. 他们假设顾客在到达时刻可以选择是否购买优先权, 并分别求得了顾客的纳什均衡纯阈值和混合阈值进队策略. Lillo(2001) 考虑了具有不同优先权的两类顾客的 $M/G/1$ 排队系统. 基于线性的成本结构, 他们得到了具有两个阈值的最优控制策略. Jouini, Dallery 和 Aksin(2009) 建立了具有优先权和不耐烦的多类型顾客的呼叫中心模型, 他们假设顾客在到达的时候被告知延迟信息.

4.1　有优先权的 $M/M/1$ 排队系统

4.1.1　模型描述

考虑一个先到先服务的单服务台排队系统. 系统中有两个队列, 一列为有优先权的顾客队列, 另一列为普通顾客队列. 当一个有优先权的顾客到达时, 如果有普通顾客正在接受服务, 则该服务立即被停止, 服务台转而服务有优先权的顾客. 被抢占的普通顾客只有在系统中无有优先权的顾客时才能继续被服务. 假设顾客到达服从参数为 λ 的泊松流, 服务时间服从参数为 μ 的指数分布. 顾客到达系统后必须选择是否购买优先权并进队, 并且在决定进入普通队列后不能再购买优先权. 顾客单位时间的等待费用为 C, 购买优先权的价格为 θ. 系统的稳定性条件为 $\rho = \dfrac{\lambda}{\mu} < 1$. 用 $B = \dfrac{1}{\mu - \lambda}$ 表示一个忙期的长度.

4.1.2 可见情形的均衡策略

在可见情形中, 顾客到达系统后, 可在观察到两个队列的队长之后, 决定是否购买优先权. 定义 $(i, j), i, j \geqslant 0$ 为系统的状态, 其中 i 表示系统中有优先权的顾客的数目, j 表示普通顾客的数目.

假设顾客都采用纯阈值策略 n, 即当且仅当系统中的顾客数目至少为 n 时选择购买优先权. 如果顾客都遵循纯阈值策略 n, 那么只有 $(0, j), j = 0, \cdots, n$ 是系统的常返状态, 而 $(i, n), i = 1, 2, \cdots$ 是瞬时状态.

假设顾客都采用混合阈值策略 $x = n + p, n \in \mathbb{N}, 0 \leqslant p < 1$, 即当顾客到达发现系统中有 k 个顾客时, 如果 $k \leqslant n - 1$, 则进入普通队列; 如果 $k = n$, 则以概率 p 进入普通队列, 以概率 $1 - p$ 进入有优先权的队列; 如果 $k > n$, 则进入有优先权的队列. 定义 $E(x)$ 为有优先权的队列为空时, 在普通队列的第 $\lceil x \rceil$ 个位置的顾客的平均逗留时间, 其中 $\lceil x \rceil$ 表示不小于 x 的最小整数. 下面给出计算 $E(x)$ 的算法.

定义 $H_{i,k}(x)$ 为有优先权的队列为空并且在其后有 k 个顾客在普通队列等待时, 在普通队列的第 i 个位置的顾客的平均等待时间. 当所有顾客都采用 $x = n + p$ 阈值策略时, $i + k \leqslant \lceil x \rceil, i \geqslant 1, k \geqslant 0$. 由定义知, $E(x) = H_{\lceil x \rceil, 0}(x)$, 所以只需给出 H 的算法 ($\lceil x \rceil = n + 1$)(挑选时间单位, 使得 $\lambda + \mu = 1$):

$$H_{1,n}(x) = B,$$
$$H_{1,n-1}(x) = 1 + \lambda p H_{1,n}(x) + \lambda(1 - p)(B + H_{1,n-1}(x)),$$
$$H_{1,k}(x) = 1 + \lambda H_{1,k+1}(x), \quad k = 0, 1, \cdots, n - 2,$$
$$H_{i,k}(x) = 1 + \lambda H_{i,k+1}(x) + \mu H_{i-1,k}(x), \quad i = 2, \cdots, n - 1,$$
$$k = 0, \cdots, n - i - 1,$$
$$H_{i,n-i}(x) = 1 + \lambda p H_{i,n-i+1}(x) + \lambda(1 - p)(B + H_{i,n-i}(x)) + \mu H_{i-1,n-i}(x),$$
$$i = 2, \cdots, n,$$
$$H_{i,n-i+1}(x) = 1 + \lambda(B + H_{i,n-i+1}(x)) + \mu H_{i-1,n-i+1}(x), \quad i = 2, \cdots, n + 1.$$

由以上方程可得到如下计算 H 的算法 ($p = 0$ 的情形类似, 故在此省略):

(1) 初始步骤:

如果 $p \neq 0$, 令 $H_{1,n}(x) = B$;

令 $H_{1,n-1}(x) = (1 + \lambda B)/(1 - \lambda(1 - p))$;

从 $k = n-2$ 到 $k = 0$, $H_{1,k}(x) = 1 + \lambda H_{1,k+1}(x)$.

(2) 递归步骤:

从 $i = 2$ 到 $i = n$, $H_{i,n-i+1}(x) = (1 + \lambda B + \mu H_{i-1,n-i+1}(x))/\mu$; $H_{i,n-i}(x) = (1 + \lambda p H_{i,n-i+1}(x) + \mu H_{i-1,n-i}(x) + \lambda(1-p)B)/(1 - \lambda(1-p))$.

如果 $i \neq n$, 从 $k = n-i-1$ 到 $k = 0$, $H_{i,k}(x) = 1 + \lambda H_{i,k+1}(x) + \mu H_{i-1,k}(x)$.

如果 $p \neq 0$, 令 $H_{n+1,0}(x) = (1 + \lambda B + \mu H_{n,0}(x))/\mu$.

定理 4.1.1 当且仅当 $\dfrac{C}{\mu} + \theta - CB \leqslant CE(n) \leqslant \dfrac{C}{\mu} + \theta$ 时, 纯阈值策略 $n \geqslant 1$ 是纳什均衡策略. 当且仅当 $\dfrac{C}{\mu} + \theta \leqslant CB$ 时, 纯阈值策略 $n = 0$ 是纳什均衡策略.

证明 假设所有顾客都采用整数阈值策略 $n(n \geqslant 1)$. n 为个体最优策略必须满足两个必要条件:

(1) 如果到达发现状态为 $(0, n-1)$, 则不购买优先权是最优策略, 所以

$$CE(n) \leqslant \theta + \frac{C}{\mu}.$$

(2) 如果到达发现状态 $(0, n)$, 则购买优先权是最优策略, 所以

$$C[B + E(n)] \geqslant \theta + \frac{C}{\mu}.$$

下面证明充分性: 如果在系统状态为 $(0, n)$ 时购买优先权是最优策略, 那么在系统状态为 $(i, n), n \leqslant 1$ 时购买优先权也是最优策略; 同理, 如果在系统状态为 $(0, n-1)$ 时购买优先权不是最优策略, 则在系统状态为 $(0, j), j \leqslant n-2$ 时也不是最优策略.

最后, 易得 $n = 0$ 为均衡策略的充分必要条件为 $\theta + \dfrac{C}{\mu} \leqslant CB$. □

可以发现在该可见排队中有 FTC 情形, 因此可能存在多个均衡阈值策略. 下面来确定均衡解的个数的上界.

定理 4.1.2 对于 $n \geqslant 1$,

$$\frac{1}{\mu} \leqslant E(n+1) - E(n) \leqslant B,$$

并且

$$\lim_{n \to \infty}[E(n+1) - E(n)] = \frac{1}{\mu}.$$

因此至少有 1 个, 至多存在 $\left\lfloor \dfrac{1}{1-\rho} \right\rfloor$ 个均衡的纯阈值策略.

证明 假设系统的初始状态为 $(0, n)$, 并且所有顾客采用纯阈值策略 n. 记在零时刻普通队列的最后一个顾客为顾客 C_n. 当顾客 C_n 离开系统时, 顾客 C_{n+1} 已经

来到队首并且至少要经过一个服务周期才能离开系统. 所以有 $E(n+1)-E(n) \geqslant \dfrac{1}{\mu}$. 另外显然有 $E(n+1)-E(n) \leqslant B$.

考虑两个普通顾客, 一个在第 n 个位置, 另一个在第 $n+1$ 个位置, 并且在有优先权的队列中没有顾客. 前者处在所有顾客都采用纯阈值策略 n 的系统中, 后者处在所有顾客都采用纯阈值策略 $n+1$ 的系统中. 在对事件认知相同的情况下考虑这两个顾客, 则后者在前者离开后立即开始进行第一次服务. 当 n 很大时, 由于在他之后的平均队长是有限的, 因此不可能被其他顾客所抢占. 于是当 $n \to \infty$ 时, 后者较前者增加的服务时间趋近于 $\dfrac{1}{\mu}$.

由定理 4.1.1 和本定理的第一个结论知, 纯均衡策略的个数至少为 1, 至多为 $\left\lfloor \dfrac{B}{1/\mu} \right\rfloor = \left\lfloor \dfrac{1}{1-\rho} \right\rfloor$. 下界 1 在 $\theta = 0$ 时取得, 上界 $\left\lfloor \dfrac{1}{1-\rho} \right\rfloor$ 在 $\theta \to \infty$ 时取得. $\qquad \square$

如果混合阈值策略 $x = n+p, 0 < p < 1$ 是均衡策略, 则当到达顾客发现系统状态为 $(0,n)$ 时, 可以购买也可以不购买优先权. 类似地, 由定理 4.1.1 的证明方法, 可以得到以下的定理.

定理 4.1.3　当且仅当 $CE(n) = \dfrac{C}{\mu} + \theta$ 时, 混合阈值策略 x 是纳什均衡策略.

4.1.3　不可见情形的均衡策略

在不可见情形下, 顾客到达系统后不能看见队长, 并且在到达时刻必须决定是否以概率 p 购买标价为 θ 的优先权. 当所有顾客都采用策略 p 来购买优先权, 则有优先权的顾客的到达是参数为 λp 的泊松流, 那么有优先权的顾客的平均逗留时间为 $\dfrac{1}{\mu - \lambda p}$. 考虑顾客的均衡行为, 有以下的结论.

定理 4.1.4　在不可见的有优先权的 $M/M/1$ 排队系统中, 关于顾客的均衡策略有以下结论:

(1) 该模型有 FTC 情形;

(2) 如果 $\theta \leqslant \dfrac{C\rho}{\mu(1-\rho)}$, 则 $p=1$ 是一个占优策略;

(3) 如果 $\theta \geqslant \dfrac{C\rho}{\mu(1-\rho)^2}$, 则 $p=0$ 是一个占优策略;

(4) 如果 $\dfrac{C\rho}{\mu(1-\rho)} < \theta < \dfrac{C\rho}{\mu(1-\rho)^2}$, 则存在三个策略: $p=0$, $p=1$ 和 $p = \dfrac{1}{\rho} - \dfrac{C}{\theta\mu(1-\rho)}$.

(5) 纯策略都是 ESS, 混合策略不是 ESS.

证明　记 W 为一个普通顾客的平均逗留时间. 对于一个随机顾客的平均逗

留时间, 可用两种方法来计算: 一种是等于先到先服务排队系统中的平均逗留时间 $\frac{1}{\mu - \lambda}$; 另一种的平均逗留时间是以概率 p 为 $\frac{1}{\mu - \lambda p}$, 以概率 $1 - p$ 为 W. 因此有

$$\frac{1}{\mu - \lambda} = \frac{p}{\mu - \lambda p} + (1 - p)W,$$

解得 $W = \frac{\mu - \lambda}{\mu - \lambda p}$.

如果选择购买优先权, 则该普通顾客的总平均等待费用的减少量为

$$f(p) = \frac{\lambda C}{(\mu - \lambda)(\mu - \lambda p)} = \frac{\rho C}{\mu(1 - \rho)(1 - \lambda p)}.$$

由于该函数关于 p 是单调递增的, 所以有 FTC 情形.

(1) 当 $\theta \leqslant f(0)$ 时, 无论其他顾客怎么选择, 购买优先权是最优的策略, 并且是占优策略.

(2) 当 $\theta \geqslant f(1)$ 时, 不购买优先权是最优的策略, 并且也是一个占优策略.

(3) 当 $f(0) < \theta < f(1)$ 时, 存在唯一的 $p_e(0 < p_e < 1)$ 使得, 如果其他顾客都采用 p_e 策略, 该顾客购不购买优先权都对自己的平均收益不产生影响. 解方程 $f(p) = \theta$ 求得 $p_e = \frac{1}{\rho} - \frac{C}{\theta\mu(1 - \rho)}$, 这样的均衡策略不是 ESS. 如果 p 大于 p_e, 则最优的选择是购买优先权; 而如果 p 小于 p_e, 则最优的选择是不购买优先权, 所以这个混合策略不是 ESS. 而两个纯策略都是 ESS. □

4.2 有优先权和服务共享的 $M/M/1$ 排队系统

4.2.1 模型描述

考虑一个有优先权和服务共享的 $M/M/1$ 排队系统. 顾客到达是参数为 λ 的泊松流, 服务时间服从参数为 μ 的指数分布. 记 $\rho = \frac{\lambda}{\mu}$, 不失一般性, 假定 $\lambda + \mu = 1$. 服务台根据所有当前系统中的顾客所支付的价格分配服务率, 即如果第 i 个顾客支付的价格为 $x_i, 1 \leqslant i \leqslant n$, 则他获得的服务能力的比例为 $x_i / \sum_{j=1}^{n} x_j$. 每个顾客在系统中的单位时间逗留费用为 C.

每个到达的顾客不知道自己的服务时间, 也不知道当前系统中的顾客数, 并且在进队时要选择最优的支付策略使得自己的总花费最小.

4.2.2　均衡支付策略

标记一个到达且刚进队的顾客. 对于任意的 $n \geqslant 0$, 用 $f(n,x)$ 表示当系统中有 n 个其他顾客在排队系统中时, 在其他顾客每人支付 1 而他支付 x 的条件下他的平均逗留时间. 易知, 对于 $x=0$, $f(n,0)$ 为 $n+1$ 个平均忙期的总和; 对于 $x=\infty$, 标记顾客获得了绝对的优先权, 因此有

$$f(n,0) = (n+1)\frac{1}{1-\rho}\frac{1}{\mu}, \tag{4.2.1}$$

$$f(n,\infty) = \frac{1}{\mu}, \tag{4.2.2}$$

并且对于所有的 $0 < x < \infty$,

$$f(n,\infty) < f(n,x) < f(n,0). \tag{4.2.3}$$

对于所有的 $n \geqslant 0$, $f(n,x)$ 满足以下差分方程

$$f(n,x) = 1 + \lambda f(n+1,x) + \mu\frac{n}{n+x}f(n-1,x), \quad n \geqslant 0. \tag{4.2.4}$$

引理 4.2.1　$f(n,x)$ 是关于 n 的仿射函数. 换言之, 对于关于 x 的函数 $A(x)$ 和 $B(x)$,

$$f(n,x) = A(x)n + B(x), \quad n \geqslant 0. \tag{4.2.5}$$

证明　在零时刻的下列两种情形中, 假定一个标记顾客支付 x 而其他顾客支付 1. 在情形 1 中, 除了标记顾客之外系统中还有其他 n 个顾客; 而在情形 2 中, 除了标记顾客外系统中还有其他 m 个顾客. 假设有一个新顾客加入系统. 根据该系统的轮转服务规则, 对于一个很小的量 Δ, 服务台将分配 Δ 的时间给其他每个顾客, 而给标记顾客分配 $x\Delta$ 的服务时间. 这一过程不停地重复直到标记顾客离开排队系统. 可以断定在两种情形下, 新加入的顾客对标记顾客的等待时间的影响是相等的. 实际上, 考虑新加入的顾客的服务时间, 在他服务期间到达的那些顾客的服务时间, 在他们服务期间到达的顾客的服务时间, 一直这样分析下去. 标记顾客可能会出现在某些这样的阶段中, 但是新加入顾客给他带来的等待时间延迟的分布在两种情形下是相等的, 与零时刻系统中的顾客数无关. 那么, 当 Δ 趋于 0 时, 新加入的顾客对标记顾客的等待时间造成的延迟, 即为 $A(x)$. □

引理 4.2.2　在引理 4.2.1 中定义的函数 $A(x)$ 和 $B(x)$ 满足

$$A(x) = \frac{1}{1+x-\rho}\frac{1}{\mu}, \quad B(x) = \frac{1+x}{1+x-\rho}\frac{1}{\mu}. \tag{4.2.6}$$

证明　将 (4.2.5) 代入 (4.2.4) 中即可得到结论. □

引理 4.2.3　假设所有其他的顾客都支付 1, 而标记顾客支付 x, 则标记顾客的平均逗留时间 $g(x)$ 为

$$g(x) = \frac{1 + x - \rho x}{1 + x - \rho} \frac{1}{1 - \rho} \frac{1}{\mu}. \tag{4.2.7}$$

证明　在到达时刻, 支付 x 的标记顾客看到系统中有 n 个顾客的概率为 $(1 - \rho)\rho^n$, 所以有

$$g(x) = A(x) \sum_{n=0}^{\infty} (1 - \rho)\rho^n n + B(x). \tag{4.2.8}$$

通过计算, 可以得到 (4.2.7), 并且容易看出 $g(x)$ 的凸性. □

下面确定顾客的均衡支付策略.

定理 4.2.1　在有优先权和服务共享的 $M/M/1$ 排队系统中, 支付价格

$$\frac{\rho}{\mu(1 - \rho)(2 - \rho)} C$$

是顾客唯一的纳什均衡纯策略.

证明　假设所有的顾客都支付 1, 则最优策略为支付 1 的 C 满足

$$\frac{\mathrm{d}}{\mathrm{d}x}(Cg(x) + x)\,|_{x=1} = 0, \tag{4.2.9}$$

其中 $g(x)$ 如 (4.2.7) 所示. 由于 $g(x)$ 是下凸函数, 因此这个条件是充分的. 求解 (4.2.9) 得到

$$C = \frac{\mu(1 - \rho)(2 - \rho)}{\rho}.$$

则顾客的均衡支付策略为

$$\frac{\rho}{\mu(1 - \rho)(2 - \rho)} C, \qquad\qquad\qquad □$$

4.3　有优先权和随机服务的 $M/M/1$ 排队系统

4.3.1　模型描述

考虑一个有优先权和随机服务的 $M/M/1$ 排队系统. 顾客到达是参数为 λ 的泊松流, 服务时间是参数为 μ 的指数分布. 记 $\rho = \dfrac{\lambda}{\mu}$, 不失一般性, 假定 $\lambda + \mu = 1$. 服务台只有在服务完一个顾客之后才会服务下一个顾客, 并且根据所有当前系统中

的顾客所支付的价格确定每个顾客被服务的概率. 换言之, 如果第 i 个顾客支付的价格为 $x_i, 1 \leqslant i \leqslant n$, 那么他在当前的顾客接受完服务后接下来被服务的概率为 $x_i / \sum\limits_{j=1}^{n} x_j$.

　　每个到达的顾客不知道自己的服务概率, 也不知道当前系统中的顾客数, 并且在进队时要选择最优的支付策略使得自己的总花费最小.

4.3.2　均衡支付策略

　　对于任意的 $n \geqslant 0$, 用 $h(n, x)$ 表示当系统中除了标记顾客以外还有 n 个顾客时, 在其他顾客都支付 1 而标记顾客支付 x 的条件下, 标记顾客的平均逗留时间. 与 4.2 节的分析一样, 容易得到

$$h(n, 0) = (n+1) \frac{1}{1-\rho} \frac{1}{\mu}, \tag{4.3.1}$$

$$h(n, \infty) = \frac{1}{\mu}, \tag{4.3.2}$$

并且对于所有的 $0 < x < \infty$,

$$h(n, \infty) < h(n, x) < h(n, 0). \tag{4.3.3}$$

对于所有的 $n \geqslant 0, h(n, x)$ 满足以下差分方程

$$h(n, x) = 1 + \lambda h(n+1, x) + \mu \frac{n}{n+x} h(n-1, x), \quad n \geqslant 0. \tag{4.3.4}$$

　　引理 4.3.1　对于所有的 $n \geqslant 0, h(n, x)$ 是关于 n 的仿射函数. 换言之, 对于关于 x 的函数 $A^*(x)$ 和 $B^*(x)$,

$$h(n, x) = A^*(x)n + B^*(x), \quad n \geqslant 0, \tag{4.3.5}$$

并且 $B^*(x) = (1+x)A^*(x)$.

　　证明　假定一个标记顾客支付 x 而其他顾客支付 1. 用 $B^*(x)$ 表示标记顾客到达时系统为空且处于忙碌状态下他的平均逗留时间, 并定义 $A^*(x)$ 为系统中有一个等待顾客时给标记顾客增加的平均逗留时间. 下面称该等待顾客为额外顾客, 并说明 $B^*(x) = (1+x)A^*(x)$. 实际上, 标记顾客以概率 $\dfrac{x}{1+x}$ 优先于额外顾客获得服务. 在这种情况下, 标记顾客的平均逗留时间为 $B^*(x)$. 另一方面, 标记顾客以概率 $\dfrac{1}{1+x}$ 晚于额外顾客获得服务, 则他的条件平均逗留时间为 $2B^*(x)$. 由全期望公式可得 $A^*(x) = \dfrac{B^*(x)}{1+x}$. 类似地, 当系统中有 n 个其他顾客时, 每个顾客对标记

顾客增加的平均逗留时间与 n 无关, 都是 $A^*(x)$. □

将 (4.3.5) 代入 (4.3.4) 可以得到

$$A^*(x) = \frac{1}{1+x-\rho}\frac{1}{\mu}, \quad B^*(x) = \frac{1+x}{1+x-\rho}\frac{1}{\mu}. \tag{4.3.6}$$

引理 4.3.2 假设所有其他的顾客都支付 1, 用 $w(x)$ 表示支付 x 的顾客的平均逗留时间, 则

$$w(x) = \frac{1+x-\rho x}{1+x-\rho}\frac{\rho}{1-\rho}\frac{1}{\mu}, \tag{4.3.7}$$

并且, $w(x)$ 是下凸函数.

证明 在服务台忙碌时, 支付 x 的顾客在到达时看到系统中有 n 个顾客的概率为 $(1-\rho)\rho^n$, 所以有

$$w(x) = \rho\Big[A^*(x)\sum_{n=0}^{\infty}(1-\rho)\rho^n n + B^*(x)\Big], \tag{4.3.8}$$

通过计算可以得到 (4.3.7). □

定理 4.3.1 在有优先权和随机服务的 $M/M/1$ 排队系统中, 支付价格

$$\frac{\rho^2 C}{2-\rho}\frac{1}{1-\rho}\frac{1}{\mu}$$

是顾客唯一的纳什均衡纯策略.

证明 假设所有的顾客都支付 1, 如果最优策略为支付 1, 则需要满足

$$\frac{\mathrm{d}}{\mathrm{d}x}(Cw(x)+x)\,|_{x=1}=0, \tag{4.3.9}$$

其中 $w(x)$ 如 (4.3.7) 所示. 由于 $w(x)$ 是下凸函数, 因此这个条件是充分的. 求解 (4.3.9) 得到

$$C\rho = \frac{\mu(1-\rho)(2-\rho)}{\rho}.$$

则顾客的均衡支付策略为

$$\frac{\rho^2 C}{2-\rho}\frac{1}{1-\rho}\frac{1}{\mu}. \quad\quad\quad □$$

第5章 可修排队系统

在实际生活中, 经常会碰到不可靠的服务台发生故障而不能为顾客提供服务的情形. 此时需要修理工对服务台进行修理, 服务台被修复后方可继续执行其使命, 为顾客服务. 我们把这类服务台可能发生故障且可修复的排队系统称为可修排队系统.

早在 20 世纪 60 年代, Avi-Itzhak 和 Naor(1962), Thiruvenydan(1963) 以及 Mitrany 和 Avi-Itzhak(1968) 开始研究服务台可能失效和可修的排队系统, 并得到了排队论的有关数量指标. Cao 和 Cheng(1982) 首次研究了 $M/G/1$ 可修排队系统中的可靠性问题, 并给出了服务台的首次失效时间分布、时刻 t 服务台失效的概率、服务台的失效次数和服务台的失效时间等可靠性指标.

Economou 和 Kanta(2008) 首次在 $M/M/1$ 可修排队系统中考虑了顾客的均衡止步行为. 在他们的模型里, 服务台一旦失效就立即对其进行修理, 并且在修复后完全恢复它的功能. 在完全可见和几乎可见两种情形下, 顾客都遵循相应的纯阈值均衡进队策略. Li, Wang 和 Zhang(2014) 给出了另外两种不可见情形下的 $M/M/1$ 可修排队系统中顾客的均衡进队策略. Jagannathan, Menache, Modiano 和 Zussman(2012) 分析了认知无线电中的动态频谱接入系统. 他们将主用户随机地使用频谱而使得次用户必须排队等待看作是 "服务台不可靠", 给出了次用户在非合作博弈中的均衡策略选择, 并证明了该对称纳什均衡解的存在性和唯一性. Li 和 Han(2011) 表示在可见情形下, 次用户的个体最优阈值进队策略与社会最优策略不一致. Do, Tran, Nguyen, Hong 和 Lee(2012) 研究了认知无线电中具有服务台不可靠的排队模型, 给出了不可见情形下次用户的社会最优策略分析. Yang, Wang 和 Zhang(2014) 研究了离散可修排队系统中顾客的均衡止步策略. Wang 和 Zhang(2011) 分析了带有延迟修理的可修排队系统中顾客的均衡阈值进队策略. Li, Wang 和 Zhang(2013) 讨论了具有服务台部分故障的 $M/M/1$ 排队系统中的均衡策略分析. Boudali 和 Economou(2012) 研究了具有灾难到达的马尔可夫排队系统. 当灾难发生时, 系统中的所有顾客都被迫退队离开, 并且服务台会因灾难到达而发生故障, 在服务台被修理完成之前任何到达的顾客将不允许进入系统. 他们最终求得了顾客的纳什均衡和社会最优进队策略. Boudali 和 Economou(2013) 考虑了更一般的情况, 即当灾难发生使得服务台发生故障后并在服务台被修理完成之前这段时间内, 允许到达的顾客进队. Economou 和 Manou(2013) 研究了具有随机清空顾客功能的不可靠服务台的排队系统中顾客的均衡策略, 其中顾客的到达率和清空发生率均由外部机制所控制. Dimitrakopoulos 和 Burnetas(2011) 考察了具有动态服务控制的 $M/M/1$ 排队系统, 其中服务速率根据系统的拥挤程度在高速模式与低速模式之间动态地切换. 他们表示, 由于服务率的变化, 顾客的均衡策略不再是唯一的, 并得到了可能的均衡解个数的上界. Zhang, Wang 和 Zhang(2013) 考虑了具有单服务台和固定重试率的可修排队系统. Wang, Wang 和 Zhang(2014) 分析了具有单删除负顾客的常数率重试排队中顾客的均衡行为.

5.1 $M/M/1$ 可修排队系统

5.1.1 模型描述

考虑一个单服务台排队系统, 其等待空间的容量是无限的. 顾客到达是参数为 λ 的泊松流, 服务时间服从参数是 μ 的指数分布. 服务台的寿命服从指数分布, 故障率为 ζ. 修理时间服从参数是 θ 的指数分布. 将系统在时刻 t 的状态记为 $(N(t), I(t))$, 其中 $N(t)$ 和 $I(t)$ 分别表示系统中的顾客数和服务台的状态 (0: 修理阶段; 1: 正常状态), 则随机过程 $\{(N(t), I(t)), t \geqslant 0\}$ 是一个二维连续时间的马尔可夫链.

假设顾客在到达时可根据自己掌握的系统信息来决定是否进入排队. 在服务完成后, 每个顾客获得的服务回报是 R. 这能反映顾客的满意度或者服务带给他们的价值. 同时每逗留单位时间 (包括在服务区域和等待区域的逗留时间) 的花费是 C. 顾客都是风险中立的并且希望最大化自己的收益. 在到达系统的时刻, 他们需要估算自己的平均逗留费, 然后做出是否进队的决定. 一旦顾客做出了选择将不能再反悔, 即, 既不能在排队中途退出也不能在止步后重新到达.

5.1.2 完全可见情形的均衡进队策略

在完全可见情形下, 顾客在到达时刻 t 能知晓服务台的状态 $I(t)$ 和系统中的顾客数 $N(t)$.

定理 5.1.1 在完全可见的 $M/M/1$ 可修排队系统中, 存在一对阈值

$$(n_e(0), n_e(1)) = \left(\left\lfloor \frac{R\mu\theta}{C(\theta + \zeta)} - \frac{\mu}{\theta + \zeta} \right\rfloor - 1, \left\lfloor \frac{R\mu\theta}{C(\theta + \zeta)} \right\rfloor - 1 \right), \tag{5.1.1}$$

使得在该阈值进队策略下, 当顾客在时刻 t 到达系统时, 发现系统的状态为 $(N(t), I(t))$, 如果 $N(t) \leqslant n_e(I(t))$, 则他们进入排队, 否则就止步.

证明 对于一个新到达的顾客, 如果他选择进队, 则他的平均收益为

$$S(n, i) = R - CT(n, i), \tag{5.1.2}$$

其中 $T(n,i)$ 表示顾客在到达时刻发现系统的状态为 (n,i) 并选择进队后的平均逗留时间. 于是有以下方程:

$$T(n,0)=\frac{1}{\theta}+T(n,1),\quad n=0,1,2,\cdots, \tag{5.1.3}$$

$$T(0,1)=\frac{1}{\mu+\zeta}+\frac{\zeta}{\mu+\zeta}T(0,0), \tag{5.1.4}$$

$$T(n,1)=\frac{1}{\mu+\zeta}+\frac{\mu}{\mu+\zeta}T(n-1,1)+\frac{\zeta}{\mu+\zeta}T(n,0),\quad n=1,2,3,\cdots. \tag{5.1.5}$$

求解以上方程组可得

$$T(n,i)=(n+1)\Big(1+\frac{\zeta}{\theta}\Big)\frac{1}{\mu}+(1-i)\frac{1}{\theta},\quad i=0,1. \tag{5.1.6}$$

如果 $S(n,i)>0$, 即, 如果服务获得的回报大于总的逗留费用, 则顾客更愿意进队. 如果 $S(n,i)=0$, 即, 如果服务获得的回报等于总的逗留费用, 则顾客可选择进队也可以选择不进队. 利用 (5.1.2) 和 (5.1.6) 解不等式 $S(n,i)\geqslant 0$, 可以得到结论, 当且仅当 $n\leqslant n_e(I(t))$ 时, 顾客选择进队, 其中 $(n_e(0),n_e(1))$ 如 (5.1.1) 所示. 注意到, 顾客选择该策略后的行为与其他顾客的行为选择无关, 即它是一个弱占优的策略. □

5.1.3　几乎可见情形的均衡进队策略

在几乎可见情形下, 顾客在到达的时刻 t 能观察到系统中的顾客数 $N(t)$, 但是不知晓服务台的状态 $I(t)$. 为了找到顾客的均衡纯阈值进队策略, 需要先求出系统的稳态分布.

引理 5.1.1　在几乎可见的 $M/M/1$ 可修排队系统中, 假设到达的顾客都采用 n_e 纯阈值进队策略, 则系统的稳态分布为

$$p(n,0)=A(\rho_1^{n+1}-\rho_2^{n+1}),\quad n=0,1,2,\cdots,n_e, \tag{5.1.7}$$

$$p(n,1)=A(\nu_1\rho_1^{n+1}-\nu_2\rho_2^{n+1}),\quad n=0,1,2,\cdots,n_e, \tag{5.1.8}$$

$$p(n_e+1,0)=\frac{\lambda A}{\theta}\Big(\Big(1+\frac{\zeta}{\mu}(1+\nu_1)\Big)\rho_1^{n_e+1}-\Big(1+\frac{\zeta}{\mu}(1+\nu_2)\Big)\rho_2^{n_e+1}\Big), \tag{5.1.9}$$

其中 A 可由归一化条件求出并且

$$\rho_{1,2}=\frac{\lambda}{2\mu(\lambda+\theta)}\Big(\mu+\zeta+\lambda+\theta\pm\sqrt{(\mu+\zeta+\lambda+\theta)^2-4\mu(\lambda+\theta)}\Big), \tag{5.1.10}$$

$$\nu_i=\frac{(\lambda+\theta)\rho_i-\lambda}{\zeta\rho_i},\quad i=1,2. \tag{5.1.11}$$

证明 列出平衡方程

$$(\lambda + \theta)p(0,0) = \zeta p(0,1), \tag{5.1.12}$$

$$(\lambda + \theta)p(n,0) = \lambda P(n-1,0) + \zeta p(n,1), \quad n = 1, 2, \cdots, n_e, \tag{5.1.13}$$

$$\theta p(n_e + 1, 0) = \lambda p(n_e, 0) + \zeta p(n_e + 1, 1), \tag{5.1.14}$$

$$\mu p(n+1,1) = \lambda p(n,0) + \lambda p(n,1), \quad n = 0, 1, 2, \cdots, n_e. \tag{5.1.15}$$

求解以上方程组可得到定理结论. $\qquad\square$

引理 5.1.2 假设所有顾客都遵循 n_e 纯阈值进队策略, 则一个新到达的顾客看见前面有 n 个顾客并且选择进队后的收益为

$$S(n) = R - C\frac{n+1}{\mu}\left(1 + \frac{\zeta}{\theta}\right) - \frac{C}{\theta}\frac{\sigma^{n+1} - 1}{(1+\nu_1)\sigma^{n+1} - (1+\nu_2)},$$
$$n = 0, 1, 2, \cdots, n_e, \tag{5.1.16}$$

$$S(n_e + 1) = R - C\frac{n_e + 2}{\mu}\left(1 + \frac{\zeta}{\theta}\right)$$
$$- \frac{C}{\theta}\frac{(\mu + \zeta(1+\nu_1))\sigma^{n_e+1} - (\mu + \zeta(1+\nu_2))}{(\mu + (\zeta+\theta)(1+\nu_1))\sigma^{n_e+1} - (\mu + (\zeta+\theta)(1+\nu_2))}, \tag{5.1.17}$$

其中 $\sigma = \dfrac{\rho_1}{\rho_2}$.

证明 如果一个顾客到达发现系统中有 n 个顾客并且选择进队, 那么他的平均收益是

$$S(n) = R - CT(n), \tag{5.1.18}$$

其中 $T(n) = E[S|N^- = n]$ 表示在该顾客到达发现系统中有 n 个顾客的条件下的平均逗留时间, 并且有

$$T(n) = T(n,1) + \frac{1}{\theta}Pr(I^- = 0 \mid N^- = n)$$
$$= T(n,1) + \frac{1}{\theta}\frac{p(n,0)}{p(n,0) + p(n,1)}. \tag{5.1.19}$$

通过计算可以得到

$$T(n) = \frac{n+1}{\mu}\left(1 + \frac{\zeta}{\theta}\right) + \frac{1}{\theta}\frac{\sigma^{n+1} - 1}{(1+\nu_1)\sigma^{n+1} - (1+\nu_2)},$$
$$n = 0, 1, 2, \cdots, n_e, \tag{5.1.20}$$

$$T(n_e + 1) = \frac{n_e + 2}{\mu}\left(1 + \frac{\zeta}{\theta}\right)$$
$$+ \frac{1}{\theta}\frac{(\mu + \zeta(1+\nu_1))\sigma^{n_e+1} - (\mu + \zeta(1+\nu_2))}{(\mu + (\zeta+\theta)(1+\nu_1))\sigma^{n_e+1} - (\mu + (\zeta+\theta)(1+\nu_2))}. \tag{5.1.21}$$

将 (5.1.20) 和 (5.1.21) 代入 (5.1.18) 得到 (5.1.16) 和 (5.1.17).　　　　　　□

为了确保到达的顾客发现系统是空的会选择进队, 则需要满足条件

$$R > \frac{C}{\mu}\left(1 + \frac{\zeta}{\theta}\right) + \frac{C}{\theta}\frac{\zeta}{\lambda + \theta + \zeta}. \tag{5.1.22}$$

接下来探讨顾客的纳什均衡纯阈值进队策略.

定理 5.1.2　**定义两个序列** $(f_1(n) : n = 0, 1, \cdots)$ **和** $(f_2(n) : n = 0, 1, \cdots)$ 如下:

$$f_1(n) = R - C\frac{n+1}{\mu}\left(1 + \frac{\zeta}{\theta}\right) - \frac{C}{\theta}\frac{\sigma^{n+1} - 1}{(1+\nu_1)\sigma^{n+1} - (1+\nu_2)}, \quad n = 0, 1, \cdots, \tag{5.1.23}$$

$$f_2(n) = R - C\frac{n+1}{\mu}\left(1 + \frac{\zeta}{\theta}\right) \\ - \frac{C}{\theta}\frac{(\mu + \zeta(1+\nu_1))\sigma^n - (\mu + \zeta(1+\nu_2))}{(\mu + (\zeta+\theta)(1+\nu_1))\sigma^n - (\mu + (\zeta+\theta)(1+\nu_2))}, \quad n = 0, 1, \cdots, \tag{5.1.24}$$

则存在有限的非负整数 $n_L \leqslant n_U$ 使得

$$f_1(0), f_1(1), \cdots, f_1(n_U) > 0, \quad f_1(n_U + 1) \leqslant 0, \tag{5.1.25}$$

且

$$f_2(n_U + 1), f_2(n_U), f_2(n_U - 1), \cdots, f_2(n_L + 1) \leqslant 0, \quad f_2(n_L) > 0, \tag{5.1.26}$$

或者

$$f_2(n_U + 1), f_2(n_U), f_2(n_U - 1), \cdots, f_2(0) \leqslant 0. \tag{5.1.27}$$

那么在几乎可见的 $M/M/1$ 可修排队系统中, 顾客都遵循 n_e 纯阈值进队策略, 其中 $n_e \in \{n_L, n_L + 1, \cdots, n_U\}$ 都是均衡的策略.

证明　由假设 (5.1.22) 知 $f_1(0) > 0$ 并有 $\lim_{n \to \infty} f_1(n) = -\infty$, 所以如果 n_U 是使得 $f_1(n_U)$ 成为序列 $(f_1(n))$ 中的第一个非正项, 则有条件 (5.1.25) 成立.

另一方面, 由 $f_1(n) > f_2(n)$, 有结论 $f_2(n_U + 1) < f_1(n_U + 1) \leqslant 0$. 然后从 n_U 到 0 往前找, 找到第一个使得序列 $(f_2(n))$ 中的项为正数的正整数 n_L, 如 (5.1.26) 所示. 如果从 n_U 到 0, 序列 $(f_2(n))$ 中的所有项都是非正的, 有 (5.1.27) 成立.

我们标记一个新到达的顾客, 假设其他所有顾客都采用 n_e 阈值进队策略, 其中 $n_e \in \{n_L, n_L + 1, \cdots, n_U\}$. 如果该标记顾客到达时发现有 $n \leqslant n_e$ 个顾客在系统中并决定进队, 那么由 (5.1.16), (5.1.23) 和 (5.1.25) 知他的平均收益为 $f_1(n) > 0$.

所以在这种情况下他会选择进队. 如果该标记顾客发现有 $n = n_e + 1$ 个顾客在系统中并决定进队, 那么由 (5.1.17), (5.1.24) 和 (5.1.26) 或 (5.1.27) 知他的平均收益为 $f_2(n_e + 1) \leqslant 0$. 所以在这种情况下他会选择止步. 因此, 所有的 $n_e \in \{n_L, n_L + 1, \cdots, n_U\}$ 都是均衡的策略. $\qquad\square$

当 $n_L < n_U$ 时, 存在多个均衡阈值. 此外, 在几乎可见的系统中, 有 FTC 情形, 即某个顾客的最优策略关于其他所有顾客策略 x 是单调递增的. 考虑如 (5.1.18) 所示的函数 $S_{n_e}(n)$, 并标记一个顾客, 其在到达时发现系统中有 n 个顾客, 并且其他顾客都采用 n_e 阈值进队策略. 当其他顾客都采用 $n_e + 1$ 阈值进队策略时, 对于所有的 $n = 0, 1, \cdots, n_e - 1$, 标记顾客的收益函数 $S_{n_e+1}(n) = S_{n_e}(n)$, 然而 $S_{n_e+1}(n_e) = f_1(n_e) > f_2(n_e) = S_{n_e}(n_e)$. 这表明, 当其他顾客都采用 $n_e + 1$ 阈值进队策略时, 标记顾客的最优策略的阈值要大于当其他顾客都采用 n_e 阈值策略时自己所采用策略的阈值. 换言之, 当其他顾客都采用较大的阈值进队策略时, 标记顾客会更倾向于选择进队.

5.1.4 几乎不可见情形的均衡进队策略

在几乎不可见情形下, 假设所有的顾客都采用混合进队策略 $(q(0), q(1))$, 其中 $q(i)$ 表示当服务台的状态为 i 时到达顾客的进队概率, 则当服务台的状态为 i 时, 顾客的到达率为 $\lambda_i = \lambda q(i)$.

引理 5.1.3 在几乎可见的 $M/M/1$ 可修排队系统中, 假设 $\mu\theta > \lambda(\zeta + \theta)$, 则到达顾客的平均收益为

$$S(0, q(0), q(1)) = R - C\left[\left(\frac{\zeta\theta\lambda_0 + \zeta^2\lambda_1 + \mu\theta\lambda_0 - \theta\lambda_0\lambda_1}{\theta(\mu\theta - \zeta\lambda_0 - \theta\lambda_1)} + 1\right)\right.$$
$$\left. \times \left(1 + \frac{\zeta}{\theta}\right)\frac{1}{\mu} + \frac{1}{\theta}\right], \tag{5.1.28}$$

$$S(1, q(0), q(1)) = R - C\left(\frac{\theta\lambda_0^2 + \theta^2\lambda_0 + \theta\zeta\lambda_1}{\mu\theta\zeta - \zeta^2\lambda_0 - \theta\zeta\lambda_1} + 1\right)\left(1 + \frac{\zeta}{\theta}\right)\frac{1}{\mu}. \tag{5.1.29}$$

证明 列出平衡方程

$$(\lambda_0 + \theta)p(0, 0) = \zeta p(0, 1), \tag{5.1.30}$$

$$(\lambda_0 + \theta)p(n, 0) = \lambda_0 p(n-1, 0) + \zeta p(n, 1), \quad n = 1, 2, 3, \cdots, \tag{5.1.31}$$

$$(\zeta + \lambda_1)p(0, 1) = \mu p(1, 1) + \theta p(0, 0), \tag{5.1.32}$$

$$(\mu + \zeta + \lambda_1)p(n, 1) = \mu p(n+1, 1) + \theta p(n, 0) + \lambda_1 p(n-1, 1),$$
$$n = 1, 2, 3, \cdots, \tag{5.1.33}$$

$$\mu p(n+1, 1) = \lambda_0 p(n, 0) + \lambda_1 p(n, 1), \quad n = 0, 1, 2, \cdots. \tag{5.1.34}$$

定义概率母函数 $P_i(z) = \displaystyle\sum_{n=0}^{\infty} z^n p(n,i), |z| \leqslant 1, i = 0, 1$, 由以上方程组可得到

$$P_0(1) = \frac{\theta}{\theta + \zeta}, \tag{5.1.35}$$

$$P_1(1) = \frac{\zeta}{\theta + \zeta}, \tag{5.1.36}$$

$$P_0'(1) = \frac{\theta\zeta\lambda_0 + \zeta^2\lambda_1 + \mu\theta\lambda_0 - \theta\lambda_0\lambda_1}{(\theta + \zeta)(\mu\theta - \zeta\lambda_0 - \theta\lambda_1)}, \tag{5.1.37}$$

$$P_1'(1) = \frac{\theta(\lambda_0^2 + \theta\lambda_0 + \zeta\lambda_1)}{(\theta + \zeta)(\mu\theta - \zeta\lambda_0 - \theta\lambda_1)}. \tag{5.1.38}$$

用 $E(N^-|I^- = i)$ 表示在服务台的状态为 i 的条件下, 系统中的平均顾客数, 则有

$$E(N^-|I^- = 0) = \frac{\displaystyle\sum_{n=0}^{\infty} np(n,0)}{\displaystyle\sum_{k=0}^{\infty} p(k,0)} = \frac{P_0'(1)}{P_0(1)} = \frac{\theta\zeta\lambda_0 + \zeta^2\lambda_1 + \mu\theta\lambda_0 - \theta\lambda_0\lambda_1}{\theta(\mu\theta - \zeta\lambda_0 - \theta\lambda_1)}, \tag{5.1.39}$$

$$E(N^-|I^- = 1) = \frac{\displaystyle\sum_{n=0}^{\infty} np(n,1)}{\displaystyle\sum_{k=0}^{\infty} p(k,1)} = \frac{P_1'(1)}{P_1(1)} = \frac{(\lambda_0^2 + \theta\lambda_0 + \zeta\lambda_1)\theta}{(\mu\theta - \zeta\lambda_0 - \theta\lambda_1)\zeta}. \tag{5.1.40}$$

由 (5.1.6) 知进队顾客的平均收益为

$$S(0, q(0), q(1)) = R - C\Big[\Big(E(N^-|I^- = 0) + 1\Big)\Big(1 + \frac{\zeta}{\theta}\Big)\frac{1}{\mu} + \frac{1}{\theta}\Big], \tag{5.1.41}$$

$$S(1, q(0), q(1)) = R - C\Big(E(N^-|I^- = 1) + 1\Big)\Big(1 + \frac{\zeta}{\theta}\Big)\frac{1}{\mu}. \tag{5.1.42}$$

将 (5.1.39) 和 (5.1.40) 代入 (5.1.41) 和 (5.1.42) 可以得到 (5.1.28) 和 (5.1.29).　　□

下面确定顾客的纳什均衡策略.

定理 5.1.3　在几乎不可见的 $M/M/1$ 可修排队系统中, 假设 $\mu\theta > \lambda(\zeta + \theta)$, 则存在纳什均衡混合策略 "到达发现服务台的状态为 $I(t)$ 时, 以概率 $q_e(I(t))$ 进入", 其中 $(q_e(0), q_e(1))$ 为

情形 1:　如果 $\dfrac{R}{C} < \dfrac{\theta + \zeta}{\theta\mu}$, 则 $(q_e(0), q_e(1)) = (0, 0)$;

情形 2:　如果 $\dfrac{\theta + \zeta}{\theta(\mu - \lambda)} < \dfrac{R}{C} < \dfrac{\theta + \zeta}{\theta(\mu - \lambda)} + \dfrac{1}{\theta}$, 则 $(q_e(0), q_e(1)) = (0, 1)$;

情形 3: 如果 $\dfrac{R}{C} > \dfrac{(\mu\lambda - \lambda^2 + \mu\theta)(\theta + \zeta)}{\mu\theta(\mu\theta - \zeta\lambda - \theta\lambda)} + \dfrac{1}{\theta}$, 则 $(q_e(0), q_e(1)) = (1, 1)$;

情形 4: 如果 $\dfrac{\theta + \zeta}{\theta\mu} \leqslant \dfrac{R}{C} \leqslant \dfrac{\theta + \zeta}{\theta(\mu - \lambda)}$, 则 $(q_e(0), q_e(1)) = \left(0, \dfrac{R\mu\theta - C\theta - C\zeta}{R\theta\lambda}\right)$;

情形 5: 如果 $\dfrac{\theta + \zeta}{\theta(\mu - \lambda)} + \dfrac{1}{\theta} \leqslant \dfrac{R}{C} \leqslant \dfrac{(\mu\lambda - \lambda^2 + \mu\theta)(\theta + \zeta)}{\mu\theta(\mu\theta - \zeta\lambda - \theta\lambda)} + \dfrac{1}{\theta}$, 则 $(q_e(0), q_e(1)) =$
$(q_e^*(0), 1)$, 其中 $q_e^*(0) = \dfrac{(\mu\theta - \theta\lambda)(R\mu\theta - C\mu) - (\theta + \zeta)C\mu\theta}{(\mu\lambda - \lambda^2)(\theta + \zeta)C + (R\mu\theta - C\mu)\zeta\lambda}$.

证明 假设其他所有顾客到达发现服务台的状态为 i 时均以概率 $q(i)$ 进队. 当 $S(i, q(0), q(1)) > 0$ 时标记顾客会选择进入系统; 当 $S(i, q(0), q(1)) = 0$ 时进队或离开均可; 当 $S(i, q(0), q(1)) < 0$ 时标记顾客会选择止步. 对于固定的 $q(0) \in [0, 1]$ 和 $q(1) \in [0, 1]$,

$$S(1, q(0), q(1)) = R - C\frac{(\mu\theta^2 + \zeta\lambda_0^2)(\theta + \zeta)}{(\mu\theta - \zeta\lambda_0 - \theta\lambda_1)\mu\theta^2}$$

和

$$S(0, q(0), q(1)) = R - C\left[\frac{(\mu\lambda_0 + \mu\theta - \lambda_0\lambda_1)(\theta + \zeta)}{(\mu\theta - \zeta\lambda_0 - \theta\lambda_1)\mu\theta} + \frac{1}{\theta}\right]$$

均分别关于 $q(1)$ 和 $q(0)$ 单调递减. 下面分五种情况讨论.

情形 1: $\dfrac{R}{C} < \dfrac{\theta + \zeta}{\theta\mu} \Leftrightarrow S(1, 0, 0) < 0$.

在这种情形下, 对于任意的 $q(0)$ 和 $q(1)$, $S(1, q(0), q(1)) \leqslant S(1, 0, 0) < 0$. 所以无论其他顾客采用怎样的策略, 标记顾客发现服务台忙并进队后的平均收益都为负, 这表明均衡的 $q_e(1) = 0$.

另一方面, $S(0, 0, 0) = R - C\left(\dfrac{\zeta + \theta}{\mu\theta} + \dfrac{1}{\theta}\right) < 0$. 由于 $S(0, q(0), 0)$ 关于 $q(0) \in [0, 1]$ 是单调递减的, 所以无论其他顾客采用怎样的策略, 标记顾客发现服务台休假并进队后的平均收益都为负, 这表明均衡的 $q_e(0) = 0$.

情形 2: $\dfrac{\theta + \zeta}{\theta(\mu - \lambda)} < \dfrac{R}{C} < \dfrac{\theta + \zeta}{\theta(\mu - \lambda)} + \dfrac{1}{\theta} \Leftrightarrow S(1, 0, 1) > 0$ 且 $S(0, 0, 1) < 0$.

在这种情形下, 对于任意的 $q(1) \in [0, 1]$, $S(1, 0, q(1)) \geqslant S(1, 0, 1) > 0$. 如果其他顾客都采用策略 $q(0) = 0, q(1) \leqslant 1$, 则标记顾客发现服务台忙并进队后的平均收益为正, 因此他会以概率 1 进队.

另一方面, 对于任意的 $q(0) \in [0, 1]$ 单调递减, $S(0, q(0), 1) \leqslant S(0, 0, 1) < 0$. 如果其他顾客都采用策略 $q(0) \geqslant 0, q(1) = 1$, 则标记顾客发现服务台休假并进队后的平均收益为负, 因此他会选择止步.

综上, 在这种情形下, 顾客的均衡进队策略为 $(q_e(0), q_e(1)) = (0, 1)$.

情形 3: $\dfrac{R}{C} > \dfrac{(\mu\lambda - \lambda^2 + \mu\theta)(\theta + \zeta)}{\mu\theta(\mu\theta - \zeta\lambda - \theta\lambda)} + \dfrac{1}{\theta} \Leftrightarrow S(1,1,1) > 0$ 且 $S(0,1,1) > 0$.

在这种情形下, 对于任意的 $q(0) \in [0,1]$ 和 $q(1) \in [0,1]$,

$$S(i, q(0), q(1)) \geqslant S(i, 1, 1) > 0.$$

所以无论其他顾客采用怎样的策略, 无论标记顾客到达发现服务台忙或休假, 他进队后的平均收益都为正, 因此有 $(q_e(0), q_e(1)) = (1, 1)$.

情形 4: $\dfrac{\theta + \zeta}{\theta\mu} \leqslant \dfrac{R}{C} \leqslant \dfrac{\theta + \zeta}{\theta(\mu - \lambda)} \Leftrightarrow S(1,0,1) \leqslant 0 \leqslant S(1,0,0)$.

在这种情形下, 方程 $S(1, 0, q(1)) = 0$ 在 $q(1) \in [0,1]$ 上存在唯一的解 $q(1) = \dfrac{R\mu\theta - C\theta - C\zeta}{R\theta\lambda}$. 如果其他顾客都采用策略 $(q(0), q(1)) = \left(0, \dfrac{R\mu\theta - C\theta - C\zeta}{R\theta\lambda}\right)$, 则由 $S(0, 0, q(1)) \leqslant S(1, 0, q(1))$ 知, 标记顾客到达发现服务台休假并进队的平均收益为 $S\left(0, 0, \dfrac{R\mu\theta - C\theta - C\zeta}{R\theta\lambda}\right) < 0$, 所以他的最优策略是止步. 当标记顾客到达发现服务台忙并以任意概率 q 进队时, 他的平均收益都为零. 所以 $(q_e(0), q_e(1)) = \left(0, \dfrac{R\mu\theta - C\theta - C\zeta}{R\theta\lambda}\right)$ 是均衡的策略.

情形 5: $\dfrac{\theta + \zeta}{\theta(\mu - \lambda)} + \dfrac{1}{\theta} \leqslant \dfrac{R}{C} \leqslant \dfrac{(\mu\lambda - \lambda^2 + \mu\theta)(\theta + \zeta)}{\mu\theta(\mu\theta - \zeta\lambda - \theta\lambda)} + \dfrac{1}{\theta} \Leftrightarrow S(0,1,1) \leqslant 0 \leqslant S(0,0,1)$.

在这种情形下, 我们可以看到方程 $S(0, q(0), 1) = 0$ 在 $q(0) \in [0,1]$ 上存在唯一的解 $q_e^*(0) = \dfrac{(\mu\theta - \theta\lambda)(R\mu\theta - C\mu) - (\theta + \zeta)C\mu\theta}{(\mu\lambda - \lambda^2)(\theta + \zeta)C + (R\mu\theta - C\mu)\zeta\lambda}$. 如果其他顾客都采用进队策略 $(q(0), q(1)) = (q_e^*(0), 1)$, 则由 $S(0, q(0), 1) \leqslant S(1, q(0), 1)$ 知, 标记顾客到达系统时发现服务台忙并进队的平均收益 $S(1, q_e^*(0), 1)$ 为非负, 所以他的最优策略是进队. 当标记顾客到达发现服务台休假并以任意概率 q 进队时, 他的平均收益都为零. 所以 $(q_e(0), q_e(1)) = (q_e^*(0), 1)$ 是均衡的策略. □

如果定理 5.1.3 中的条件 $\mu\theta > \lambda(\zeta + \theta)$ 不满足, 则对于 $\lambda \geqslant \mu$ 的情形, 可用类似的分析方法, 得到纳什均衡策略 $(q_e(0), q_e(1))$ 如下所示:

情形 1: 如果 $\dfrac{R}{C} < \dfrac{\theta + \zeta}{\theta\mu}$, 则 $(q_e(0), q_e(1)) = (0, 0)$;

情形 2: 如果 $\dfrac{R}{C} \geqslant \dfrac{\theta + \zeta}{\theta\mu}$, 则 $(q_e(0), q_e(1)) = \left(0, \dfrac{R\mu\theta - C\theta - C\zeta}{R\theta\lambda}\right)$.

对于 $\lambda < \mu \leqslant \dfrac{\lambda(\theta + \zeta)}{\theta}$ 的情形, 也可以用类似的分析方法, 得到纳什均衡策略

$(q_e(0), q_e(1))$ 如下所示:

情形 1: 如果 $\dfrac{R}{C} < \dfrac{\theta + \zeta}{\theta \mu}$, 则 $(q_e(0), q_e(1)) = (0, 0)$;

情形 2: 如果 $\dfrac{\theta + \zeta}{\theta \mu} \leqslant \dfrac{R}{C} \leqslant \dfrac{\theta + \zeta}{\theta (\mu - \lambda)}$, 则 $(q_e(0), q_e(1)) = \left(0, \dfrac{R \mu \theta - C\theta - C\zeta}{R\theta\lambda}\right)$;

情形 3: 如果 $\dfrac{\theta + \zeta}{\theta (\mu - \lambda)} < \dfrac{R}{C} < \dfrac{\theta + \zeta}{\theta (\mu - \lambda)} + \dfrac{1}{\theta}$, 则 $(q_e(0), q_e(1)) = (0, 1)$;

情形 4: 如果 $\dfrac{R}{C} \geqslant \dfrac{\theta + \zeta}{\theta (\mu - \lambda)} + \dfrac{1}{\theta}$, 则 $(q_e(0), q_e(1)) = (q_e^*(0), 1)$, 其中 $q_e^*(0) =$
$\dfrac{(\mu\theta - \theta\lambda)(R\mu\theta - C\mu) - (\theta + \zeta)C\mu\theta}{(\mu\lambda - \lambda^2)(\theta + \zeta)C + (R\mu\theta - C\mu)\zeta\lambda}$.

5.1.5 完全不可见情形的均衡进队策略

在完全不可见情况下, 假设到达的顾客都以概率 q 进入, 且实际的进入率为 λq. 此时, 系统的稳定性条件是 $\mu\theta > \lambda q(\zeta + \theta)$. 首先考虑 $\mu\theta > \lambda(\zeta + \theta)$ 的情形. 在引理 5.1.3 中令 $q(0) = q(1) = q$, 可得到系统的稳态分布, 则系统中的平均顾客数为

$$E(N) = E(N^- | I^- = 0)P_0(1) + E(N^- | I^- = 1)P_1(1)$$
$$= \frac{\lambda q((\theta + \zeta)^2 + \mu\theta)}{(\theta + \zeta)(\mu\theta - \lambda q\zeta - \lambda q\theta)}. \tag{5.1.43}$$

由 Little 公式得到顾客的平均逗留时间为

$$E(W) = \frac{E(N)}{\lambda q} = \frac{(\theta + \zeta^2 + \mu\theta)}{(\theta + \zeta)(\mu\theta - \lambda q\zeta - \lambda q\theta)}. \tag{5.1.44}$$

定理 5.1.4 在完全不可见的可修 *M/M/*1 排队系统中, 假设 $\mu\theta > \lambda(\zeta + \theta)$, 则存在唯一的混合纳什均衡进队概率 q_e 如下所示:

$$q_e = \begin{cases} 0, & \dfrac{R}{C} < \dfrac{(\theta + \zeta)^2 + \mu\theta}{(\theta + \zeta)\mu\theta}, \\[3mm] q_e^*, & \dfrac{(\theta + \zeta)^2 + \mu\theta}{(\theta + \zeta)\mu\theta} \leqslant \dfrac{R}{C} \leqslant \dfrac{(\theta + \zeta)^2 + \mu\theta}{(\theta + \zeta)(\mu\theta - \lambda\zeta - \lambda\theta)}, \\[3mm] 1, & \dfrac{R}{C} > \dfrac{(\theta + \zeta)^2 + \mu\theta}{(\theta + \zeta)(\mu\theta - \lambda\zeta - \lambda\theta)}, \end{cases} \tag{5.1.45}$$

其中 $q_e^* = \dfrac{R\mu\theta(\theta + \zeta) - C(\theta + \zeta)^2 - C\mu\theta}{\lambda R(\theta + \zeta)^2}$.

证明　标记一个新到达的顾客, 如果决定进入则他的平均收益为

$$S(q) = R - C\frac{(\theta + \zeta)^2 + \mu\theta}{(\theta + \zeta)(\mu\theta - \lambda q\zeta - \lambda q\theta)}. \tag{5.1.46}$$

容易看出, $S(q)$ 在 $q \in [0,1]$ 上是严格单调递减的, 其最大值和最小值分别为

$$S(0) = R - C\frac{(\theta + \zeta)^2 + \mu\theta}{(\theta + \zeta)\mu\theta}, \tag{5.1.47}$$

$$S(1) = R - C\frac{(\theta + \zeta)^2 + \mu\theta}{(\theta + \zeta)(\mu\theta - \lambda\zeta - \lambda\theta)}. \tag{5.1.48}$$

如果 $\dfrac{(\theta + \zeta)^2 + \mu\theta}{(\theta + \zeta)\mu\theta} \leqslant \dfrac{R}{C} \leqslant \dfrac{(\theta + \zeta)^2 + \mu\theta}{(\theta + \zeta)(\mu\theta - \lambda\zeta - \lambda\theta)}$, 则方程 $S(q) = 0$ 在区间 $[0,1]$ 有

唯一解 $q_e^* = \dfrac{R\mu\theta(\theta + \zeta) - C(\theta + \zeta)^2 - C\mu\theta}{\lambda R(\theta + \zeta)^2}$; 如果 $\dfrac{R}{C} > \dfrac{(\theta + \zeta)^2 + \mu\theta}{(\theta + \zeta)(\mu\theta - \lambda\zeta - \lambda\theta)}$, 则

对于任意的 $q \in [0,1]$, 标记顾客的平均收益 $S(q) > 0$, 因此他会选择进队；如果

$\dfrac{R}{C} < \dfrac{(\theta + \zeta)^2 + \mu\theta}{(\theta + \zeta)\mu\theta}$, 则对于任意的 $q \in [0,1]$, 标记顾客的平均收益为负, 因此他会

选择止步.　　　　　　　　　　　　　　　　　　　　　　　　　　　　　　□

由于 $S(q)$ 是单调递减函数, 当其他顾客的进队概率 $q < q_e$ 时, 标记顾客进队后的平均收益为正, 因此他会选择进队；类似地, 当其他顾客的进队概率 $q > q_e$ 时, 标记顾客会选择止步；当 $q = q_e$ 时, 标记顾客进不进队均可. 这表明, 个体的最优策略是其他顾客的策略的减函数, 即当其他顾客的进队概率越大, 标记顾客的进队概率越小, 因此这是 ATC 情形.

如果 $\mu\theta \leqslant \lambda(\zeta + \theta)$, 则由定理 5.1.4 的证明方法, 可得到唯一的纳什均衡进队概率

$$q_e = \begin{cases} 0, & \dfrac{R}{C} < \dfrac{(\theta + \zeta)^2 + \mu\zeta}{(\theta + \zeta)\mu\theta}, \\[4mm] \dfrac{R\mu\theta(\theta + \zeta) - C(\theta + \zeta)^2 - C\mu\zeta}{\lambda R(\theta + \zeta)^2}, & \dfrac{R}{C} \geqslant \dfrac{(\theta + \zeta)^2 + \mu\zeta}{(\theta + \zeta)\mu\theta}. \end{cases}$$

5.2　有灾难到达的 $M/M/1$ 排队系统

5.2.1　模型描述

考虑一个 $M/M/1$ 排队系统. 顾客到达为参数是 λ 的泊松流, 服务时间服从参数为 μ 的指数分布, 灾难以参数为 ξ 的泊松流随机到达系统. 当灾难发生时, 系统

中的所有顾客都被迫离开系统, 在导致服务台故障的同时立即开启修理过程. 修理时间服从参数为 η 的指数分布. 在服务台被修理的过程中, 系统不接受新到达的顾客. 假设顾客到达的间隔时间、服务时间、灾难到达的间隔时间、修理时间彼此相互独立.

用 $(Q(t), I(t))$ 表示时刻 t 系统的状态, 其中 $Q(t)$ 表示系统的顾客数目, $I(t)$ 表示服务台的状态 (1: 正常工作, 0: 修理阶段). 因此, 当 $I(t)$ 为 0 时, $Q(t)$ 也必须为 0. 随机过程 $\{(Q(t), I(t)) : t \geqslant 0\}$ 是一个连续时间马尔可夫链, 其状态空间是 $S = \{(n, 1), n \geqslant 0\} \cup \{(0, 0)\}$. 假设顾客接受完服务获得的收益是 R_s, 灾难发生被迫离开系统获得的补偿是 R_f, 顾客的单位时间逗留费用是 C. 根据系统透露的信息的不同, 研究两种情形: 可见情形 (队长可见) 和不可见情形 (队长不可见).

5.2.2 可见情形的进队策略分析

在可见情形下, 假设顾客到达时如果发现服务台处于正常工作状态, 则能同时观察到系统中的顾客数.

1. 纳什均衡策略

引理 5.2.1 在有灾难到达的可见 $M/M/1$ 排队系统中, 如果一个新到达的顾客发现系统中有 n 个顾客并决定进队, 则他的平均收益为

$$S_{obs}(n) = R_s \left(\frac{\mu}{\mu + \xi} \right)^{n+1} + \left(R_f - \frac{C}{\xi} \right) \left[1 - \left(\frac{\mu}{\mu + \xi} \right)^{n+1} \right], \quad n \geqslant 0. \quad (5.2.1)$$

证明 标记一个新到达的顾客, 其发现系统处于 $(n, 1)$ 状态, 并且决定进队. 则该顾客要么因为完成服务而离开系统, 要么因为灾难发生而离开系统. 如果是完成了服务, 那么他需要等待 $n + 1$ 个参数为 μ 的指数分布时间. 对于下一次要发生的灾难, 他要等待一个参数为 ξ 的指数分布时间. 因此, 该顾客的逗留时间为 $Z = \min(Y_n, X)$, 其中 Y_n 服从参数为 $n + 1, \mu$ 的伽马分布, X 服从参数为 ξ 的指数分布, 并且这两个随机变量相互独立. 那么标记顾客以概率 $\Pr[Y_n < X]$ 因完成服务离开系统, 以概率 $\Pr[Y_n \geqslant X]$ 因灾难到达被迫离开系统. 因此他的平均收益为

$$S_{obs}(n) = R_s \Pr[Y_n < X] + R_f \Pr[Y_n \geqslant X] - CE[Z]. \quad (5.2.2)$$

注意到

$$\Pr[Y_n < X] = \int_0^\infty e^{-\xi y} \frac{\mu^{n+1}}{n!} y^n e^{-\mu y} dy = \left(\frac{\mu}{\mu + \xi} \right)^{n+1} \quad (5.2.3)$$

和

$$E[Z] = \int_0^\infty e^{-\xi z} \int_z^\infty \frac{\mu^{n+1}}{n!} u^n e^{-\mu u} du \, dz = \frac{1}{\xi} \left[1 - \left(\frac{\mu}{\mu + \xi} \right)^{n+1} \right]. \quad (5.2.4)$$

将 (5.2.3) 和 (5.2.4) 代入 (5.2.2) 可得到 (5.2.1). □

由于顾客在服务台被修理阶段不允许进入系统, 即如果到达的顾客观察到系统处于 $(0,0)$ 状态, 则他只能选择止步, 所以下面只研究到达时发现系统处于 $(n,1)$ 状态时顾客的进队策略.

定理 5.2.1　在有灾难到达的可见 $M/M/1$ 排队系统中, 存在唯一的纳什均衡策略如下所示:

情形 1: 如果 $R_f < \dfrac{C}{\xi} - \dfrac{\mu R_s}{\xi}$, 则顾客均选择止步.

情形 2: 如果 $\dfrac{C}{\xi} - \dfrac{\mu R_s}{\xi} \leqslant R_f < \dfrac{C}{\xi}$, 则存在唯一的均衡进队阈值

$$n_e = \left\lfloor \frac{\ln K}{\ln S} - 1 \right\rfloor, \tag{5.2.5}$$

其中

$$K = \frac{\dfrac{C}{\xi} - R_f}{R_s - R_f + \dfrac{C}{\xi}}, \quad S = \frac{\mu}{\mu + \xi}. \tag{5.2.6}$$

情形 3: 如果 $R_f \geqslant \dfrac{C}{\xi}$, 则顾客均选择进队.

证明　考虑一个标记顾客, 如果他发现系统处于状态 $(n,1)$ 并且决定进入, 那么他的平均收益如 (5.2.1) 所示. 当且仅当 $S_{obs}(n) \geqslant 0$ 时, 该顾客会选择进队, 即

$$\left(R_s - R_f + \frac{C}{\xi}\right) \cdot \left(\frac{\mu}{\mu + \xi}\right)^{n+1} \geqslant \frac{C}{\xi} - R_f. \tag{5.2.7}$$

由于 $R_s - R_f + \dfrac{C}{\xi} \geqslant \dfrac{C}{\xi} - R_f$, 下面分三种情形讨论.

情形 A: $\dfrac{C}{\xi} - R_f > 0 \Leftrightarrow R_f < \dfrac{C}{\xi}$.

求解 (5.2.7) 可以得到阈值 n_e 如 (5.2.5) 所示. 当 $R_f < \dfrac{C}{\xi} - \dfrac{\mu R_s}{\xi}$ 时, 阈值 n_e 为负, 所以标记顾客的最优策略是止步, 如情形 1 所示. 当 $\dfrac{C}{\xi} - \dfrac{\mu R_s}{\xi} \leqslant R_f < \dfrac{C}{\xi}$ 时, 阈值 n_e 为非负. 如情形 2 所示.

情形 B: $R_s - R_f + \dfrac{C}{\xi} > 0 \geqslant \dfrac{C}{\xi} - R_f \Leftrightarrow \dfrac{C}{\xi} \leqslant R_f < \dfrac{C}{\xi} + R_s$.

在这种情形下 (5.2.7) 恒成立, 所以顾客的最优策略是进队.

情形 C: $0 \geqslant R_s - R_f + \dfrac{C}{\xi} > \dfrac{C}{\xi} - R_f \Leftrightarrow R_f \geqslant \dfrac{C}{\xi} + R_s$.

在这种情形下, 阈值 n_e 为负, 所以标记顾客的最优策略是止步. □

2. 社会最优策略

假设所有顾客都采用阈值策略 n 进队, 下面来考虑社会最优问题, 即找到使得单位时间社会收益 $S_{obs}^{soc}(n)$ 达到最大的阈值 n_{soc}.

定理 5.2.2 在有灾难到达的可见 $M/M/1$ 排队系统中, 如果所有顾客都采用阈值 n 策略, 则单位时间的平均社会收益为

$$
\begin{aligned}
S_{obs}^{soc}(n) = & \frac{\lambda(R_s - R_f)}{(\mu + \xi)^{n+1}} \left\{ \frac{\mu d_1(n)[(\mu + \xi)^{n+1} - (\mu x_1)^{n+1}]}{\mu + \xi - \mu x_1} \right. \\
& \left. + \frac{\mu d_2(n)[(\mu + \xi)^{n+1} - (\mu x_2)^{n+1}]}{\mu + \xi - \mu x_2} \right\} \\
& + \lambda R_f \left(\frac{\eta}{\xi + \eta} - d_1(n) x_1^{n+1} - d_2(n) x_2^{n+1} \right) \\
& - \frac{C\mu^2}{\xi^2} d_1(n) x_1 (1 - x_2)^2 [1 - (n+2)x_1^{n+1} + (n+1)x_1^{n+2}] \\
& - \frac{C\mu^2}{\xi^2} d_2(n) x_2 (1 - x_1)^2 [1 - (n+2)x_2^{n+1} + (n+1)x_2^{n+2}], \quad n \geqslant 0,
\end{aligned}
$$

$$(5.2.8)$$

其中

$$
x_{1,2} = \frac{(\lambda + \mu + \xi) \pm \sqrt{(\lambda + \mu + \xi)^2 - 4\lambda q\mu}}{2\mu}, \tag{5.2.9}
$$

$$
\begin{aligned}
d_1(n) = & -\eta\xi[(\mu + \xi)x_2 - \lambda]x_2^n \left\{ \xi + \eta \right\} \{(\lambda + \xi - \mu x_2)[(\mu + \xi)x_1 - \lambda]x_1^n \\
& - (\lambda + \xi - \mu x_1)[(\mu + \xi)x_2 - \lambda]x_2^n \}^{-1},
\end{aligned} \tag{5.2.10}
$$

$$
\begin{aligned}
d_2(n) = & -\eta\xi[(\mu + \xi)x_1 - \lambda]x_1^n \left\{ \xi + \eta \right\} \{(\lambda + \xi - \mu x_2)[(\mu + \xi)x_1 - \lambda]x_1^n \\
& - (\lambda + \xi - \mu x_1)[(\mu + \xi)x_2 - \lambda]x_2^n \}^{-1}.
\end{aligned} \tag{5.2.11}
$$

证明 用 $p_{obs}(k,i)$ 表示系统的稳态概率. 列出平衡方程

$$
\eta p_{obs}(0,0) = \xi \sum_{k=0}^{n+1} p_{obs}(k,1), \tag{5.2.12}
$$

$$
(\lambda + \xi) p_{obs}(0,1) = \mu p_{obs}(1,1) + \eta p_{obs}(0,0), \tag{5.2.13}
$$

$$
(\lambda + \mu + \xi) p_{obs}(k,1) = \lambda p_{obs}(k-1,1) + \mu p_{obs}(k+1,1), \quad 1 \leqslant k \leqslant n,
$$

$$(5.2.14)$$

$$
(\mu + \xi) p_{obs}(n+1,1) = \lambda p_{obs}(n,1). \tag{5.2.15}
$$

求解方程组 (5.2.12)—(5.2.15) 可得

$$p_{obs}(0,0) = \frac{\xi}{\xi + \eta}, \tag{5.2.16}$$

$$p_{obs}(k,1) = d_1(n)x_1{}^k + d_2(n)x_2{}^k, \quad 0 \leqslant k \leqslant n+1. \tag{5.2.17}$$

单位时间的社会收益为

$$S_{obs}^{soc}(n) = \lambda P_{obs}^{ser} R_s + \lambda P_{obs}^{cat} R_f - C E_{obs}[Q], \tag{5.2.18}$$

其中 P_{obs}^{ser} 和 P_{obs}^{cat} 是分别由于服务完成和灾难到达而离开系统的顾客比例, $E_{obs}[Q]$ 是系统中的平均顾客数目. 由 (5.2.16), (5.2.17) 和 (5.2.3) 可以得到

$$
\begin{aligned}
P_{obs}^{ser} &= \sum_{k=0}^{n} p_{obs}(k,1)\left(\frac{\mu}{\mu+\xi}\right)^{k+1} \\
&= \sum_{k=0}^{n} (d_1(n)x_1^k + d_2(n)x_2^k)\left(\frac{\mu}{\mu+\xi}\right)^{k+1},
\end{aligned} \tag{5.2.19}
$$

$$
\begin{aligned}
P_{obs}^{cat} &= \sum_{k=0}^{n} p_{obs}(k,1)\left[1 - \left(\frac{\mu}{\mu+\xi}\right)^{k+1}\right] \\
&= \sum_{k=0}^{n} (d_1(n)x_1^k + d_2(n)x_2^k)\left[1 - \left(\frac{\mu}{\mu+\xi}\right)^{k+1}\right],
\end{aligned} \tag{5.2.20}
$$

$$E_{obs}[Q] = \sum_{k=0}^{n+1} k p_{obs}(k,1) = \sum_{k=0}^{n+1} k(d_1(n)x_1^k + d_2(n)x_2^k). \tag{5.2.21}$$

计算 (5.2.19)—(5.2.21) 并代入 (5.2.18) 得到 (5.2.8).   □

使得如 (5.2.8) 所示的 $S_{obs}^{soc}(n)$ 最大的 n 即是社会最优阈值 n_{soc}. 由数值例子发现, $n_{soc} \leqslant n_e$.

5.2.3   不可见情形的进队策略分析

在不可见情形下, 顾客到达如果发现服务台处于正常工作状态, 将不能观察到系统中的顾客数目, 所以考虑顾客的混合进队策略 q. 换言之, 当到达发现服务台处于正常工作状态时, 顾客均以概率 q 进队.

引理 5.2.2   在有灾难到达的 $M/M/1$ 排队系统中, 如果所有的顾客都采用混合策略 q, 则系统的稳态概率 $p_{un}(k,i)$ 为

$$p_{un}(0,0) = \frac{\xi}{\xi + \eta}, \tag{5.2.22}$$

$$p_{un}(k,1) = \frac{\eta(1 - x_2(q))x_2(q)^k}{\xi + \eta}, \quad k \geqslant 0, \tag{5.2.23}$$

其中

$$x_2(q) = \frac{(\lambda q + \mu + \xi) - \sqrt{(\lambda q + \mu + \xi)^2 - 4\lambda q \mu)}}{2\mu}. \tag{5.2.24}$$

并且, 当其他顾客采用混合策略 q 时, 到达且选择进队的顾客的平均收益为

$$S_{un}(q) = \left(R_s - R_f + \frac{C}{\xi} \right) \frac{\mu(1 - x_2(q))}{\mu + \xi - \mu x_2(q)} + R_f - \frac{C}{\xi}. \tag{5.2.25}$$

证明   在稳态下, 列出平衡方程

$$\eta p_{un}(0,0) = \xi \sum_{k=0}^{\infty} p_{un}(k,1), \tag{5.2.26}$$

$$(\lambda q + \xi)p_{un}(0,1) = \mu p_{un}(1,1) + \eta p_{un}(0,0), \tag{5.2.27}$$

$$(\lambda q + \mu + \xi)p_{un}(k,1) = \lambda q p_{un}(k-1,1) + \mu p_{un}(k+1,1), \quad k \geqslant 1, \tag{5.2.28}$$

解上述方程组可得到 (5.2.22) 和 (5.2.23).

对于一个新到达的顾客, 由 PASTA 性质知, 其发现系统中有 k 个顾客并且系统处于工作状态的概率为

$$p_{un}^{arr(\cdot,1)}(k,1) = \frac{p_{un}(k,1)}{\sum\limits_{i=0}^{\infty} p_{un}(i,1)} = (1 - x_2(q))x_2(q)^k, \quad k \geqslant 0, \tag{5.2.29}$$

则该顾客的平均收益为如 (5.2.1) 所示的 $S_{obs}(k)$. 如果一个新到达的顾客发现服务台处于正常工作状态并选择进队, 则他的平均收益为

$$\begin{aligned} S_{un}(q) &= \sum_{k=0}^{\infty} p_{un}^{arr(\cdot,1)}(k,1) S_{obs}(k) \\ &= \sum_{k=0}^{\infty} (1 - x_2(q))x_2(q)^k \left\{ R_s \left(\frac{\mu}{\mu+\xi} \right)^{n+1} + \left(R_f - \frac{C}{\xi} \right) \left[1 - \left(\frac{\mu}{\mu+\xi} \right)^{n+1} \right] \right\} \\ &= \left(R_s - R_f + \frac{C}{\xi} \right) \frac{\mu(1 - x_2(q))}{\mu + \xi - \mu x_2(q)} + R_f - \frac{C}{\xi}. \end{aligned} \tag{5.2.30}$$

$\square$

1. 纳什均衡策略

定理 5.2.3　在有灾难到达的不可见 $M/M/1$ 排队系统中, 存在唯一的纳什均衡混合进队概率

$$
q_e = \begin{cases} 0, & R_f \leqslant \dfrac{C}{\xi} - \dfrac{\mu R_s}{\xi}, \\[3mm] \dfrac{(C - \xi R_f + \xi R_s)(\mu R_s + \xi R_f - C)}{\lambda(C - \xi R_f)R_s}, & \dfrac{C}{\xi} - \dfrac{\mu R_s}{\xi} < R_f < \dfrac{C}{\xi} - \dfrac{\mu R_s(1 - x_2)}{\xi}, \\[3mm] 1, & R_f \geqslant \dfrac{C}{\xi} - \dfrac{\mu R_s(1 - x_2)}{\xi}, \end{cases}
$$

$$(5.2.31)$$

其中 $x_2 = x_2(1)$.

证明　假设其他顾客都以混合策略 q 进队, 标记一个新到达的顾客. 如果 $S_{un}(q) > 0$, 则标记顾客会选择进队; 如果 $S_{un}(q) = 0$, 则标记顾客可选择进队也可选择止步; 如果 $S_{un}(q) < 0$, 则标记顾客会选择止步. 以 $x_2(q)$ 为自变量, 求解方程 $S_{un}(q) = 0$, 可以得到唯一解

$$
x_{2e} = \frac{\mu R_s + \xi R_f - C}{\mu R_s}.
$$

$$(5.2.32)$$

令 $x_2(q) = x_{2e}$, 代入 (5.2.24), 可求得唯一的 q_e, 其表达式为

$$
q_e = \frac{x_{2e}[x_{2e}(1 - x_{2e}) + \xi]}{\lambda(1 - x_{2e})} = \frac{(C - \xi R_f + \xi R_s)(\mu R_s + \xi R_f - C)}{\lambda(C - \xi R_f)R_s}.
$$

$$(5.2.33)$$

由

$$
\frac{\mathrm{d}}{\mathrm{d}q}x_2(q) = \frac{\lambda}{2\mu}\left(1 - \frac{\lambda q + \xi - \mu}{\sqrt{(\lambda q + \xi - \mu)^2 + 4\xi\mu}}\right) > 0, \quad q \in [0, 1]
$$

$$(5.2.34)$$

知, $x_2(q)$ 在 $q \in [0, 1]$ 上是严格单调递增的. 因此, 当且仅当 $x_2(q_e)$ 落在区间 $(0, x_2)$ 内, 即 $R_f \in \left(\dfrac{C}{\xi} - \dfrac{\mu R_s}{\xi}, \dfrac{C}{\xi} - \dfrac{\mu R_s(1 - x_2)}{\xi}\right)$ 时, 如 (5.2.33) 所示的 q_e 落在区间 $(0, 1)$ 内, 由此得到 (5.2.31) 的第二种情形.

另外, 当 $R_f \leqslant \dfrac{C}{\xi} - \dfrac{\mu R_s}{\xi}$ 或 $R_f \geqslant \dfrac{C}{\xi} - \dfrac{\mu R_s(1 - x_2)}{\xi}$ 时, 函数 $S_{un}(q)$ 的正负性保持不变的. 由 (5.2.25) 有

$$
S_{un}(1) = R_s\frac{\mu(1 - x_2)}{\mu + \xi - \mu x_2} + \left(R_f - \frac{C}{\xi}\right)\frac{\xi}{\mu + \xi - \mu x_2}.
$$

$$(5.2.35)$$

当 $R_f \leqslant \dfrac{C}{\xi} - \dfrac{\mu R_s}{\xi}$ 时,

$$S_{un}(1) \leqslant \frac{\mu R_s x_2}{\mu + \xi - \mu x_2} < 0. \tag{5.2.36}$$

则对于所有的 $q \in [0,1]$, $S_{un}(q)$ 恒为负, 所以止步是唯一的纳什均衡策略, 由此得到 (5.2.31) 的第一种情形.

类似地, 当 $R_f \geqslant \dfrac{C}{\xi} - \dfrac{\mu R_s(1-x_2)}{\xi}$ 时, 由 (5.2.25) 有

$$S_{un}(0) = R_s \frac{\mu}{\mu + \xi} + \left(R_f - \frac{C}{\xi}\right)\frac{\xi}{\mu + \xi} \geqslant \frac{\mu R_s x_2}{\mu + \xi} > 0, \tag{5.2.37}$$

则对于所有的 $q \in [0,1]$, $S_{un}(q)$ 恒为正, 所以进队是唯一的纳什均衡策略, 由此得到 (5.2.31) 的第三种情形. □

2. 社会最优策略

引理 5.2.3 在有灾难到达的不可见 $M/M/1$ 排队系统中, 如果所有顾客都采用混合策略 q, 则单位时间的社会收益为

$$S_{un}^{soc}(q) = \frac{\eta x_2(q)[\mu R_s(1 - x_2(q)) + \xi R_f - C]}{(\xi + \eta)(1 - x_2(q))}, \tag{5.2.38}$$

其中 $x_2(q)$ 如 (5.2.24) 所示.

证明 单位时间的社会收益可以表示为

$$S_{un}^{soc}(n) = \lambda P_{un}^{ser} R_s + \lambda P_{un}^{cat} R_f - C E_{un}[Q], \tag{5.2.39}$$

其中 P_{un}^{ser} 和 P_{un}^{cat} 是分别由于服务完成和灾难到达而离开系统的顾客比例, $E_{un}[Q]$ 是系统中的平均顾客数目. 由 (5.2.22), (5.2.23) 和 (5.2.3) 可以得到

$$
\begin{aligned}
P_{un}^{ser} &= \sum_{k=0}^{\infty} p_{un}(k,1)q\left(\frac{\mu}{\mu + \xi}\right)^{k+1} \\
&= \sum_{k=0}^{\infty} \frac{\eta(1 - x_2(q))x_2(q)^k}{\xi + \eta}q\left(\frac{\mu}{\mu + \xi}\right)^{k+1},
\end{aligned}
\tag{5.2.40}
$$

$$
\begin{aligned}
P_{un}^{cat} &= \sum_{k=0}^{\infty} p_{un}(k,1)\left[1 - \left(\frac{\mu}{\mu + \xi}\right)^{k+1}\right] \\
&= \sum_{k=0}^{\infty} \frac{\eta(1 - x_2(q))x_2(q)^k}{\xi + \eta}q\left[1 - \left(\frac{\mu}{\mu + \xi}\right)^{k+1}\right],
\end{aligned}
\tag{5.2.41}
$$

$$E_{un}[Q] = \sum_{k=0}^{\infty} k p_{un}(k,1) = \sum_{k=0}^{\infty} k \frac{\eta(1 - x_2(q))x_2(q)^k}{\xi + \eta}. \tag{5.2.42}$$

计算 (5.2.40)—(5.2.42) 并代入 (5.2.39) 得到 (5.2.38).　　　　　　　　□

下面的定理将求出社会最优进队概率 q_{soc}, 并与均衡进队概率 q_e 做比较.

定理 5.2.4　在有灾难到达的不可见 $M/M/1$ 排队系统中, 存在唯一的社会最优进队概率 q_{soc}, 其表达式为

$$
q_{soc} = \begin{cases} 0, & R_f \leqslant \dfrac{C}{\xi} - \dfrac{\mu R_s}{\xi}, \\[2mm] \dfrac{\sqrt{D}(\mu R_s - \sqrt{D})(\xi R_s + \sqrt{D})}{\lambda D R_s}, & \dfrac{C}{\xi} - \dfrac{\mu R_s}{\xi} < R_f < \dfrac{C}{\xi} - \dfrac{\mu R_s(1-x_2)^2}{\xi}, \\[2mm] 1, & R_f \geqslant \dfrac{C}{\xi} - \dfrac{\mu R_s(1-x_2)^2}{\xi}, \end{cases}
$$

$$(5.2.43)$$

其中 $D = \mu R_s(C - \xi R_f)$ 且 $x_2 = x_2(1)$. 并且, 社会最优进队概率总比纳什均衡进入概率小, 即

$$
q_{soc} \leqslant q_e. \tag{5.2.44}
$$

证明　如 (5.2.38) 所示的 $S_{un}^{soc}(q)$ 可以写成 $f(x_2(q))$, 其中

$$
f(x) = \frac{\eta x[\mu R_s(1-x) + \xi R_f - C]}{(\xi + \eta)(1-x)}. \tag{5.2.45}
$$

注意到函数 $x_2(q)$ 在 $q \in [0,1]$ 上是严格单调递增的, 其值域为 $[0, x_2]$. 对于任意的 $q \in [0,1]$, 解方程

$$
S_{un}^{soc\prime}(q) = f'(x_2(q))x_2'(q) = 0. \tag{5.2.46}
$$

由于在 $q \in [0,1]$ 区间上, $x_2'(q) \neq 0$, 所以只有 $f'(x_2(q)) = 0$. 方程 $f'(x) = 0$ 等价于

$$
\mu R_s x^2 - 2\mu R_s x + (\mu R_s + \xi R_f - C) = 0. \tag{5.2.47}
$$

下面分两种情形讨论.

情形 1: $R_f \geqslant \dfrac{C}{\xi}$. 当且仅当在这种情形下, (5.2.47) 的二次多项式的判别式非正, 因此 $f(x)$ 是单调递增的, 继而得到 $S_{un}^{soc}(q)$ 也是单调递增的, 则社会最优进队概率是 $q_{soc} = 1$.

情形 2: $R_f < \dfrac{C}{\xi}$. 在这种情形下, 方程 $f'(x) = 0$ 有两个实根

$$
x_2^- = 1 - \frac{\sqrt{D}}{\mu R_s}, \quad x_2^+ = 1 + \frac{\sqrt{D}}{\mu R_s}. \tag{5.2.48}
$$

由于 $x_2 < 1 < x_2^+$, 下面分三种子情形讨论:

情形 2a: $x_2^- \leqslant 0$. 在这种情形下, $x_2^- \leqslant 0 < x < x_2^+$, 则 $f(x)$ 在 $[0, x_2]$ 上是单调递减的, 继而可知 $S_{un}^{soc}(q)$ 在 $[0,1]$ 上也是单调递减的, 所以社会最优进队概率是 $q_{soc} = 0$.

情形 2b: $0 < x_2^- < x_2$. 在这种情形下, $f'(x)$ 在 $(0, x_2^-)$ 内为正, 在 (x_2^-, x_2) 内为负. 因此函数 $S_{un}^{soc}(q)$ 在满足 $x_2(q) = x_2^-$ 的 q 上取得最大. 将 $x_2(q) = x_2^-$ 代入 (5.2.24) 可以得到社会最优进队概率为

$$q_{soc} = \frac{x_2^-[\mu(1-x_2^-) + \xi]}{\lambda(1-x_2^-)} = \frac{\sqrt{D}(\mu R_s - \sqrt{D})(\xi R_s + \sqrt{D})}{\lambda D R_s}. \tag{5.2.49}$$

情形 2c: $x_2^- \geqslant x_2$. 在这种情形下, $f(x)$ 在 $[0, x_2]$ 是单调递增的, 继而可知 $S_{un}^{soc}(q)$ 在 $[0,1]$ 上也是单调递增的, 所以社会最优进队概率是 $q_{soc} = 1$.

综上, 可以得到 (5.2.43).

下面比较 q_{soc} 和 q_e 的大小关系. 由 (5.2.31) 和 (5.2.43) 知, 当 $R_f \leqslant \dfrac{C}{\xi} - \dfrac{\mu R_s}{\xi}$ 时, $q_e = q_{soc} = 0$. 当 $R_f \geqslant \dfrac{C}{\xi} - \dfrac{\mu R_s(1-x_2)^2}{\xi}$ 时, $q_e = q_{soc} = 1$. 当 $\dfrac{C}{\xi} - \dfrac{\mu R_s(1-x_2)}{\xi} \leqslant R_f < \dfrac{C}{\xi} - \dfrac{\mu R_s(1-x_2)^2}{\xi}$ 时, $q_e = 1$ 且 $q_{soc} \in (0,1)$. 当 $\dfrac{C}{\xi} - \dfrac{\mu R_s}{\xi} < R_f < \dfrac{C}{\xi} - \dfrac{\mu R_s(1-x_2)}{\xi}$ 时, $\mu^2 \xi R_s^3 + D\sqrt{D} \geqslant 0$. 由 (5.2.33) 和 (5.2.49) 可得到 $q_{soc} \leqslant q_e$. $\quad\square$

第6章 休假排队系统

利用闲期对服务设施进行调整维修, 或者服务员在闲期中去休假, 或从事辅助性工作的排队系统, 我们称为休假排队系统. 自 20 世纪中期以来, 由于在计算机系统、通信系统、管理工程等领域的重要作用, 这类排队系统受到了人们的普遍关注. Takagi(1991) 以及 Tian 和 Zhang(2006) 对休假排队系统做了深入和广泛的研究, 并在理论上和实际应用上都取得了丰富的成果.

然而直到近年来, 文献中才出现对休假排队系统中顾客的行为策略研究的相关工作. Burnetas 和 Economou(2007) 首次研究了 $M/M/1$ 休假排队系统. 他们分析了具有启动时间的单服务台马尔可夫休假排队系统, 并得到了不同信息精度下顾客的均衡进队策略. Sun, Guo 和 Tian(2010) 将 Burnetas 和 Economou(2007) 的模型推广到了同时具有服务台启动和关闭的休假排队模型. Zhang, Wang 和 Liu(2013b)在带有工作休假的马尔可夫排队系统中研究了四种不同信息精度下顾客的纳什均衡策略. Economou, Gómez-Corral 和 Kanta(2011) 研究了具有一般分布休假时间的 $M/G/1$ 排队系统, 并得到了完全不可见和几乎不可见情形下的纳什均衡和社会最优进队策略. Zhang, Wang 和 Liu(2013a) 讨论了具有一般分布启动时间的$M/G/1$ 排队系统, 并给出了完全可见和几乎可见情形下顾客的均衡进队概率. Guo和 Hassin(2011) 考虑了 N 策略下的休假排队模型, 并得到了完全可见和完全不可见两种情形的顾客均衡策略和社会最优策略. Guo 和 Li(2013) 讨论了另外两种情形, 即几乎可见和几乎不可见情形. Guo 和 Hassin(2012) 将这个模型又推广到了具有不同类顾客的 N 策略休假排队. Liu, Ma 和 Li(2012) 与 Ma, Liu 和 Li(2012) 分别研究了具有单重休假和多重休假的离散排队系统中顾客的均衡进队策略. 最近,Wang, Wang 和 Zhang(2014) 考虑了带有单重工作休假的 $Geo/Geo/1$ 排队模型.

6.1 有启动时间的 $M/M/1$ 休假排队系统

6.1.1 模型描述

假设在一个具有无限等待空间的单服务台排队系统中, 顾客以参数为 λ 的泊松流到达, 服务时间服从参数为 μ 的指数分布. 当系统为空时, 服务台立即关闭.当有新顾客到达空系统时, 服务台立即进入启动过程, 且启动时间服从参数为 θ 的指数分布. 在启动过程中, 顾客可继续到达. 假设顾客到达的间隔时间、服务时间

和启动时间都是相互独立的. 令 $N(t)$ 表示 t 时刻系统中顾客的人数, $I(t)$ 表示 t 时刻服务台的状态, 则随机过程 $\{N(t), I(t) : t \geqslant 0\}$ 为一个连续时间的马尔可夫链, 其状态空间为 $S = \{(n, i) | n \geqslant i, i = 0, 1\}$.

假设顾客在到达时可根据自己掌握的系统信息来决定是否进入排队. 在服务完成后, 每个顾客获得的服务回报是 R. 每单位时间的逗留费用是 C. 顾客都是风险中立的并且希望最大化自己的收益. 在到达系统的时刻, 顾客通过自己掌握的系统信息, 估算自己的平均等待费用, 然后做出是否进队的决定. 一旦顾客做出了选择将不能反悔, 既不能在排队中途退出也不能在止步后重新到达. 为了确保当到达的顾客发现系统为空会选择进队, 假设

$$R > \frac{C}{\mu} + \frac{C}{\theta}. \tag{6.1.1}$$

6.1.2 完全可见情形的均衡进队策略

定理 6.1.1 在完全可见的带有启动时间的 $M/M/1$ 排队系统中, 存在阈值

$$(ne(0), ne(1)) = \left(\left\lfloor \frac{R\mu}{C} - \frac{\mu}{\theta} \right\rfloor - 1, \left\lfloor \frac{R\mu}{C} \right\rfloor - 1 \right), \tag{6.1.2}$$

使得策略 "当顾客到达发现系统状态为 $(N(t), (I(t))$, 若 $N(t) \leqslant ne(I(t))$, 则选择进入系统, 否则止步" 是唯一的均衡进队策略. 并且, 它也是一个弱占优策略.

证明 容易得到, 当顾客到达发现系统状态为 (n, i) 并选择进入系统后的平均逗留时间为 $\frac{n+1}{\mu} + \frac{1-i}{\theta}$, 则他的平均收益为

$$R - \frac{C(n+1)}{\mu} - \frac{C(1-i)}{\theta}. \tag{6.1.3}$$

因此, 当且仅当 $n + 1 \leqslant \frac{R\mu}{C} - \frac{\mu(1-i)}{\theta}$ 时, 顾客会选择进队. 于是得到定理结论. □

6.1.3 几乎可见情形的均衡进队策略

在几乎可见情形下, 顾客在到达时刻知晓系统中的顾客数 $N(t)$, 但是不知道服务台当前的状态 $I(t)$. 为了求得顾客的纯阈值进队策略, 需先求出系统状态的稳态分布.

引理 6.1.1 在几乎可见的带有启动时间的 $M/M/1$ 休假排队中, 假设 $\sigma \neq 1 \neq \rho$. 当顾客都遵循相同的纯阈值进队策略 n_e 时, 对应的系统稳态分布 $(p_{ao}(n, i) : (n, i) \in \{(0, 0)\} \cup \{1, 2, \cdots, n_e + 1\} \times \{0, 1\})$ 为

$$p_{ao}(1, 1) = \left[\frac{1}{\rho(1-\sigma)(1-\rho)} - \frac{\sigma^{n_e+1}}{(1-\sigma)(1-\rho)} \right.$$
$$\left. + \frac{\rho^{n_e+2}}{(1-\rho)(\sigma-\rho)} \left(1 - \left(\frac{\sigma}{\rho} \right)^{n_e+1} \right) \right]^{-1}, \tag{6.1.4}$$

$$p_{ao}(n, 0) = \frac{1}{\rho}\sigma^n p_{ao}(1, 1), \quad n = 0, 1, \cdots, n_e, \tag{6.1.5}$$

$$p_{ao}(n_e + 1, 0) = \frac{\sigma^{n_e(0)+1}}{\rho(1-\sigma)}p_{ao}(1, 1), \tag{6.1.6}$$

$$p_{ao}(n, 1) = \frac{1}{\sigma - \rho}(\sigma^n - \rho^n)p_{ao}(1, 1), \quad n = 1, 2, \cdots, n_e + 1, \tag{6.1.7}$$

证明　列出平衡方程

$$\lambda p(0, 0) = \mu p(1, 1), \tag{6.1.8}$$

$$(\lambda + \theta)p(n, 0) = \lambda p(n - 1, 0), \quad n = 1, 2, \cdots, n_e, \tag{6.1.9}$$

$$\theta p(n_e + 1, 0) = \lambda p(n_e, 0), \tag{6.1.10}$$

$$(\lambda + \mu)p(1, 1) = \theta p(1, 0) + \mu p(2, 1), \tag{6.1.11}$$

$$(\lambda + \mu)p(n, 1) = \lambda p(n - 1, 1) + \theta p(n, 0) + \mu p(n + 1, 1), \quad n = 2, 3, \cdots, n_e, \tag{6.1.12}$$

$$\mu p(n_e + 1, 1) = \lambda p(n_e, 1) + \theta p(n_e + 1, 0). \tag{6.1.13}$$

求解以上方程组并定义 $\rho = \dfrac{\lambda}{\mu}$, $\sigma = \dfrac{\lambda}{\lambda + \theta}$ 可得系统的稳态概率. □

当到达的顾客发现系统中有 n 个顾客并选择进队后的平均逗留时间为 $\dfrac{n+1}{\mu} + \dfrac{\pi_{I|N}^-(0 \mid n)}{\theta}$, 其中, $\pi_{I|N}^-(0 \mid n)$ 表示该顾客到达发现系统中有 n 个顾客, 且服务台状态为 0 的概率. 则他的平均收益为

$$R - \frac{C(n+1)}{\mu} - \frac{C\pi_{I|N}^-(0 \mid n)}{\theta}, \tag{6.1.14}$$

其中

$$\pi_{I|N}^-(0 \mid n) = \frac{\lambda p_{ao}(n, 0)}{\lambda p_{ao}(n, 0) + \lambda p_{ao}(n, 1)1\{n \geqslant 1\}}, \quad n = 0, 1, \cdots, n_e + 1, \tag{6.1.15}$$

且 $1\{n \geqslant 1\}$ 为示性函数.

利用 (6.1.4)—(6.1.7) 有

$$\pi_{I|N}^-(0 \mid n) = \left[1 + \frac{\lambda + \theta}{\mu - \lambda - \theta}\left(1 - \left(\frac{\rho}{\sigma}\right)^n\right)\right]^{-1}, \quad n = 0, 1, \cdots, n_e, \tag{6.1.16}$$

$$\pi_{I|N}^-(0 \mid n_e + 1) = \left[1 + \frac{\theta}{\mu - \lambda - \theta}\left(1 - \left(\frac{\rho}{\sigma}\right)^{n_e+1}\right)\right]^{-1}. \tag{6.1.17}$$

构造函数

$$f(x,n) = R - \frac{C(n+1)}{\mu} - \frac{C}{\theta}\Big[1 + \frac{\lambda x + \theta}{\mu - \lambda - \theta}\Big(1 - \Big(\frac{\rho}{\sigma}\Big)^n\Big)\Big]^{-1},$$
$$x \in [0,1], \quad n = 0,1,\cdots. \tag{6.1.18}$$

令

$$f_U(n) = f(1,n), \quad f_L(n) = f(0,n), \quad n = 0,1,2,\cdots. \tag{6.1.19}$$

易知 $f_U(0) = f_U(0) = R - \dfrac{C}{\mu} - \dfrac{C}{\theta} > 0$, 并且 $\lim\limits_{n\to\infty} f_U(n) = \lim\limits_{n\to\infty} f_L(n) = -\infty$. 由 $f_L(n) \leqslant f_U(n)$ 知存在非负整数 $n_L \leqslant n_U$ 使得

$$f_U(0), f_U(1), \cdots, f_U(n_U) > 0, \quad f_U(n_U + 1) \leqslant 0, \tag{6.1.20}$$

并且

$$f_L(n_U + 1), f_L(n_U), \cdots, f_L(n_L + 1) \leqslant 0, \quad f_L(n_L) > 0. \tag{6.1.21}$$

定理 6.1.2 在几乎可见的带有启动时间的 $M/M/1$ 休假排队中, 所有的纯阈值策略 $n_e \in \{n_L, n_L + 1, \cdots, n_U\}$ 都是均衡策略.

证明 当其他人都采用固定的 $n_e \in \{n_L, n_L + 1, \cdots, n_U\}$ 作为进队阈值策略时, 考虑一个新到达的顾客.

如果发现有 $n \leqslant n_e$ 个顾客在系统中并决定进队, 则由 (6.1.14), (6.1.16), (6.1.18), (6.1.19) 和 (6.1.20) 知, 他的平均收益为

$$R - \frac{C(n+1)}{\mu} - \frac{C}{\theta}\Big[1 + \frac{\lambda + \theta}{\mu - \lambda - \theta}\Big(1 - \Big(\frac{\rho}{\sigma}\Big)^n\Big)\Big]^{-1} = f_U(n) > 0.$$

所以他会选择进队.

如果发现有 $n = n_e + 1$ 个顾客在系统中并决定进队, 则由 (6.1.14), (6.1.17), (6.1.18), (6.1.19) 和 (6.1.21) 知, 他的平均收益为

$$R - \frac{C(n_e + 2)}{\mu} - \frac{C}{\theta}\Big[1 + \frac{\theta}{\mu - \lambda - \theta}\Big(1 - \Big(\frac{\rho}{\sigma}\Big)^{n_e + 1}\Big)\Big]^{-1} = f_L(n_e + 1) \leqslant 0.$$

所以他会选择止步. □

当 $n_L < n_U$ 时, 存在多个均衡阈值策略, 此时有 FTC 情形. 接下来考虑更一般的混合阈值策略 (n_e, q_e), 则条件概率 $\pi_{I|N}^-(0 \mid n)$ 变为

$$\pi_{I|N}^-(0 \mid n) = \Big[1 + \frac{\lambda + \theta}{\mu - \lambda - \theta}\Big(1 - \Big(\frac{\rho}{\sigma}\Big)^n\Big)\Big]^{-1}, \quad n = 0,1,\cdots, n_e - 1, \tag{6.1.22}$$

$$\pi^-_{I|N}(0 \mid n_e) = \left[1 + \frac{\lambda q_e + \theta}{\mu - \lambda - \theta}\left(1 - \left(\frac{\rho}{\sigma}\right)^{n_e}\right)\right]^{-1}, \tag{6.1.23}$$

$$\pi^-_{I|N}(0 \mid n_e + 1) = \left[1 + \frac{\theta}{\mu}\frac{\lambda q_e + \theta}{\mu - \lambda - \theta}\left(1 - \left(\frac{\rho}{\sigma}\right)^{n_e}\right) + \frac{\theta}{\mu}\right]^{-1}. \tag{6.1.24}$$

对于 $n_L < n_U$ 的情形, 下面的定理表示每两个纯阈值均衡策略之间都存在一个混合阈值策略.

定理 6.1.3　在几乎可见的带有启动时间的 $M/M/1$ 休假排队中, 所有的混合阈值策略 (n_e, q_e) 都是均衡策略, 其中 $n_e \in \{n_L, n_L + 1, \cdots, n_U\}$,

$$q_e = \frac{1}{\lambda}\left\{\frac{\mu - \lambda - \theta}{1 - \left(\frac{\rho}{\sigma}\right)^{n_e}}\left[\frac{C}{\theta\left(R - \frac{C(n_e + 1)}{\mu}\right)} - 1\right] - \theta\right\}. \tag{6.1.25}$$

证明　固定一个 $n_e \in \{n_L, n_L + 1, \cdots, n_U\}$ 并定义如 (6.1.25) 所示的 q_e, 其中 q_e 是方程 $f(x, n_e) = 0$ 的唯一解. 假设其他顾客都采用相同的混合阈值策略 (n_e, q_e), 标记一个新到达的顾客.

如果发现有 $n \leqslant n_e - 1$ 个顾客在系统中并决定进队, 则由 (6.1.14), (6.1.22) 和 (6.1.20) 知他的平均收益为

$$R - \frac{C(n + 1)}{\mu} - \frac{C}{\theta}\left[1 + \frac{\lambda + \theta}{\mu - \lambda - \theta}\left(1 - \left(\frac{\rho}{\sigma}\right)^{n}\right)\right]^{-1} = f_U(n) > 0.$$

所以他会选择进队.

如果发现有 $n = n_e$ 个顾客在系统中并决定进队, 则由 (6.1.14), (6.1.23) 和 (6.1.25) 知他的平均收益为

$$R - \frac{C(n_e + 1)}{\mu} - \frac{C}{\theta}\left[1 + \frac{\lambda q_e + \theta}{\mu - \lambda - \theta}\left(1 - \left(\frac{\rho}{\sigma}\right)^{n_e}\right)\right]^{-1} = f(q_e, n_e) = 0.$$

在这种情形下, 任何进队概率都是最优的, 所以 q_e 也是最优的.

如果发现有 $n = n_e + 1$ 个顾客在系统中并决定进队, 则由 (6.1.14), (6.1.24) 和 (6.1.21) 知他的平均收益为

$$R - \frac{C(n_e + 2)}{\mu} - \frac{C}{\theta}\left[1 + \frac{\theta}{\mu}\frac{\lambda q_e}{\mu - \lambda - \theta}\left(1 - \left(\frac{\rho}{\sigma}\right)^{n_e}\right) + \frac{\theta}{\mu}\right]^{-1}$$

$$\leqslant R - \frac{C(n_e + 2)}{\mu} - \frac{C}{\theta}\left[1 + \frac{\theta}{\mu - \lambda - \theta}\left(1 - \left(\frac{\rho}{\sigma}\right)^{n_e + 1}\right)\right]^{-1} = f_L(n_e + 1) \leqslant 0.$$

所以他会选择止步.　　　　　　　　　　　　　　　　　　　　　　　　　□

所有的纯阈值均衡策略都是 ESS, 而所有的混合阈值均衡策略都不是 ESS.

6.1.4 几乎不可见情形的均衡进队策略

在几乎不可见情形下, 顾客在到达时刻不再知晓系统中的顾客数 $N(t)$, 只被告知服务台当前的状态 $I(t)$. 假设所有顾客都采用混合策略 $(q(0), q(1))$, 其中 $q(i)$ 表示顾客到达发现服务台状态为 i 时选择进队的概率. 那么当服务台状态为 i 时, 顾客的实际进入率为 $\lambda(i) = \lambda q(i)$. 当且仅当 $\lambda(1) < \mu$ 时, 系统是稳定的. 记 $(p_{au}(n,i):(n,i) \in \{(0,0)\} \cup \{1, 2, \cdots\} \times \{0,1\})$ 为系统的稳态分布, 则有以下的结论.

引理 6.1.2 在几乎不可见的带有启动时间的 $M/M/1$ 休假排队中, 假设 $\sigma(0) \neq \rho(1)$. 当顾客都遵循相同的混合进队策略 $(q(0), q(1))$ 时, 对应的系统稳态分布为

$$p_{au}(n,0) = \frac{(1-\sigma(0))(1-\rho(1))}{1-\rho(1)+\rho(0)}\sigma(0)^n, \quad n = 0, 1, \cdots, \tag{6.1.26}$$

$$p_{au}(n,1) = \frac{(1-\sigma(0))(1-\rho(1))\rho(0)}{1-\rho(1)+\rho(0)(\sigma(0)-\rho(1))}(\sigma(0)^n - \rho(1)^n), \quad n = 1, 2, \cdots, \tag{6.1.27}$$

其中, $\rho(0) = \dfrac{\lambda(0)}{\mu}$, $\rho(1) = \dfrac{\lambda(1)}{\mu}$, $\sigma(0) = \dfrac{\lambda(0)}{\lambda(0)+\theta}$.

证明 求解以下平衡方程可得引理结论:

$$\lambda(0)p(0,0) = \mu p(1,1), \tag{6.1.28}$$

$$(\lambda(0)+\theta)p(n,0) = \lambda(0)p(n-1,0), \quad n = 1, 2, \cdots, \tag{6.1.29}$$

$$(\lambda(1)+\mu)p(1,1) = \theta p(1,0) + \mu p(2,1), \tag{6.1.30}$$

$$(\lambda(1)+\mu)p(n,1) = \lambda(1)p(n-1,1) + \theta p(n,0) + \mu p(n+1,1),$$

$$n = 2, 3, \cdots. \tag{6.1.31}$$

$\square$

考虑一个到达发现服务台状态为 i 的顾客, 他的平均逗留时间为 $\dfrac{E[N^- \mid i]+1}{\mu} + \dfrac{1-i}{\theta}$, 其中 $E[N^- \mid i]$ 表示当发现服务台状态为 i 的条件下系统中的平均人数. 则他进入后的平均收益为

$$R - \frac{C(E[N^- \mid i]+1)}{\mu} - \frac{C(1-i)}{\theta}. \tag{6.1.32}$$

定理 6.1.4 在几乎不可见的带有启动时间的 $M/M/1$ 排队系统中, 假设 $\lambda < \mu$, 则存在唯一的混合策略 $(q_e(0), q_e(1))$ 如下所示:

情形 I：$\dfrac{1}{\theta} < \dfrac{1}{\mu}$.

$(q_e(0), q_e(1))$

$$= \begin{cases} \left(\dfrac{1}{\lambda}\left(\dfrac{\mu\theta R}{C} - \mu - \theta\right), 0\right), & R \in \left(\dfrac{C}{\mu} + \dfrac{C}{\theta}, \dfrac{C(\lambda+\theta)}{\mu\theta} + \dfrac{C}{\theta}\right), \\[3mm] (1, 0), & R \in \left[\dfrac{C(\lambda+\theta)}{\mu\theta} + \dfrac{C}{\theta}, \dfrac{C(\lambda+\theta)}{\mu\theta} + \dfrac{C}{\mu}\right), \\[3mm] \left(1, \dfrac{1}{\lambda}\left(\mu - \dfrac{C}{R - \dfrac{C(\lambda+\theta)}{\mu\theta}}\right)\right), & R \in \left[\dfrac{C(\lambda+\theta)}{\mu\theta} + \dfrac{C}{\mu}, \dfrac{C(\lambda+\theta)}{\mu\theta} + \dfrac{C}{\mu-\lambda}\right), \\[3mm] (1, 1), & R \in \left[\dfrac{C(\lambda+\theta)}{\mu\theta} + \dfrac{C}{\mu-\lambda}, \infty\right). \end{cases}$$

情形 II：$\dfrac{1}{\mu} \leqslant \dfrac{1}{\theta} \leqslant \dfrac{1}{\mu-\lambda}$.

$(q_e(0), q_e(1))$

$$= \begin{cases} \left(\dfrac{1}{\lambda}\left(\dfrac{\mu\theta R}{C} - \mu - \theta\right), \dfrac{\mu-\theta}{\lambda}\right), & R \in \left(\dfrac{C}{\mu} + \dfrac{C}{\theta}, \dfrac{C(\lambda+\theta)}{\mu\theta} + \dfrac{C}{\theta}\right), \\[3mm] \left(1, \dfrac{1}{\lambda}\left(\mu - \dfrac{C}{R - \dfrac{C(\lambda+\theta)}{\mu\theta}}\right)\right), & R \in \left[\dfrac{C(\lambda+\theta)}{\mu\theta} + \dfrac{C}{\theta}, \dfrac{C(\lambda+\theta)}{\mu\theta} + \dfrac{C}{\mu-\lambda}\right), \\[3mm] (1, 1), & R \in \left[\dfrac{C(\lambda+\theta)}{\mu\theta} + \dfrac{C}{\mu-\lambda}, \infty\right). \end{cases}$$

情形 III：$\dfrac{1}{\mu-\lambda} < \dfrac{1}{\theta}$.

$$(q_e(0), q_e(1)) = \begin{cases} \left(\dfrac{1}{\lambda}\left(\dfrac{\mu\theta R}{C} - \mu - \theta\right), 1\right), & R \in \left(\dfrac{C}{\mu} + \dfrac{C}{\theta}, \dfrac{C(\lambda+\theta)}{\mu\theta} + \dfrac{C}{\theta}\right), \\[3mm] (1, 1), & R \in \left[\dfrac{C(\lambda+\theta)}{\mu\theta} + \dfrac{C}{\theta}, \infty\right). \end{cases}$$

证明　考虑一个到达发现服务台状态为 0 的顾客. 由于

$$E[N^- \mid 0] = \sum_{n=0}^{\infty} \dfrac{\lambda(0)p(n,0)n}{\displaystyle\sum_{k=0}^{\infty}\lambda(0)p(n,0)} = \dfrac{\sigma(0)}{1-\sigma(0)}, \tag{6.1.33}$$

$$E[N^- \mid 1] = \sum_{n=1}^{\infty} \dfrac{\lambda(1)p(n,1)n}{\displaystyle\sum_{k=1}^{\infty}\lambda(1)p(n,1)} = \dfrac{\rho(1)}{1-\rho(1)} + \dfrac{1}{1-\sigma(0)}, \tag{6.1.34}$$

如果该顾客选择进队, 则他的平均收益为

$$R - \frac{C(E[N^- \mid 0] + 1)}{\mu} - \frac{C}{\theta} = R - \frac{C(\lambda(0) + \theta)}{\mu\theta} - \frac{C}{\theta}. \tag{6.1.35}$$

考虑两种情形:

情形 1: $\frac{C}{\mu} + \frac{C}{\theta} < R \leqslant \frac{C(\lambda + \theta)}{\mu\theta} + \frac{C}{\theta}$. 在这种情形下如果所有顾客发现系统为空均以概率 $q_e(0) = 1$ 进队, 则标记顾客进队后的平均收益为负, 所以 $q_e(0) = 1$ 不是纳什均衡解. 同理, $q_e(0) = 0$ 也不是纳什均衡解. 所以存在唯一的 $q_e(0) = \frac{1}{\lambda}\left(\frac{\mu\theta R}{C} - \mu - \theta\right)$ 满足方程

$$R - \frac{C(\lambda q_e(0) + \theta)}{\mu\theta} - \frac{C}{\theta} = 0,$$

使得顾客进不进队都无所谓.

情形 2: $\frac{C(\lambda + \theta)}{\mu\theta} + \frac{C}{\theta} < R$. 在这种情形下, 无论其他顾客采取任意的策略, 标记顾客的平均收益都为正, 所以 $q_e(0) = 1$.

标记一个到达发现服务台状态为 1 的顾客. 如果他选择进队, 则他的平均收益为

$$R - \frac{C(E[N^- \mid 1] + 1)}{\mu} = \begin{cases} \dfrac{C}{\theta} - \dfrac{C}{\mu - \lambda(1)}, & \text{情形1,} \\[3mm] R - \dfrac{C}{\mu - \lambda(1)} - \dfrac{C(\lambda + \theta)}{\mu\theta}, & \text{情形2.} \end{cases} \tag{6.1.36}$$

用类似的分析方法分别考虑情形 1 和 2 可求得均衡的 $q_e(1)$, 继而可以得到定理结论. $\qquad\square$

当 $\lambda \geqslant \mu$ 时, 均衡的进队策略 $(q_e(0), q_e(1))$ 为

情形 I: $\frac{1}{\theta} < \frac{1}{\mu}$.

$(q_e(0), q_e(1))$

$$= \begin{cases} \left(\dfrac{1}{\lambda}\left(\dfrac{\mu\theta R}{C} - \mu - \theta\right), 0\right), & R \in \left(\dfrac{C}{\mu} + \dfrac{C}{\theta}, \dfrac{C(\lambda + \theta)}{\mu\theta} + \dfrac{C}{\theta}\right), \\[4mm] (1, 0), & R \in \left[\dfrac{C(\lambda + \theta)}{\mu\theta} + \dfrac{C}{\theta}, \dfrac{C(\lambda + \theta)}{\mu\theta} + \dfrac{C}{\mu}\right), \\[4mm] \left(1, \dfrac{1}{\lambda}\left(\mu - \dfrac{C}{R - \dfrac{C(\lambda + \theta)}{\mu\theta}}\right)\right), & R \in \left[\dfrac{C(\lambda + \theta)}{\mu\theta} + \dfrac{C}{\mu}, \infty\right). \end{cases}$$

情形 II: $\dfrac{1}{\mu} \leqslant \dfrac{1}{\theta}$.

$$(q_e(0), q_e(1)) = \begin{cases} \left(\dfrac{1}{\lambda}\left(\dfrac{\mu\theta R}{C} - \mu - \theta\right), \dfrac{\mu - \theta}{\lambda}\right), & R \in \left(\dfrac{C}{\mu} + \dfrac{C}{\theta}, \dfrac{C(\lambda + \theta)}{\mu\theta} + \dfrac{C}{\theta}\right), \\[4mm] \left(1, \dfrac{1}{\lambda}\left(\mu - \dfrac{C}{R - \dfrac{C(\lambda + \theta)}{\mu\theta}}\right)\right), & R \in \left[\dfrac{C(\lambda + \theta)}{\mu\theta} + \dfrac{C}{\theta}, \infty\right). \end{cases}$$

6.1.5　完全不可见情形的均衡进队策略

在完全不可见的情形下, 到达的顾客以概率 q 进队, 则在引理 6.1.2 中令 $q(0) = q(1) = q$ 可得到稳态分布.

定理 6.1.5　在完全不可见的带有启动时间的 $M/M/1$ 排队系统中, 假设 $\lambda < \mu$, 则存在唯一的混合策略 q_e 如下所示:

$$q_e = \begin{cases} \dfrac{1}{\lambda}\left(\mu - \dfrac{C}{R - \dfrac{C}{\theta}}\right), & R \in \left(\dfrac{C}{\mu} + \dfrac{C}{\theta}, \dfrac{C}{\mu - \lambda} + \dfrac{C}{\theta}\right), \\[4mm] 1, & R \in \left[\dfrac{C}{\mu - \lambda} + \dfrac{C}{\theta}, \infty\right). \end{cases} \tag{6.1.37}$$

证明　标记一个新到达的顾客. 如果他选择进队, 则他的平均收益为

$$R - \dfrac{C}{\mu}(E[N^-] + 1) - \dfrac{C}{\theta}\Pr[I^- = 0] = R - \dfrac{C}{\mu - \lambda q} - \dfrac{C}{\theta}. \tag{6.1.38}$$

当 $R \in \left(\dfrac{C}{\mu} + \dfrac{C}{\theta}, \dfrac{C}{\mu - \lambda q} + \dfrac{C}{\theta}\right)$ 时, 方程 $R - \dfrac{C}{\mu - \lambda q} - \dfrac{C}{\theta} = 0$ 有唯一在区间 $(0, 1)$ 上的解, 如 (6.1.37) 的第一种情形所示. 当 $R \in \left(\dfrac{C}{\mu - \lambda q} + \dfrac{C}{\theta}, \infty\right)$ 时, 对于任意的 q, 标记顾客的平均收益都为正, 所以 $q_e = 1$ 是唯一的均衡策略, 如 (6.1.37) 的第二种情形所示.　　□

对于 $\lambda \geqslant \mu$ 的情形, 唯一的混合策略 q_e 为

$$q_e = \dfrac{1}{\lambda}\left(\mu - \dfrac{C}{R - \dfrac{C}{\theta}}\right), \quad R \in \left(\dfrac{C}{\mu} + \dfrac{C}{\theta}, \infty\right). \tag{6.1.39}$$

6.2 工作休假的 $M/M/1$ 排队系统

6.2.1 模型描述

考虑一个有无限容量的单服务台排队系统. 顾客到达是参数为 λ 的泊松流, 服务顺序是先到先服务. 当系统变空时, 服务台立即开始工作休假, 休假时间服从指数分布, 期望是 $\frac{1}{\theta}$. 如果有顾客在工作休假期间到达, 则服务台以较低的速率提供服务. 若服务台结束休假回来发现系统中仍然没有顾客等待, 则服务台就接着开始另一次新的休假. 若服务台结束休假回来发现系统中至少有一个顾客等待, 则立即转换成正常工作模式为顾客提供服务. 在工作休假期间, 服务台的服务速率是 μ_0, 而在正常工作期间, 服务台的服务速率是 μ_1. 假设两种模式下的服务时间都服从指数分布, 并且 $\mu_1 > \mu_0$.

用 $(N(t), I(t))$ 表示 t 时刻系统的状态, 其中 $N(t)$ 和 $I(t)$ 分别表示系统中的顾客数和服务台的状态 (0: 工作休假状态; 1: 正常工作状态), 则随机过程 $\{(N(t), I(t)), t \geqslant 0\}$ 是一个二维的连续马尔可夫链.

假设顾客在到达时可根据自己掌握的系统信息来决定是否进入排队. 在服务完成后, 每个顾客获得的服务回报是 R, 每单位时间的逗留费用是 C. 顾客都是风险中立的并且希望最大化自己的收益. 在到达系统的时刻, 顾客通过自己掌握的系统信息, 估算自己的平均等待费用, 然后做出是否进队的决定. 一旦顾客做出了选择将不能再反悔, 既不能在排队中途退出也不能在止步后重新到达.

6.2.2 完全可见情形的均衡进队策略

在完全可见情形下, 顾客在到达时刻知晓服务台的状态 $I(t)$ 和系统中的顾客数 $N(t)$, 并遵循相同的纯阈值进队策略 $(n_e(0), n_e(1))$. 在该策略下, 当顾客在 t 时刻到达系统时, 发现系统状态为 $(N(t), I(t))$, 如果 $N(t) \leqslant n_e(I(t))$, 则他们进入排队, 否则就止步.

定理 6.2.1 在完全可见的 $M/M/1$ 工作休假排队中, 存在均衡的阈值进队策略 $(n_e(0), n_e(1))$, 并且该策略是个弱占优的策略.

$$n_e(0) = \lfloor x_e \rfloor, \tag{6.2.1}$$

$$n_e(1) = \left\lfloor \frac{R\mu_1}{C} \right\rfloor - 1, \tag{6.2.2}$$

其中, x_e 是方程

$$\frac{x+1}{\mu_1} + \frac{\mu_1 - \mu_0}{\mu_1 \theta}\left(1 - \left(\frac{\mu_0}{\mu_0 + \theta}\right)^{x+1}\right) = \frac{R}{C}$$

的唯一解.

证明　由收支结构, 可知当一个顾客到达发现系统状态为 (n, i) 并且进入排队的平均收益是

$$S(n, i) = R - CT(n, i), \tag{6.2.3}$$

其中 $T(n, i)$ 表示该顾客在系统中的平均逗留时间. 根据一步状态转移, 有

$$T(0, 0) = \frac{1}{\mu_0 + \theta} + \frac{\theta}{\mu_0 + \theta} \frac{1}{\mu_1}, \tag{6.2.4}$$

$$T(n, 0) = \frac{1}{\mu_0 + \theta} + \frac{\theta}{\mu_0 + \theta} T(n, 1) + \frac{\mu_0}{\mu_0 + \theta} T(n - 1, 0), \quad n = 1, 2, \cdots, \tag{6.2.5}$$

$$T(n, 1) = \frac{n + 1}{\mu_1}, \quad n = 1, 2, \cdots. \tag{6.2.6}$$

反复使用 (6.2.5) 并考虑 (6.2.4) 和 (6.2.6) 得到

$$T(n, 0) = \frac{n + 1}{\mu_1} + \frac{\mu_1 - \mu_0}{\mu_1 \theta} \left(1 - \left(\frac{\mu_0}{\mu_0 + \theta} \right)^{n+1} \right), \quad n = 0, 1, \cdots. \tag{6.2.7}$$

很容易检验 $T(n, 0)$ 关于 n 是单调递增的. 如果服务回报严格大于平均逗留费用, 即 $S(n, i) > 0$, 那么顾客就选择进入排队; 如果服务回报严格等于平均逗留费用, 即 $S(n, i) = 0$, 那么顾客进不进队都无所谓.

在工作休假的模型里, 假设

$$R > C \left(\frac{1}{\mu_0 + \theta} + \frac{\theta}{\mu_0 + \theta} \frac{1}{\mu_1} \right),$$

这是确保顾客到达发现系统为空时选择进入. 通过求解不等式 $S(n, i) \geqslant 0$, 利用 (6.2.3), (6.2.6) 和 (6.2.7), 可得到 $(n_e(0), n_e(1))$ 如 (6.2.1) 和 (6.2.2) 所示. 在该策略下, 顾客的行为不会受到其他顾客行为的影响, 即这是一个弱占优的策略. □

6.2.3　几乎可见情形的均衡进队策略

在几乎可见情形下, 顾客在到达时刻知晓系统中的顾客数 $N(t)$, 但是不知道服务台当前的状态 $I(t)$.

引理 6.2.1　在几乎可见的 $M/M/1$ 工作休假排队中, 当顾客都遵循相同的纯阈值进队策略 n_e 时, 对应的系统稳态分布 $(p_{ao}(n, i) : (n, i) \in \{(0, 0)\} \cup \{1, 2, \cdots, n_e + 1\} \times \{0, 1\})$ 为

$$p_{ao}(n, 0) = c_1 z_1^n + c_2 z_2^n, \quad n = 0, 1, \cdots, n_e + 1, \tag{6.2.8}$$

$$p_{ao}(n, 1) = v_1 z_1^n + v_2 z_2^n - (v_1 + v_2) \rho^n, \quad n = 1, 2, \cdots, n_e + 1, \tag{6.2.9}$$

其中

$$\rho = \frac{\lambda}{\mu_1}, \tag{6.2.10}$$

$$z_{1,2} = \frac{(\lambda + \mu_0 + \theta) \pm \sqrt{(\lambda + \mu_0 + \theta)^2 - 4\lambda\mu_0}}{2\mu_0}, \tag{6.2.11}$$

$$c_i = -\frac{(\mu_0 z_j - \lambda)z_j}{\lambda(z_i - z_j)}\left(\frac{1}{z_i}\right)^{n_e} p(n_e + 1, 0), \quad i = 1, 2, i \neq j, \tag{6.2.12}$$

$$v_i = -\frac{\mu_0 z_i - \lambda}{\mu_1 z_i - \lambda}c_i, \quad i = 1, 2, \tag{6.2.13}$$

而 $p_{ao}(n_e + 1, 0)$ 可由归一化条件求出.

证明 列出系统的平衡方程:

$$(\lambda + \mu_1)p(1, 1) = \theta p(1, 0) + \mu_1 p(2, 1), \tag{6.2.14}$$

$$(\lambda + \mu_1)p(n, 1) = \lambda p(n - 1, 1) + \theta p(n, 0) + \mu_1 p(n + 1, 1),$$

$$n = 2, 3, \cdots, n_e, \tag{6.2.15}$$

$$\mu_1 p(n_e + 1, 1) = \lambda p(n_e, 1) + \theta p(n_e + 1, 0), \tag{6.2.16}$$

$$\lambda p(0, 0) = \mu_1 p(1, 1) + \mu_0 p(1, 0), \tag{6.2.17}$$

$$(\lambda + \mu_0 + \theta)p(n, 0) = \lambda p(n - 1, 0) + \mu_0 p(n + 1, 0),$$

$$n = 1, 2, \cdots, n_e, \tag{6.2.18}$$

$$(\mu_0 + \theta)p(n_e + 1, 0) = \lambda p(n_e, 0). \tag{6.2.19}$$

解以上方程组并由归一化条件 $\displaystyle\sum_{n=0}^{n_e+1} p(n, 0) + \sum_{n=1}^{n_e+1} p(n, 1) = 1$ 可得到结论. $\square$

假设一个顾客到达发现有 n 个顾客在他前面排队, 下面的引理将给出他决定进入系统后的平均收益的表达式.

引理 6.2.2 在几乎可见的工作休假排队中, 如果其他顾客都以 n_e 作为进队的阈值, 当一个顾客到达发现系统中有 n 个顾客在等待, 那么他进入系统后的平均收益为

$$S_{n_e}(n) = R - C\left(\frac{n+1}{\mu_1} + \left(1 - \left(\frac{\mu_0}{\mu_0 + \theta}\right)^{n+1}\right)\frac{\mu_1 - \mu_0}{\mu_1 \theta}\right.$$

$$\left.\times \frac{z_1^n + \gamma z_2^n}{\frac{\mu_1 - \mu_0}{\mu_1 z_1 - \lambda}z_1^{n+1} + \frac{\mu_1 - \mu_0}{\mu_1 z_2 - \lambda}\gamma z_2^{n+1} + \left(\frac{\mu_0 z_1 - \lambda}{\mu_1 z_1 - \lambda} + \frac{\mu_0 z_2 - \lambda}{\mu_1 z_2 - \lambda}\gamma\right)\rho^n}\right),$$

$$n = 0, 1, \cdots, n_e + 1, \tag{6.2.20}$$

其中

$$\gamma = \frac{c_2}{c_1} = -\frac{1-z_2}{1-z_1}\left(\frac{z_1}{z_2}\right)^{n_e+2}.$$

并且, 对于任意固定的 n_e, 当 $0 \leqslant n \leqslant n_e + 1$ 时, $S_{n_e}(n)$ 关于 n 是单调递减的.

证明   当一个顾客到达发现系统中有 n 个顾客在等待, 如果他选择进入, 则他的平均收益是

$$S_{n_e}(n) = R - CT(n), \tag{6.2.21}$$

其中, $T(n) = E[S | N^- = n]$ 表示该顾客在有 n 个顾客在他前面的条件下的平均逗留时间. 令 $\Pr(I^- = i | N^- = n)$ 表示当顾客到达发现有 n 个顾客在系统中, 服务台的状态是 i 的条件概率. 由全期望公式可得

$$T(n) = T(n,1)\Pr(I^- = 1 | N^- = n) + T(n,0)\Pr(I^- = 0 | N^- = n). \tag{6.2.22}$$

由 PASTA 性质, 有

$$\Pr(I^- = 1 | N^- = n) = \frac{p_{ao}(n,1)}{p_{ao}(n,0) + p_{ao}(n,1)}, \quad n = 0, 1, \cdots, n_e + 1,$$

$$\Pr(I^- = 0 | N^- = n) = \frac{p_{ao}(n,0)}{p_{ao}(n,0) + p_{ao}(n,1)}, \quad n = 0, 1, \cdots, n_e + 1,$$

其中, $p_{ao}(0,1) \equiv 0$.

利用引理 6.2.1 中求得的稳态概率, 可以求出 $\Pr(I^- = 1 | N^- = n)$ 和 $\Pr(I^- = 0 | N^- = n)$. 考虑 (6.2.6), (6.2.7) 和 (6.2.22) 得到

$$T(n) = \frac{n+1}{\mu_1} + \left(1 - \left(\frac{\mu_0}{\mu_0 + \theta}\right)^{n+1}\right)\frac{\mu_1 - \mu_0}{\mu_1 \theta}$$

$$\times \frac{z_1^n + \gamma z_2^n}{\dfrac{\mu_1 - \mu_0}{\mu_1 z_1 - \lambda} z_1^{n+1} + \dfrac{\mu_1 - \mu_0}{\mu_1 z_2 - \lambda}\gamma z_2^{n+1} + \left(\dfrac{\mu_0 z_1 - \lambda}{\mu_1 z_1 - \lambda} + \dfrac{\mu_0 z_2 - \lambda}{\mu_1 z_2 - \lambda}\gamma\right)\rho^n},$$

$$n = 0, 1, \cdots, n_e + 1. \tag{6.2.23}$$

将 (6.2.23) 代入 (6.2.21) 得到 (6.2.20).

标记一个顾客, 当他到达时发现有 $j(1 \leqslant j \leqslant n_e + 1)$ 个顾客在系统中并且决定进入. 当队首的顾客完成服务后, 标记顾客剩余的逗留时间等于从他到达系统发现有 $j-1$ 个顾客在他前面并且决定进入, 到完成服务离开这段时间. 所以, 标记顾客看到 j 个顾客在系统决定进入后的逗留时间 $T(j)$ 比看到 $j-1$ 个顾客在系统决定进入后的逗留时间 $T(j-1)$ 要长. 由 (6.2.21), 有 $S_{n_e}(j) < S_{n_e}(j-1)$. 因此, $S_{n_e}(n)$ 关于 n 是单调递减的.   □

需要注意的是, 由于假设 $R > C\left(\dfrac{1}{\mu_0 + \theta} + \dfrac{\theta}{\mu_0 + \theta}\dfrac{1}{\mu_1}\right)$ 等价于 $S_{n_e}(0) > 0$, 所以当顾客到达发现系统为空时, 他会毫不犹豫地进入系统.

分别将 $n = n_e$ 和 $n = n_e + 1$ 代入 (6.2.20) 得到

$$S_{n_e}(n_e)$$

$$= R - C\left(\frac{n_e + 1}{\mu_1} + \left(1 - \left(\frac{\mu_0}{\mu_0 + \theta}\right)^{n_e+1}\right)\frac{\mu_1 - \mu_0}{\mu_1\theta}\right.$$

$$\left.\times \frac{\mu_0 + \theta}{\dfrac{\lambda(\mu_1-\mu_0)(\mu_0(\mu_1-\lambda)+\mu_1\theta)}{\mu_0(\mu_1 z_1-\lambda)(\mu_1 z_2-\lambda)} + \dfrac{\lambda\theta}{z_1-z_2}\left(\dfrac{z_2}{\mu_1 z_1-\lambda}\left(\dfrac{\rho}{z_1}\right)^{n_e} - \dfrac{z_1}{\mu_1 z_2-\lambda}\left(\dfrac{\rho}{z_2}\right)^{n_e}\right)}\right),$$

$$S_{n_e}(n_e + 1)$$

$$= R - C\left(\frac{n_e + 2}{\mu_1} + \left(1 - \left(\frac{\mu_0}{\mu_0 + \theta}\right)^{n_e+2}\right)\frac{\mu_1 - \mu_0}{\mu_1\theta}\right.$$

$$\left.\times \frac{\mu_0}{\dfrac{\lambda(\mu_1-\mu_0)(\mu_1-\lambda)}{(\mu_1 z_1-\lambda)(\mu_1 z_2-\lambda)} + \dfrac{\lambda\theta}{z_1-z_2}\left(\dfrac{1}{\mu_1 z_1-\lambda}\left(\dfrac{\rho}{z_1}\right)^{n_e+1} - \dfrac{1}{\mu_1 z_2-\lambda}\left(\dfrac{\rho}{z_2}\right)^{n_e+1}\right)}\right).$$

构造两个序列 $(f_1(n) : n = 0, 1, \cdots)$ 和 $(f_2(n) : n = 1, 2, \cdots)$ 如下

$$f_1(n)$$

$$= R - C\left(\frac{n + 1}{\mu_1} + \left(1 - \left(\frac{\mu_0}{\mu_0 + \theta}\right)^{n+1}\right)\frac{\mu_1 - \mu_0}{\mu_1\theta}\right.$$

$$\left.\times \frac{\mu_0 + \theta}{\dfrac{\lambda(\mu_1-\mu_0)(\mu_0(\mu_1-\lambda)+\mu_1\theta)}{\mu_0(\mu_1 z_1-\lambda)(\mu_1 z_2-\lambda)} + \dfrac{\lambda\theta}{z_1-z_2}\left(\dfrac{z_2}{\mu_1 z_1-\lambda}\left(\dfrac{\rho}{z_1}\right)^{n} - \dfrac{z_1}{\mu_1 z_2-\lambda}\left(\dfrac{\rho}{z_2}\right)^{n}\right)}\right),$$

$$n = 0, 1, \cdots, \tag{6.2.24}$$

$$f_2(n)$$

$$= R - C\left(\frac{n + 1}{\mu_1} + \left(1 - \left(\frac{\mu_0}{\mu_0 + \theta}\right)^{n+1}\right)\frac{\mu_1 - \mu_0}{\mu_1\theta}\right.$$

$$\left.\times \frac{\mu_0}{\dfrac{\lambda(\mu_1-\mu_0)(\mu_1-\lambda)}{(\mu_1 z_1-\lambda)(\mu_1 z_2-\lambda)} + \dfrac{\lambda\theta}{z_1-z_2}\left(\dfrac{1}{\mu_1 z_1-\lambda}\left(\dfrac{\rho}{z_1}\right)^{n} - \dfrac{1}{\mu_1 z_2-\lambda}\left(\dfrac{\rho}{z_2}\right)^{n}\right)}\right),$$

$$n = 1, 2, \cdots. \tag{6.2.25}$$

由定义可以看到, 当 $n \geqslant 0$ 时, $f_1(n) = S_n(n)$; 当 $n \geqslant 1$ 时, $f_2(n) = S_{n-1}(n)$. 换言

之, $f_1(n)$ 表示当其他顾客都采用 n 阈值进队策略, 标记顾客到达发现有 n 个顾客在系统中并且决定进入后的平均收益; $f_2(n)$ 表示当其他顾客都采用 $n-1$ 阈值进队策略, 标记顾客到达发现有 n 个顾客在系统中并且决定进入后的平均收益. 经验证明, 对所有的 $n = 1, 2, \cdots$, 有关系 $f_1(n) > f_2(n)$ 成立.

下面利用序列 $f_1(n)$ 和 $f_2(n)$ 来找出顾客的均衡纯阈值进队策略.

定理 6.2.2　对于定义的两个序列 $f_1(n)$ 和 $f_2(n)$, 存在有限的非负整数 $n_L \leqslant n_U$ 使得

$$f_1(0), f_1(1), \cdots, f_1(n_U) > 0, \quad f_1(n_U + 1) \leqslant 0, \tag{6.2.26}$$

并且

$$f_2(n_U + 1), f_2(n_U), f_2(n_U - 1), \cdots, f_2(n_L + 1) \leqslant 0, \quad f_2(n_L) > 0, \tag{6.2.27}$$

或

$$f_2(n_U + 1), f_2(n_U), f_2(n_U - 1), \cdots, f_2(0) \leqslant 0. \tag{6.2.28}$$

那么在几乎可见的 $M/M/1$ 工作休假排队中, 对任意的 $n_e \in \{n_L, n_L + 1, \cdots, n_U\}$, 纯阈值进队策略 "当顾客到达发现系统中的人数不多于 n_e 时选择进入, 否则止步" 是均衡策略.

证明　由于假设 $S_0(0) > 0$ 所以有 $f_1(0) > 0$. 又因为 $\lim\limits_{n \to \infty} f_1(n) = -\infty$, 所以存在正整数 $n_U + 1$ 使得 $f_1(n_U + 1)$ 成为序列 $\{f_1(n)\}$ 的第一个非正项, 如 (6.2.26) 所示.

另一方面, 由于对任意的 $n = 0, 1, \cdots$, 有不等式 $f_1(n) > f_2(n)$ 成立, 所以有结论 $f_2(n_U + 1) < f_1(n_U + 1) \leqslant 0$. 然后从 $n_U + 1$ 到 1 往前找, 找到第一个使得序列 $\{f_2(n)\}$ 中的项为正数的正整数 n_L, 如 (6.2.27) 所示. 若从 $n_U + 1$ 到 1, 序列 $\{f_2(n)\}$ 中所有的项都是非正的, 于是得到 (6.2.28).

接下来证明存在均衡的阈值进队策略. 标记一个顾客, 并假设对任意固定的 $n_e \in \{n_L, n_L + 1, \cdots, n_U\}$, 其他所有的顾客都遵循 n_e 阈值进队策略.

如果该标记顾客到达系统时发现系统中有 $n \leqslant n_e$ 个顾客并决定进入, 那么由引理 6.2.2, (6.2.24) 和 (6.2.26) 可知, 标记顾客的平均收益为 $S_{n_e}(n) \geqslant S_{n_e}(n_e) = f_1(n_e) > 0$. 故在这种情况下他会选择进入排队.

如果该标记顾客到达系统时发现系统中有 $n = n_e + 1$ 个顾客并决定进入, 那么由引理 (6.2.25) 和 (6.2.27) 或 (6.2.28) 可知, 标记顾客的平均收益为 $S_{n_e}(n_e + 1) = f_2(n_e) \leqslant 0$. 故在这种情况下他会选择止步.

综上所述, 每一个 $n_e \in \{n_L, n_L + 1, \cdots, n_U\}$ 都是均衡的阈值. 并且在几乎可见的系统中有 FTC 情形. $\qquad\square$

6.2.4 几乎不可见情形的均衡进队策略

在几乎不可见情形下, 假设所有顾客都采用混合策略 $(q(0), q(1))$, 其中 $q(i)$ 表示顾客到达发现服务台状态为 i 时选择进队的概率. 那么当服务台状态为 i 时, 顾客的实际进入率为 $\lambda_i = \lambda q(i)$. 当且仅当 $\lambda_1 < \mu_1$ 时, 系统是稳定的. 记

$$(p_{au}(n, i) : (n, i) \in \{(0,0)\} \cup \{1, 2, \cdots\} \times \{0, 1\})$$

为系统的稳态分布, 则有以下的结论.

引理 6.2.3　在几乎不可见的工作休假排队中, 如果顾客都以 $(q(0), q(1))$ 作为进队策略, 则系统的稳态分布为

$$p_{au}(n, 0) = \frac{(1 - x_2)^2 (\mu_1 - \lambda_1)}{(1 - x_2)(\mu_1 - \lambda_1) + \theta x_2} x_2^n, \quad n = 0, 1, \cdots, \qquad (6.2.29)$$

$$\begin{aligned} p_{au}(n, 1) &= \frac{(1 - x_2)^2 (\mu_1 - \lambda_1)}{((1 - x_2)(\mu_1 - \lambda_1) + \theta x_2)(\mu_1 x_2 - \lambda_1)} \\ &\times \left(\frac{\theta}{1 - x_2} x_2^{n+1} + (\mu_0 x_2 - \lambda_0) \left(\frac{\lambda_1}{\mu_1} \right)^n \right), \quad n = 1, 2, \cdots, \end{aligned} \qquad (6.2.30)$$

其中

$$x_2 = \frac{(\lambda_0 + \mu_0 + \theta) - \sqrt{(\lambda_0 + \mu_0 + \theta)^2 - 4\lambda_0 \mu_0}}{2\mu_0}. \qquad (6.2.31)$$

证明　列出系统的平衡方程:

$$(\lambda_1 + \mu_1) p(1, 1) = \theta p(1, 0) + \mu_1 p(2, 1), \qquad (6.2.32)$$

$$(\lambda_1 + \mu_1) p(n, 1) = \lambda_1 p(n - 1, 1) + \theta p(n, 0) + \mu_1 p(n + 1, 1),$$

$$n = 2, 3, \cdots, \qquad (6.2.33)$$

$$\lambda_0 p(0, 0) = \mu_1 p(1, 1) + \mu_0 p(1, 0), \qquad (6.2.34)$$

$$(\lambda_0 + \mu_0 + \theta) p(n, 0) = \lambda_0 p(n - 1, 0) + \mu_0 p(n + 1, 0), \quad n = 1, 2, \cdots. \qquad (6.2.35)$$

将 (6.2.35) 改写为

$$\mu_0 p(n + 1, 0) - (\lambda_0 + \mu_0 + \theta) p(n, 0) + \lambda_0 p(n - 1, 0) = 0. \qquad (6.2.36)$$

这是一个齐次的二阶常系数线性差分方程, 其对应的特征方程

$$\mu_0 x^2 - (\lambda_0 + \mu_0 + \theta) x + \lambda_0 = 0 \qquad (6.2.37)$$

有两个根, 分别是

$$x_{1,2} = \frac{(\lambda_0 + \mu_0 + \theta) \pm \sqrt{(\lambda_0 + \mu_0 + \theta)^2 - 4\lambda_0 \mu_0}}{2\mu_0}. \qquad (6.2.38)$$

因此由 Elaydi(2005) 著作的 2.3 节, 对任意的 $n \geqslant 0$, 可以设 $p(n,0) = d_1 x_1^n + d_2 x_2^n$, 其中 d_1 和 d_2 为待定系数. 注意到 $x_1 > 1$, 由于 $p(n,0)$ 表示的是概率, 所以 d_1 必须为 0, 即有

$$p(n,0) = d_2 x_2^n, \quad n = 0, 1, \cdots. \tag{6.2.39}$$

将 (6.2.39) 代入 (6.2.33) 得到

$$p(n+1,1) - p(n,1) + \frac{\theta d_2}{\mu_1 x_2 - \lambda_1} x_2^{n+1}$$
$$= \frac{\lambda_1}{\mu_1} \left(p(n,1) - p(n-1,1) + \frac{\theta d_2}{\mu_1 x_2 - \lambda_1} x_2^n \right), \quad n = 2, 3, \cdots, \tag{6.2.40}$$

反复迭代可得

$$p(n+1,1) - p(n,1) = \left(\frac{\lambda_1}{\mu_1} \right)^{n-1} \left(p(2,1) - p(1,1) + \frac{\theta d_2}{\mu_1 x_2 - \lambda_1} x_2^2 \right)$$
$$- \frac{\theta d_2}{\mu_1 x_2 - \lambda_1} x_2^{n+1}, \quad n = 1, 2, \cdots, \tag{6.2.41}$$

其中 $p(1,1)$ 和 $p(2,1)$ 可以由 (6.2.32), (6.2.34) 和 (6.2.39) 计算得出. 再代入 (6.2.41) 得到

$$p(n+1,1) - p(n,1) = d_2 \left(\frac{\lambda_1}{\mu_1} \right)^n \left(\frac{\lambda_0 - \mu_0 x_2}{\mu_1} + \frac{\theta x_2}{\mu_1 x_2 - \lambda_1} \right)$$
$$- \frac{\theta d_2}{\mu_1 x_2 - \lambda_1} x_2^{n+1}, \quad n = 1, 2, \cdots. \tag{6.2.42}$$

将其改写为

$$p(n+1,1) + \frac{\mu_1 d_2}{\mu_1 - \lambda_1} \left(\frac{\lambda_0 - \mu_0 x_2}{\mu_1} + \frac{\theta x_2}{\mu_1 x_2 - \lambda_1} \right) \left(\frac{\lambda_1}{\mu_1} \right)^{n+1}$$
$$- \frac{\theta d_2}{(1 - x_2)(\mu_1 x_2 - \lambda_1)} x_2^{n+2}$$
$$= p(n,1) + \frac{\mu_1 d_2}{\mu_1 - \lambda_1} \left(\frac{\lambda_0 - \mu_0 x_2}{\mu_1} + \frac{\theta x_2}{\mu_1 x_2 - \lambda_1} \right) \left(\frac{\lambda_1}{\mu_1} \right)^n$$
$$- \frac{\theta d_2}{(1 - x_2)(\mu_1 x_2 - \lambda_1)} x_2^{n+1}, \quad n = 1, 2, \cdots. \tag{6.2.43}$$

反复迭代 (6.2.43) 并结合 (6.2.37) 和 $p(1,1)$, 可以得到

$$p(n,1) = \frac{\theta d_2}{(1 - x_2)(\mu_1 x_2 - \lambda_1)} x_2^{n+1} + \frac{(\mu_0 x_2 - \lambda_0) d_2}{\mu_1 x_2 - \lambda_1} \left(\frac{\lambda_1}{\mu_1} \right)^n, \quad n = 1, 2, \cdots.$$
$$\tag{6.2.44}$$

唯一的未知常数 d_2 可由归一化条件得到

$$d_2 = \frac{(1-x_2)^2(\mu_1 - \lambda_1)}{(1-x_2)(\mu_1 - \lambda_1) + \theta x_2}. \tag{6.2.45}$$

最后将 (6.2.45) 代入 (6.2.39) 和 (6.2.44), 得到 (6.2.29) 和 (6.2.30). $\qquad\square$

标记一个顾客, 其在到达时发现服务台的状态为 i. 如果他选择进队, 则他的平均逗留时间为

$$W(i, q(0), q(1)) = \frac{\displaystyle\sum_{n=i}^{\infty} T(n,i) p_{au}(n,i)}{\displaystyle\sum_{k=i}^{\infty} p_{au}(k,i)}, \quad i = 0, 1. \tag{6.2.46}$$

将 (6.2.6), (6.2.7), (6.2.29) 和 (6.2.30) 代入 (6.2.46), 可得

$$W(0, q(0), q(1)) = \frac{1}{\mu_1(1-x_2)} + \frac{\mu_1 - \mu_0}{\mu_1(\theta + \mu_0(1-x_2))}, \tag{6.2.47}$$

$$W(1, q(0), q(1)) = \frac{1}{\mu_1} + \frac{\mu_1 - \lambda_1 x_2}{\mu_1(1-x_2)(\mu_1 - \lambda_1)}. \tag{6.2.48}$$

由收支结构, 该标记顾客的平均收益为

$$S_{au}(0, q(0), q(1)) = R - C\left(\frac{1}{\mu_1(1-x_2)} + \frac{\mu_1 - \mu_0}{\mu_1(\theta + \mu_0(1-x_2))}\right), \tag{6.2.49}$$

$$S_{au}(1, q(0), q(1)) = R - C\left(\frac{1}{\mu_1} + \frac{\mu_1 - \lambda_1 x_2}{\mu_1(1-x_2)(\mu_1 - \lambda_1)}\right). \tag{6.2.50}$$

下面将找出几乎不可见模型中顾客的均衡混合策略.

定理 6.2.3 在几乎不可见的工作休假排队中, 假设 $\lambda < \mu_1$, 存在唯一的纳什均衡混合策略 $(q_e(0), q_e(1))$, 即顾客到达发现服务台状态为 i 时, 进队的概率是 $q_e(i)$. 并且求得 $(q_e(0), q_e(1))$ 的值为

情形 1a: $C\left(\dfrac{1}{\mu_0 + \theta} + \dfrac{\theta}{\mu_0 + \theta}\dfrac{1}{\mu_1}\right) < R \leqslant C\left(\dfrac{1}{\mu_1(1-x_2(1))} + \dfrac{\mu_1 - \mu_0}{\mu_1(\theta + \mu_0(1-x_2(1)))}\right)$ 且 $R < C\left(\dfrac{1}{\mu_1} + \dfrac{1}{\mu_1(1-x_{2e})}\right)$.

$$(q_e(0), q_e(1)) = \left(\frac{x_{2e}(\mu_0(1-x_{2e}) + \theta)}{\lambda(1-x_{2e})}, 0\right).$$

情形 1b: $C\left(\dfrac{1}{\mu_0 + \theta} + \dfrac{\theta}{\mu_0 + \theta}\dfrac{1}{\mu_1}\right) < R \leqslant C\left(\dfrac{1}{\mu_1(1-x_2(1))} + \dfrac{\mu_1 - \mu_0}{\mu_1(\theta + \mu_0(1-x_2(1)))}\right)$

且 $C\Big(\dfrac{1}{\mu_1}+\dfrac{1}{\mu_1(1-x_{2e})}\Big)\leqslant R\leqslant C\Big(\dfrac{1}{\mu_1-\lambda}+\dfrac{1}{\mu_1(1-x_{2e})}\Big).$

$$(q_e(0),q_e(1))=\left(\dfrac{x_{2e}(\mu_0(1-x_{2e})+\theta)}{\lambda(1-x_{2e})},\ \dfrac{\mu_1-\dfrac{C\mu_1(1-x_{2e})}{R\mu_1(1-x_{2e})-C}}{\lambda}\right).$$

情形 1c: $C\Big(\dfrac{1}{\mu_0+\theta}+\dfrac{\theta}{\mu_0+\theta}\dfrac{1}{\mu_1}\Big)<R\leqslant C\Big(\dfrac{1}{\mu_1(1-x_2(1))}+\dfrac{\mu_1-\mu_0}{\mu_1(\theta+\mu_0(1-x_2(1)))}\Big)$

且 $C\Big(\dfrac{1}{\mu_1-\lambda}+\dfrac{1}{\mu_1(1-x_{2e})}\Big)<R.$

$$(q_e(0),q_e(1))=\Big(\dfrac{x_{2e}(\mu_0(1-x_{2e})+\theta)}{\lambda(1-x_{2e})},1\Big).$$

情形 2a: $C\Big(\dfrac{1}{\mu_1(1-x_2(1))}+\dfrac{\mu_1-\mu_0}{\mu_1(\theta+\mu_0(1-x_2(1)))}\Big)<R$ 且 $R<C\Big(\dfrac{1}{\mu_1(1-x_2(1))}$

$+\dfrac{1}{\mu_1}\Big).$

$$(q_e(0),q_e(1))=(1,0).$$

情形 2b: $C\Big(\dfrac{1}{\mu_1(1-x_2(1))}+\dfrac{\mu_1-\mu_0}{\mu_1(\theta+\mu_0(1-x_2(1)))}\Big)<R$ 且 $C\Big(\dfrac{1}{\mu_1(1-x_2(1))}+$

$\dfrac{1}{\mu_1}\Big)\leqslant R\leqslant C\Big(\dfrac{1}{\mu_1(1-x_2(1))}+\dfrac{1}{\mu_1-\lambda}\Big).$

$$(q_e(0),q_e(1))=\left(1,\ \dfrac{\mu_1-\dfrac{C\mu_1(1-x_2(1))}{R\mu_1(1-x_2(1))-C}}{\lambda}\right).$$

情形 2c: $C\Big(\dfrac{1}{\mu_1(1-x_2(1))}+\dfrac{\mu_1-\mu_0}{\mu_1(\theta+\mu_0(1-x_2(1)))}\Big)<R$ 且 $C\Big(\dfrac{1}{\mu_1(1-x_2(1))}+$

$\dfrac{1}{\mu_1-\lambda}\Big)<R.$

$$(q_e(0),q_e(1))=(1,1).$$

其中

$$x_{2e}=1+\dfrac{\mu_1(R\theta-C)-\sqrt{\mu_1^2(R\theta-C)^2+4RC\theta\mu_1\mu_0}}{2R\mu_1\mu_0},\qquad(6.2.51)$$

$$x_2(1)=\dfrac{(\lambda+\mu_0+\theta)-\sqrt{(\lambda+\mu_0+\theta)^2-4\lambda\mu_0}}{2\mu_0}.\qquad(6.2.52)$$

证明 假设其他顾客到达发现服务台状态为 i 时都以概率 $q(i)$ 进队, 标记一个刚到达系统的顾客. 如果 $S_{au}(i, q(0), q(1)) > 0$, 则他会选择进队; 如果 $S_{au}(i, q(0), q(1)) = 0$, 则进不进队都无所谓; 如果 $S_{au}(i, q(0), q(1)) < 0$, 则他会选择止步. 注意到 x_2 是 $q(0)$ 的函数, 并且因为

$$\frac{\mathrm{d}}{\mathrm{d}q(0)} x_2(q(0)) = \frac{\lambda}{2\mu_0} \Big(1 - \frac{\lambda q(0) + \theta - \mu_0}{\sqrt{(\lambda q(0) + \theta - \mu_0)^2 + 4\mu_0\theta}}\Big) > 0, \quad q(0) \in [0, 1],$$

所以 x_2 关于 $q(0) \in [0, 1]$ 是单调递增的.

另一方面, $S_{au}(0, q(0), q(1))$ 关于 $x_2 \in [0, x_2(1)]$ 是严格单调递减的, 其中 $0 < x_2(1) < 1$. 所以 $S_{au}(0, q(0), q(1))$ 关于 $q(0) \in [0, 1]$ 是严格单调递减的. 对 $x_2(q(0))$, 我们求解方程 $S_{au}(0, q(0), q(1)) = 0$, 并记 x_{2e} 为方程唯一小于 1 的根, 其表达式为

$$x_{2e} = 1 + \frac{\mu_1(R\theta - C) - \sqrt{\mu_1^2(R\theta - C)^2 + 4RC\theta\mu_1\mu_0}}{2R\mu_1\mu_0}.$$

对应唯一的 $q_e^*(0)$ 可在 (6.2.37) 中令 $x = x_{2e}$ 得到, 其表达式为

$$q_e^*(0) = \frac{x_{2e}(\mu_0(1 - x_{2e}) + \theta)}{\lambda(1 - x_{2e})}. \tag{6.2.53}$$

下面讨论两种情形.

情形 1: $C\Big(\dfrac{1}{\mu_0 + \theta} + \dfrac{\theta}{\mu_0 + \theta}\dfrac{1}{\mu_1}\Big) < R \leqslant C\Big(\dfrac{1}{\mu_1(1 - x_2(1))} + \dfrac{\mu_1 - \mu_0}{\mu_1(\theta + \mu_0(1 - x_2(1)))}\Big)$.

在这种情况下, 如果所有顾客到达发现服务台状态为 0 并以概率 1 进队, 那么标记顾客选择进入的话, 他会得到非正的平均收益. 因此, $q_e(0) = 1$ 不是均衡的策略. 同理可以得出结论, $q_e(0) = 0$ 也不是均衡的策略. 所以存在唯一的概率 $q_e^*(0)$, 如 (6.2.53) 所示, 使得顾客对进不进队无所谓.

情形 2: $C\Big(\dfrac{1}{\mu_1(1 - x_2(1))} + \dfrac{\mu_1 - \mu_0}{\mu_1(\theta + \mu_0(1 - x_2(1)))}\Big) < R$.

在这种情况下, 无论其他顾客采取什么样的策略, 标记顾客进队后都会获得正的平均收益. 因此, 他的最优策略是 1, 即进队是他的占优策略, 也是唯一的纳什均衡策略.

接下来标记一个顾客, 其在到达时发现服务台的状态为 1. 由 (6.2.50) 可以写出该标记顾客的平均收益为

$$R - C\Big(\frac{1}{\mu_1 - \lambda_1} + \frac{1}{\mu_1(1 - x_2(q_e(0)))}\Big)$$

$$= \begin{cases} R - C\Big(\dfrac{1}{\mu_1 - \lambda_1} + \dfrac{1}{\mu_1(1 - x_{2e})}\Big), & \text{情形1}, \\[3mm] R - C\Big(\dfrac{1}{\mu_1 - \lambda_1} + \dfrac{1}{\mu_1(1 - x_2(1))}\Big), & \text{情形2}. \end{cases} \tag{6.2.54}$$

由类似于确定 $q_e(0)$ 的分析方法可以分别在情形 1 和情形 2 下讨论一些子情形并得到均衡的 $q_e(1)$. 最终, 可以通过讨论和分析得到所有情形 1a—情形 2c 下的结果.　　　　　　　　　　　　　　　　　　　　　　　　　　　　□

在定理 6.2.3 中, 假设 $\lambda < \mu_1$. 对于 $\lambda \geqslant \mu_1$ 的情形, 也存在唯一的纳什均衡混合策略 $(q_e(0), q_e(1))$, 并由类似的分析方法可以得到

情形 1a: $C\left(\dfrac{1}{\mu_0 + \theta} + \dfrac{\theta}{\mu_0 + \theta}\dfrac{1}{\mu_1}\right) < R \leqslant C\left(\dfrac{1}{\mu_1(1 - x_2(1))} + \dfrac{\mu_1 - \mu_0}{\mu_1(\theta + \mu_0(1 - x_2(1)))}\right)$
且 $R < C\left(\dfrac{1}{\mu_1} + \dfrac{1}{\mu_1(1 - x_{2e})}\right)$.

$$(q_e(0), q_e(1)) = \left(\dfrac{x_{2e}(\mu_0(1 - x_{2e}) + \theta)}{\lambda(1 - x_{2e})}, 0\right).$$

情形 1b: $C\left(\dfrac{1}{\mu_0 + \theta} + \dfrac{\theta}{\mu_0 + \theta}\dfrac{1}{\mu_1}\right) \leqslant R \leqslant C\left(\dfrac{1}{\mu_1(1 - x_2(1))} + \dfrac{\mu_1 - \mu_0}{\mu_1(\theta + \mu_0(1 - x_2(1)))}\right)$
且 $C\left(\dfrac{1}{\mu_1} + \dfrac{1}{\mu_1(1 - x_{2e})}\right) \leqslant R$.

$$(q_e(0), q_e(1)) = \left(\dfrac{x_{2e}(\mu_0(1 - x_{2e}) + \theta)}{\lambda(1 - x_{2e})}, \dfrac{\mu_1 - \dfrac{C\mu_1(1 - x_{2e})}{R\mu_1(1 - x_{2e}) - C}}{\lambda}\right).$$

情形 2a: $C\left(\dfrac{1}{\mu_1(1 - x_2(1))} + \dfrac{\mu_1 - \mu_0}{\mu_1(\theta + \mu_0(1 - x_2(1)))}\right) < R$ 且 $R < C\left(\dfrac{1}{\mu_1(1 - x_2(1))} + \dfrac{1}{\mu_1}\right)$.

$$(q_e(0), q_e(1)) = (1, 0).$$

情形 2b: $C\left(\dfrac{1}{\mu_1(1 - x_2(1))} + \dfrac{\mu_1 - \mu_0}{\mu_1(\theta + \mu_0(1 - x_2(1)))}\right) < R$ 且 $C\left(\dfrac{1}{\mu_1(1 - x_2(1))} + \dfrac{1}{\mu_1}\right) \leqslant R$.

$$(q_e(0), q_e(1)) = \left(1, \dfrac{\mu_1 - \dfrac{C\mu_1(1 - x_2(1))}{R\mu_1(1 - x_2(1)) - C}}{\lambda}\right).$$

6.2.5　完全不可见情形的均衡进队策略

在完全不可见的工作休假排队中, 到达的顾客对当前系统的状态一无所知. 同样考虑他们的对称博弈, 并假设顾客都遵循混合策略 q, 即顾客到达系统都以概率 q 进队. 为了得到顾客的均衡策略, 首先要考察系统的稳态分布. 在引理 6.2.3 中令

$q(0) = q(1) = q$, 可以得到

$$p_{fu}(n,0) = \frac{(1-x_2(q))^2(\mu_1 - \lambda q)}{(1-x_2(q))(\mu_1 - \lambda q) + \theta x_2(q)} x_2(q)^n, \quad n = 0, 1, \cdots, \tag{6.2.55}$$

$$p_{fu}(n,1) = \frac{(1-x_2(q))^2(\mu_1 - \lambda q)}{((1-x_2(q))(\mu_1 - \lambda q) + \theta x_2(q))(\mu_1 x_2(q) - \lambda q)}$$

$$\times \left(\frac{\theta}{1-x_2(q)} x_2(q)^{n+1} + (\mu_0 x_2(q) - \lambda q)\left(\frac{\lambda q}{\mu_1}\right)^n\right), \quad n = 1, 2, \cdots,$$

$$\tag{6.2.56}$$

其中

$$x_2(q) = \frac{(\lambda q + \mu_0 + \theta) - \sqrt{(\lambda q + \mu_0 + \theta)^2 - 4\lambda q \mu_0}}{2\mu_0}, \tag{6.2.57}$$

则系统中的平均顾客数为

$$E[N] = \sum_{i=1}^{\infty} n(p_{fu}(n,0) + p_{fu}(n,1))$$

$$= \frac{x_2(q)}{1-x_2(q)} + \frac{\theta \mu_1 x_2(q)}{((1-x_2(q))(\mu_1 - \lambda q) + \theta x_2(q))(\mu_1 - \lambda q)}. \tag{6.2.58}$$

注意到 $(\lambda q + \theta)x_2(q) = \lambda - \mu_0 x_2(q)(1 - x_2(q))$, 可将 (6.2.58) 改写为

$$E[N] = \frac{x_2(q)}{1-x_2(q)} \left(1 + \frac{\theta \mu_1}{(\mu_1 - \mu_0 x_2(q))(\mu_1 - \lambda q)}\right). \tag{6.2.59}$$

因此, 由 Little 公式, 可以得到顾客决定进入系统后的平均逗留时间

$$E[W] = \frac{x_2(q)}{\lambda q(1-x_2(q))} \left(1 + \frac{\theta \mu_1}{(\mu_1 - \mu_0 x_2(q))(\mu_1 - \lambda q)}\right). \tag{6.2.60}$$

引理 6.2.4 在完全不可见的工作休假排队中, 假设 $\lambda < \mu_1$, 到达的顾客决定进队后的平均逗留时间 $E[W]$ 关于 $q \in [0,1]$ 是严格单调递增的.

证明 令

$$g_1(q) = \frac{x_2(q)}{\lambda q(1-x_2(q))}, \tag{6.2.61}$$

$$g_2(q) = 1 + \frac{\theta \mu_1}{(\mu_1 - \mu_0 x_2(q))(\mu_1 - \lambda q)}, \tag{6.2.62}$$

则 (6.2.60) 可被改写为

$$E[W] = g_1(q)g_2(q). \tag{6.2.63}$$

分别对 $g_1(q)$ 和 $g_2(q)$ 求导得到

$$\frac{\mathrm{d}g_1(q)}{\mathrm{d}q} = \frac{\lambda^2 q(\sqrt{(\lambda_0 + \theta - \mu_0)^2 + 4\mu_0\theta} - (\lambda_0 + \theta - \mu_0))}{2\mu_0(\lambda q(1 - x_2(q)))^2}$$
$$\times \frac{(\lambda_0 + \mu_0 + \theta) - \sqrt{(\lambda_0 + \mu_0 + \theta)^2 - 4\lambda_0\mu_0}}{\sqrt{(\lambda_0 + \mu_0 + \theta)^2 - 4\lambda_0\mu_0}(\sqrt{(\lambda_0 + \mu_0 + \theta)^2 - 4\lambda_0\mu_0} + (\lambda_0 + \mu_0 + \theta))},$$

$$(6.2.64)$$

$$\frac{\mathrm{d}g_2(q)}{\mathrm{d}q} = \frac{\theta\mu_1}{(\mu_1 - \mu_0 x_2(q))^2(\mu_1 - \lambda q)^2}(\lambda(\mu_1 - \mu_0 x_2(q)) + \mu_0 \frac{\mathrm{d}x_2(q)}{\mathrm{d}q}(\mu_1 - \lambda q)).$$

$$(6.2.65)$$

由 $\dfrac{\mathrm{d}x_2(q)}{\mathrm{d}q} = \dfrac{\lambda}{2\mu_0}\left(1 - \dfrac{\lambda q + \theta - \mu_0}{\sqrt{(\lambda q + \theta - \mu_0)^2 + 4\mu_0\theta}}\right) > 0$ 和 $0 \leqslant x_2(q) < 1$, 并考虑条

件 $\lambda < \mu_1$, 可以得到结论 $\dfrac{\mathrm{d}g_1(q)}{\mathrm{d}q} > 0$ 和 $\dfrac{\mathrm{d}g_2(q)}{\mathrm{d}q} > 0$, 即 $g_1(q)$ 和 $g_2(q)$ 都是分别

关于 $q \in [0, 1]$ 严格单调递增的. 又因为 $g_1(q)$ 和 $g_2(q)$ 都是正数, 所以 $E[W]$ 关于 $q \in [0, 1]$ 是严格单调递增的. $\qquad\qquad\qquad\qquad\qquad\qquad\qquad\qquad\qquad\qquad\square$

下面研究顾客的均衡行为.

定理 6.2.4　在完全不可见的工作休假排队中, 假设 $\lambda < \mu_1$, 存在唯一的纳什均衡混合策略 "顾客到达系统都以概率 q_e 进入", 并且 q_e 的表达式为

$$q_e = \begin{cases} q_e^*, & \dfrac{C(\mu_1 + \theta)}{\mu_1(\mu_0 + \theta)} < R < \dfrac{Cx_2(1)}{\lambda(1 - x_2(1))}\left(1 + \dfrac{\theta\mu_1}{(\mu_1 - \mu_0 x_2(1))(\mu_1 - \lambda)}\right), \\ 1, & R \geqslant \dfrac{Cx_2(1)}{\lambda(1 - x_2(1))}\left(1 + \dfrac{\theta\mu_1}{(\mu_1 - \mu_0 x_2(1))(\mu_1 - \lambda)}\right), \end{cases}$$

$$(6.2.66)$$

其中, q_e^* 是以下方程在 $q \in (0, 1)$ 范围内的唯一解

$$R - \frac{Cx_2(q)}{\lambda q(1 - x_2(q))}\left(1 + \frac{\theta\mu_1}{(\mu_1 - \mu_0 x_2(q))(\mu_1 - \lambda q)}\right) = 0.$$

证明　标记一个刚到达系统的顾客. 如果他选择进队, 则他的平均收益是

$$S_{fu}(q) = R - \frac{Cx_2(q)}{\lambda q(1 - x_2(q))}\left(1 + \frac{\theta\mu_1}{(\mu_1 - \mu_0 x_2(q))(\mu_1 - \lambda q)}\right), \qquad (6.2.67)$$

并且有

$$S_{fu}(0) = R - \frac{C(\mu_1 + \theta)}{\mu_1(\mu_0 + \theta)}, \qquad\qquad\qquad\qquad\qquad (6.2.68)$$

$$S_{fu}(1) = R - \frac{Cx_2(1)}{\lambda(1 - x_2(1))}\left(1 + \frac{\theta\mu_1}{(\mu_1 - \mu_0 x_2(1))(\mu_1 - \lambda)}\right). \qquad (6.2.69)$$

由引理 6.2.4 知, 当 $R \in \left(\dfrac{C(\mu_1 + \theta)}{\mu_1(\mu_0 + \theta)}, \dfrac{Cx_2(1)}{\lambda(1 - x_2(1))} \left(1 + \dfrac{\theta\mu_1}{(\mu_1 - \mu_0 x_2(1))(\mu_1 - \lambda)} \right) \right)$
时, 方程 $S_{fu}(q) = 0$ 存在唯一的在 $(0,1)$ 范围内的解, 记为 q_e^*, 则得到 (6.2.66) 的
第一种情形. 当 $R \in \left[\dfrac{Cx_2(1)}{\lambda(1 - x_2(1))} \left(1 + \dfrac{\theta\mu_1}{(\mu_1 - \mu_0 x_2(1))(\mu_1 - \lambda)} \right), \infty \right)$ 时, $S_{fu}(q)$ 对
任意的 q 都是正的. 即, 无论其他顾客采用什么样的策略, 标记顾客的最优选择都
是 1. 所以, 进队是唯一的纳什均衡策略 (也是占优策略), 如 (6.2.66) 的第二种情形
所示. □

对于 $\lambda \geqslant \mu_1$ 的情形, 当 $R \geqslant \dfrac{Cx_2(1)}{\lambda(1 - x_2(1))} \left(1 + \dfrac{\theta\mu_1}{(\mu_1 - \mu_0 x_2(1))(\mu_1 - \lambda)} \right)$ 时, 定
理 6.2.4 中的 q_e 为

$$q_e = q_e^*. \tag{6.2.70}$$

容易验证, 在完全不可见的系统中有 ATC 情形.

6.3 N 策略休假的 M/M/1 排队系统

6.3.1 模型描述

考虑一个服务台服从 N 策略休假的 M/M/1 排队系统. 顾客到达为参数是 Λ
的泊松流, 服务时间服从参数是 μ 的指数分布. 每当系统变空时, 服务台关闭; 当
系统中的顾客数再次到达 N 时, 服务台重新启动开始服务顾客. 假设 $N > 1$, 否则
该排队系统就退化成了一个常规的 M/M/1 排队系统. 用 B 或 I 分别表示服务台
处于忙碌状态或工作状态.

假设顾客在到达时可根据自己掌握的系统信息来决定是否进入排队. 在服务
完成后, 每个顾客获得的服务回报是 R, 顾客在系统中的单位时间逗留费用是 C.
顾客都是风险中立的并且希望最大化自己的收益. 一旦顾客做出了选择将不能再
反悔, 即, 既不能在排队中途退出也不能在止步后重新到达. 记 $\nu = \dfrac{R\mu}{C}$ 为顾客能
够等待的服务期个数的上限, $\rho = \dfrac{\Lambda}{\mu}$ 为所有到达顾客进队时系统的服务强度.

6.3.2 完全可见情形的进队策略分析

在完全可见情形下, 到达的顾客不仅能观察到服务台的状态, 同时能观察到系
统的队长. 当队长相等时, 分别用上标 − 和 + 来表示服务台处于休假和忙碌的状
态, 则系统的状态空间为

$$\{0, 1^-, \cdots, (N-1)^-, 1^+, 2^+, \cdots, (N-1)^+, N, N+1, \cdots\},$$

其中 m^- 表示服务台处于休假状态, 系统中有 m 个顾客; m^+ 表示服务台处于忙碌状态, 系统中有 m 个顾客.

　　一般情况下, 当 $N > 1$ 时, 止步策略总是均衡的. 因为当其他顾客都选择止步时, 选择进入系统的顾客的平均逗留时间将是无穷大的, 因此在这种情况下, 止步是顾客最好的选择. 下面研究具有活跃服务台 (具有忙期) 的系统中, 顾客的其他均衡策略 (除了顾客都选择止步策略) 的存在性.

　　1. 纳什均衡策略

　　当 $\Lambda > \mu$ 时, 到达顾客发现服务台处于休假状态并进入后的最长平均等待时间发生在其前面有 $N - 1$ 个顾客在等待, 为 $\dfrac{N}{\mu}$. 当 $\Lambda < \mu$ 时, 进入一个空的排队系统的顾客的最长平均等待时间为 $\dfrac{N-1}{\lambda} + \dfrac{1}{\mu}$. 当服务台处于休假状态时, 到达的顾客只有在服务回报不少于最大逗留费用的条件下才会进队, 则服务台活跃的充分条件可总结为以下的定理.

　　定理 6.3.1　当且仅当 (1) $\rho \geqslant 1$ 且 $\nu \geqslant N$, 或者 (2) $\rho < 1$ 且 $\nu \geqslant \dfrac{N-1}{\rho} + 1$ 时, 存在唯一的具有活跃服务台的均衡策略.

　　假设定理 6.3.1 中的条件满足. 注意到 m^+ 状态下到达顾客进队后的平均等待时间小于 m^- 状态下进队后的平均等待时间. 因此在具有活跃服务台的均衡下, 当到达发现系统中的顾客数不超过 $N - 1$ 时, 顾客都会选择进队, 即, 阈值策略 $n_e \geqslant N$ 是均衡的策略. 当顾客到达发现系统的状态是 m^+ 时, 如果 $R \geqslant \dfrac{C(m+1)}{\mu}$ 或者 $m \leqslant \dfrac{R\mu}{C} - 1$, 则顾客会选择进队. 因此, $n_e = \left\lfloor \dfrac{RC}{\mu} \right\rfloor$. 而定理 6.3.1 中的条件确保了该阈值不小于 N, 如以下定理所示.

　　定理 6.3.2　假设定理 6.3.1 中的条件满足, 则存在唯一的均衡阈值

$$n_e = \lfloor \nu \rfloor \geqslant N.$$

　　2. 社会最优策略

　　假设当收益是 0 时, 顾客会选择进队. 由于顾客是无差异的, 所以到达率或者是 0 或者是 Λ. 显然, 当服务台休假时最优的到达率不会是 0, 否则服务台将永远处于休假状态. 所以, 社会设计者需要确定的是, 当服务台处于忙碌状态时, 哪些状态的到达率应是 Λ. 考虑两个相邻的状态 n^+ 和 $(n+1)^+$. 显然, 当 $n \geqslant N$ 时, 若状态 $(n+1)^+$ 的到达率是 Λ, 则状态 n^+ 的到达率不可能是 0, 因为此时状态 $(n+1)^+$ 将无法到达. 但是当 $n < N$ 时, 即使状态 n^+ 的到达率是 0, 状态 $(n+1)^+$ 还可以从状态 $(n+2)^+$ 到达. 但是状态 n^+ 的到达率是 0, 状态 $(n+1)^+$ 的到达率是 Λ 这

种情形不是最优的, 因为当状态 n^+ 和状态 $(n+1)^+$ 的到达率都是 Λ 时, 会给顾客带来更多的收益.

记最优阈值为 n^*. 如果社会收益为正, 则存在两种情形: 情形 1. $n^* \geqslant N$; 情形 2. $n^* \in \{1, \cdots, N-1\}$. 情形 2 意味着当服务台休假时, 顾客总是选择进队; 当服务台处于忙碌状态时, 如果系统中的顾客数大于或等于 n^* 时, 顾客选择止步. 将情形 1 和情形 2 的最大社会收益分别记为 SW_1 和 SW_2, 则社会收益的最大值为 $SW = \max\{SW_1, SW_2\}$. 以下分析中假设 $\rho \neq 1$, $\rho = 1$ 时的结论可类似得到.

情形 1: $n^* \geqslant N$.

对于阈值 n, 列出平衡方程

$$p_0 \Lambda = p_{1^+} \mu, \tag{6.3.1}$$

$$p_{m^-} = p_{(m+1)^-}, \quad 0 \leqslant m \leqslant N-2, \tag{6.3.2}$$

$$p_0 \Lambda + p_{m^+} \Lambda = p_{(m+1)^+} \mu, \quad 0 < m < N \quad (p_{N^+} \equiv p_N) \tag{6.3.3}$$

$$p_m \Lambda = p_{m+1} \mu, \quad N < m < n. \tag{6.3.4}$$

求解上述方程组可得, 单位时间的社会收益为

$$SW_1(n) = R\Lambda(1 - p_n) - CL,$$

其中

$$p_n = \frac{\rho^{n-N+1}(1 - \rho^N)}{1 - \rho} p_0,$$

$$p_0 = \frac{(1 - \rho)^2}{N - N\rho - \rho^{n-N+2} + \rho^{n+2}},$$

系统中的平均顾客数为

$$L = \frac{p_0}{1 - \rho} \cdot \frac{(N-1)N}{2} + p_0 \rho \frac{(1 - \rho)N + \rho^{n+1}(1 - \rho^{-N})(n(1 - \rho) + 1)}{(1 - \rho)^3}. \tag{6.3.5}$$

情形 2: $n^* \in \{1, \cdots, N-1\}$.

对于阈值 n, 列出平衡方程

$$p_0 \Lambda = p_{1^+} \mu, \tag{6.3.6}$$

$$p_{m^-} = p_{(m+1)^-}, \quad 0 \leqslant m \leqslant N-2, \tag{6.3.7}$$

$$p_0 \Lambda + p_{m^+} \Lambda = p_{(m+1)^+} \mu, \quad 0 < m < n, \tag{6.3.8}$$

$$p_0 \Lambda = p_{m^+} \mu, \quad n < m \leqslant N. \tag{6.3.9}$$

求解上述方程组可得, 单位时间的社会收益为

$$SW_2(n) = (R - CW)\Lambda(1 - p_{n+} - p_{(n+1)+} - \cdots - p_N)$$

$$= R\Lambda\left(1 - \frac{\rho(1 - \rho^n)}{1 - \rho}p_0 - \rho(N - n)p_0\right) - CL,$$

其中,

$$p_0 = \frac{(1 - \rho)^2}{N - N\rho - (N - n + 1)\rho^2 + (N - n)\rho^3 + \rho^{n+2}},$$

系统中的平均顾客数为

$$L = \frac{p_0(N - 1)N}{2} + \frac{p_0\rho}{1 - \rho}\left(\frac{n(n + 1)}{2} + \frac{-\rho + (n + 1)\rho^{n+1} - n\rho^{n+2}}{(1 - \rho)^2}\right)$$

$$+ \rho p_0 \frac{(n + N + 1)(N - n)}{2}. \tag{6.3.10}$$

当 $n \geqslant N$ 时, 定义 $SW(n)$ 为 $SW_1(n)$, 否则定义为 $SW_2(n)$.

定理 6.3.3　社会收益函数 $SW(n)$ 是单峰的, 因此社会最优阈值 n^* 是唯一的.

证明　考虑两个系统, 顾客分别以 n 和 $n + 1$ 作为进队阈值, 于是有关系

$$SW(n + 1) = \frac{p_0(n + 1)}{p_0(n)}SW(n) + p_n(n + 1)\Lambda(R - CW_n),$$

其中 W_n 表示在状态 i 的条件下的平均逗留时间.

可以证明在 $n \geqslant N$, $n < N - 1$ 和 $n = N - 1$ 三种情形下, 当 $SW(n) - SW(n - 1) \leqslant 0$ 时可以推出 $SW(n + 1) - SW(n) \leqslant 0$, 所以 $SW(n)$ 是单峰的, 则由函数的单峰性知, 社会最优阈值 n^* 是唯一的.　　　　　　　　　□

3. 最优 N 策略

假设 N 的值可以调节, 并且当服务台忙碌时, 单位时间的运作费用是 c_b, 则单位时间的平均运作费用是 $\theta(N) = c_b P_B$, 其中 P_B 表示服务台忙碌的概率. 对于社会设计者来说, 需要找到最优的 N^* 使得社会收益

$$(R - CW)\Lambda(1 - p_{n_e}) - \theta(N)$$

达到最大, 其中 W 为系统中的平均逗留时间, p_{n_e} 是系统处于 n_e 状态的概率.

类似于 2 的情形 1, 可以得到

$$p_{n_e} = \frac{(1 - \rho)(\rho^{n_e - N + 1} - \rho^{n_e + 1})}{N(1 - \rho) - \rho^{n_e - N + 2} + \rho^{n_e + 2}},$$

$$P_B = 1 - \frac{N(1 - \rho)^2}{N - N\rho - \rho^{n_e - N + 2} + \rho^{n_e + 2}} = \Lambda\frac{1 - p_e}{\mu}. \tag{6.3.11}$$

则社会收益可表示为

$$\Lambda(1 - p_{n_e})\Big(R - CW - \frac{c_b}{\mu}\Big).\tag{6.3.12}$$

假设 $R \geqslant CW + \frac{c_b}{\mu}$, 否则, 服务台将永不工作.

引理 6.3.1 在 N 策略休假的 $M/M/1$ 排队系统中, p_n 和 W 都关于 N 单调递增.

证明 当 $\rho \neq 1$ 时,

$$p_n = \cfrac{1}{\cfrac{N}{\rho^{n+1}(\rho^{-N} - 1)} - \cfrac{\rho}{1 - \rho}}.\tag{6.3.13}$$

对上式求导可得 p_n 关于 N 单调递增. 当 $\rho = 1$ 时, $p_n = \dfrac{1}{n - N/2 + 1.5}$, 也关于 N 单调递增.

由 Little 公式可得, 平均逗留时间为

$$W = \frac{L}{\Lambda(1 - p_n)},\tag{6.3.14}$$

其中, L 和 p_n 分别如 (6.3.5) 和 (6.3.13) 所示. 通过对上式求导可得, W 关于 N 单调递增. $\square$

引理 6.3.1 表明社会收益函数 (6.3.12) 关于 N 单调递减. 因此, 社会设计者应令 N 取最小值, 即 $N^* = 1$.

定理 6.3.4 在完全可见情况下, $N^* = 1$.

6.3.3 几乎可见情形的进队策略分析

在几乎可见情形下, 到达顾客仅仅知晓队长信息. 当到达顾客发现系统为空时, 便知道服务台正在休假, 所以所有的顾客止步是均衡策略. 用 $P_{k,s}$ 表示队长为 k 且服务台的状态为 s 的稳态概率, 其中 $s = B, I$. 接下来讨论具有活跃服务台的均衡.

1. 纳什均衡策略

考虑 n 阈值策略, 即, 当且仅当系统中有 $n - 1$ 个顾客时, 到达顾客会选择进队. 由于服务台状态不可见, 阈值应不小于 N, 即 $n \geqslant N$, 否则一旦服务台休假将永不工作. 为了确保所有的顾客在看到状态 $\{0, 1, \cdots, N - 1\}$ 时都进队, 需要找到在这些状态下的最大平均等待时间, 并让顾客的收益为非负.

引理 6.3.2　(1) 在 k 状态下的条件期望逗留时间是 W_k, 其表达式为

$$W_k = \begin{cases} \dfrac{k+1}{\mu} + \dfrac{(1-\rho)[N-(k+1)]}{(1-\rho^{k+1})\Lambda}, & 0 \leqslant k \leqslant N-1, \\ \dfrac{k+1}{\mu}, & k \geqslant N. \end{cases}$$

(2) 如果 $0 \leqslant k \leqslant N-1$, 则条件期望逗留时间 W_k 是下凸的.

证明　(1) 在 n 阈值策略下, 列出平衡方程求解可求出系统的稳态概率为

$$P_{k,B} = \frac{\rho - \rho^{k+1}}{1-\rho} P_0, \quad 1 \leqslant k \leqslant N,$$

$$P_{k,I} = P_0, \quad 1 \leqslant k \leqslant N-1,$$

$$P_{N+k,B} = \rho^j P_{N,B}, \quad 1 \leqslant k \leqslant n-N.$$

当到达的顾客发现系统队长为 $k(k \leqslant N-1)$ 时, 由条件期望公式可得他的平均等待时间为

$$W_k = \frac{P_{k,B}}{p_{k,B}+P_{k,I}} \frac{k+1}{\mu} + \frac{P_{k,I}}{P_{k,B}+P_{k,I}} \left[\frac{N-(k+1)}{\Lambda} + \frac{k+1}{\mu} \right]$$

$$= \frac{k+1}{\mu} + \frac{1-\rho}{1-\rho^{k+1}} \frac{N-(1+k)}{\Lambda}.$$

当到达的顾客发现系统队长为 $k(k \geqslant N)$ 时, 服务台处于忙碌状态, 因此他的平均逗留时间为 $W_k = \dfrac{k+1}{\mu}$.

(2) 对于任意实数 x, 定义 $W(x) = \dfrac{x}{\mu} + \dfrac{1-\rho}{1-\rho^x} \dfrac{N-x}{\Lambda}$. 对其求二阶导有

$$\frac{d^2 W(x)}{dx^2} = \frac{-2(1-\rho)\rho^x \ln\rho}{\Lambda(1-\rho^x)^2} + \frac{(1-\rho)(N-x)\rho^x(1+\rho^x)(\ln(\rho))^2}{\Lambda(1-\rho^x)^3}.$$

当 $x \in [1,N]$ 时, 无论 $\rho > 1$ 或 $\rho < 1$, 都能得到 $\dfrac{d^2 W(x)}{dx^2} > 0$.　　□

当 $0 \leqslant k \leqslant N-1$ 时, 由引理 6.3.2 知, 最长的逗留时间或者是 W_0 或者是 W_{N-1}, 其表达式为

$$W_0 = \frac{1}{\mu} + \frac{N-1}{\Lambda}, \quad W_{N-1} = \frac{N}{\mu}.$$

如果 $\Lambda > \mu$, 则 $W_{N-1} > W_0$; 如果 $\Lambda < \mu$, 则 $W_{N-1} \leqslant W_0$. 当到达顾客发现状态为 0 时, 便知道此时服务台正在休假; 当到达顾客发现状态为 $N-1$ 时, 便知道一旦他进队服务台将开始工作. 因此, 这两种情况下的平均逗留时间与完全可见情形下对应的平均逗留时间是一致的.

定理 6.3.5 在几乎可见的 N 策略休假的 $M/M/1$ 排队系统中, 当且仅当① $\rho \geqslant 1$ 且 $\nu \geqslant N$, 或者② $\rho < 1$ 且 $\nu \geqslant \dfrac{N-1}{\rho} + 1$ 时, 存在唯一的具有活跃服务台的均衡策略 $\lfloor \nu \rfloor \geqslant N$.

证明 由引理 6.3.2 知, 当 $R \geqslant CW_0$ 且 $R \geqslant CW_{N-1}$ 时, 均衡的阈值 $n \geqslant N$ 存在. 如果 $\Lambda \geqslant N$ 时, 则 $\rho \geqslant 1$ 且 $W_{N-1} \geqslant W_0$. 在这种情形下, 需要满足 $R \geqslant CW_{N-1} = C\dfrac{N}{\mu}$, 即 $\nu \geqslant N$. 如果 $\Lambda \leqslant \mu$, 则 $\rho \leqslant 1$ 且 $W_{N-1} \leqslant W_0$. 在这种情形下, 需要满足 $R \geqslant CW_0 = C\left(\dfrac{1}{\mu} + \dfrac{N-1}{\Lambda}\right)$, 即 $\nu \geqslant 1 + \dfrac{N-1}{\rho}$. 如果存在均衡的阈值 $n \geqslant N$, 则易知 $n = \lfloor \nu \rfloor$. □

这表明, 在 N 策略休假的 $M/M/1$ 排队系统中, 只提供给顾客队长信息与提供给顾客完全信息的效果是相同的.

2. 社会最优策略

记 $SW(n)$ 为阈值是 n 时的社会收益. 在完全可见情形下, 社会最优阈值 n^* 可能大于或小于 N. 如果 $n^* \geqslant N$, 则完全可见情形和几乎可见情形下的社会最优阈值相同. 所以管理者会选择隐藏服务台的状态以较少运营成本. 如果 $n^* < N$, 则在完全可见情形下, 当服务台休假时, 即使队长大于 n^*, 系统也会让顾客进队. 一旦服务台开始工作, 则不允许到达的顾客再进队直到队长不大于 n^*. 但是在几乎可见情形下, 到达顾客并不知晓服务台的状态, 所以为了确保系统具有活跃服务台, 阈值需要满足 $n \geqslant N$. 在完全可见情形下, 当 $n \geqslant 1$ 时, $SW(n)$ 是单峰的. 因此, 如果完全可见情形下的社会最优阈值小于 N, 则 $SW(n)$ 在 $[N, \infty]$ 上单调递减, 于是几乎不可见情形下的社会最优阈值为 N.

6.3.4 几乎不可见情形的进队策略分析

在几乎不可见情形下, 只有服务台的状态可见. 用 α_s 表示到达顾客看到服务台状态是 s 的进队概率, 其中 $s = B, I$, 则有效到达率为 $\lambda_s = \alpha_s \Lambda$.

1. 纳什均衡策略

对于任意的进队概率 α_B 和 α_I, 考虑顾客的有效到达率 (λ_B, λ_I).

引理 6.3.3 对于给定的到达率 (λ_B, λ_I), 顾客的平均逗留时间为

$$W_B = \frac{1}{\mu - \lambda_B} + \frac{N+1}{2\mu}, \tag{6.3.15}$$

$$W_I = \frac{N-1}{2\lambda_I} + \frac{N+1}{2\mu}. \tag{6.3.16}$$

证明 记 $\rho_s = \dfrac{\lambda_s}{\mu}$, 用 P_0 表示系统为空的概率. 显然对于所有的 $k = 0, 1, \cdots,$

$P_{N+k,I} = 0$. 列出平衡方程

$$\lambda_I P_0 = \mu P_{1,B},$$

$$\lambda_I P_0 + \lambda_B P_{k,B} = \mu P_{k+1,B}, \quad k = 1, 2, \cdots, N-1,$$

$$\lambda_I P_{k,I} = \lambda_I P_{k+1,I},$$

$$\lambda_B P_{N+k,B} = \mu P_{N+k+1,B}, \quad k = 0, 1, \cdots.$$

解以上方程组可以得到

$$P_{k,I} = \frac{1 - \rho_B}{N(1 - \rho_B + \rho_I)}, \quad k = 1, 2, \cdots, N-1,$$

$$P_{k,B} = \frac{\rho_I(1 - \rho_B^k)}{N(1 - \rho_B + \rho_I)}, \quad k = 1, 2, \cdots, N-1,$$

$$P_{N+k,B} = \frac{\rho_I \rho_B^k (1 - \rho_B^N)}{N(1 - \rho_B + \rho_I)}, \quad k = 1, 2, \cdots.$$

用 $P(-|s)$ 表示一个顾客到达发现服务台处于状态 s 的概率. 由 PASTA 性质有

$$P(-|I) = P_0 + \sum_{k=1}^{N-1} P_{k,I} = NP_0 = \frac{1 - \rho_B}{1 - \rho_B + \rho_I}, \tag{6.3.17}$$

$$P(-|B) = 1 - P(-|I) = \frac{\rho_I}{1 - \rho_B + \rho_I}. \tag{6.3.18}$$

用 $P(k|s)$ 表示在顾客到达发现服务台状态为 s 的条件下队长为 k 的概率. 如果到达的顾客发现服务台正在忙碌, 则条件概率为

$$P(k|B) = \frac{P_{k,B}}{P(-|B)} = \frac{1 - \rho_B^k}{N}, \quad 1 \leqslant k \leqslant N,$$

$$P(N+k|B) = \frac{P_{N+k,B}}{P(-|B)} = \frac{\rho_B^k(1 - \rho_B^N)}{N}, \quad k \geqslant 0.$$

当到达发现服务台正忙时, 如果队长为 k, 则顾客的条件平均逗留时间 $W(k|B)$, 是 $k+1$ 个顾客的平均总服务时间 $\dfrac{k+1}{\mu}$. 所以, 到达发现服务台正忙并进队的顾客的平均逗留时间为

$$W_B = \sum_{k=1}^{\infty} W(k|B)P(k|B) = \frac{1}{\mu - \lambda_B} + \frac{N+1}{2\mu}.$$

当到达发现服务台正在休假时, 对应的条件概率和条件平均逗留时间为

$$P(k|I) = \frac{P_{k,I}}{P(-|I)} = \frac{1}{N}, \quad 0 \leqslant k \leqslant N-1,$$

$$W(k|I) = \frac{N - (k+1)}{\lambda_I} + \frac{k+1}{\mu}, \quad 0 \leqslant k \leqslant N-1.$$

则到达发现服务台正在休假并进队的顾客的平均逗留时间为

$$W_I = \sum_{k=0}^{N-1} W(k|I)P(k|I) = \frac{N+1}{2\mu} + \frac{N-1}{2\lambda_I}. \qquad \square$$

由 (6.3.15) 和 (6.3.16) 知, $W_B(W_I)$ 与 $\lambda_I(\lambda_B)$ 是独立的, 因此可以分别来确定均衡的到达率.

首先考虑发现服务台正忙的均衡到达率, 记为 λ_B^e. 由 (6.3.15) 知, W_B 关于 λ_B 单调递增. 这是 ATC 情形, 至多只存在一个均衡的到达率. 如果

$$R \leqslant C\left(\frac{1}{\mu} + \frac{N+1}{2\mu}\right),$$

或者等价地

$$\nu \leqslant \frac{N+3}{2},$$

则不存在正的均衡解. 否则, 存在一个到达率满足

$$R = C\left(\frac{1}{\mu - \lambda_B} + \frac{N+1}{2\mu}\right),$$

其唯一正根为

$$\lambda_B = \mu - \frac{2\mu C}{2\mu R - (N+1)C} = \frac{2\nu - (N+3)}{2\nu - (N+1)}\mu.$$

则到达发现服务台正忙的均衡到达率可总结为以下定理.

定理 6.3.6 (1) 如果 $\nu \leqslant \dfrac{N+3}{2}$, 则不存在正的均衡到达率.

(2) 如果 $\nu > \dfrac{N+3}{2}$, 则存在唯一正的均衡到达率 $\lambda_B^e = \min\left\{\dfrac{2\nu - (N+3)}{2\nu - (N+1)}\mu, \Lambda\right\}$.

记 λ_I^e 为发现服务台正在休假的均衡到达率. 由 (6.3.16) 知 W_I 关于 λ_I 单调递减. 这是 FTC 情形, 可能有多个均衡策略存在. 显然, "到达发现服务台正在休假, 则所有顾客止步" 是一个均衡纯策略. 下面考虑正的均衡到达率. 如果

$$R < C\left(\frac{N-1}{2\Lambda} + \frac{N+1}{2\mu}\right),$$

或者等价地

$$\nu < \frac{N-1}{2\rho} + \frac{N+1}{2},$$

则不存在正的均衡解. 否则, "所有顾客进队" 是一个均衡策略. 如果 $\nu > \dfrac{N-1}{2\rho} + \dfrac{N+1}{2}$, 则存在一个均衡到达率 $0 < \lambda_I < \Lambda$, 其满足

$$R = C\left(\frac{N-1}{2\lambda_I} + \frac{N+1}{2\mu}\right),$$

其唯一正根为

$$\lambda_I = \frac{(N-1)\mu C}{2\mu R - (N+1)C} = \frac{N-1}{2\nu - (N+1)}\mu,$$

则到达发现服务台正在休假的均衡到达率可总结为以下定理.

定理 6.3.7 (1) 如果 $\nu < \dfrac{N-1}{2\rho} + \dfrac{N+1}{2}$, 则不存在正的均衡到达率.

(2) 如果 $\nu = \dfrac{N-1}{2\rho} + \dfrac{N+1}{2}$, 存在唯一正的均衡到达率: $\lambda_I^e = \Lambda$.

(3) 如果 $\nu > \dfrac{N-1}{2\rho} + \dfrac{N+1}{2}$, 则存在两个均衡到达率: $\lambda_I^e = \dfrac{N-1}{2\nu - (N+1)}\mu < \Lambda$ 和 $\lambda_I^e = \Lambda$.

注意到 W_I 关于 λ_I 单调递减, 情形 (3) 中较小的均衡到达率是不稳定的. 因为如果有更多的顾客进队, 则逗留时间会减少, 这样反过来会吸引更多的顾客进队.

2. 社会最优策略

对于任意给定的 (λ_B, λ_I), 单位时间的社会收益为

$$SW(\lambda_B, \lambda_I) = \lambda_B[R - CW_B(\lambda_B,\lambda_I)]P(-|B) + \lambda_I[R - CW_I(\lambda_B,\lambda_I)]P(-|I)$$

$$= \frac{C\lambda_I\left(\nu - \dfrac{N+1}{2}\right)}{\mu - \lambda_B + \lambda_I} - \frac{C[\lambda_I\lambda_B + \dfrac{N-1}{2}(\mu-\lambda_B)^2]}{(\mu - \lambda_B + \lambda_I)(\mu - \lambda_B)}. \tag{6.3.19}$$

引理 6.3.4 (1) 对于任意给定的满足 $\nu > \dfrac{1}{1 - \lambda_B/\mu}$ 的 λ_B, $SW(\lambda_B, \lambda_I)$ 关于 λ_I 严格单调递增.

(2) 对于任意给定的 $\lambda_I > 0$, $SW(\lambda_B, \lambda_I)$ 关于 λ_B 是拟凹的.

证明 对 $SW(\lambda_B, \lambda_I)$ 关于 λ_I 求一阶偏导有

$$\frac{\partial SW(\lambda_B, \lambda_I)}{\partial \lambda_I} = \frac{C(\mu - \lambda_B)}{(\mu - \lambda_B + \lambda_I)^2}\left[\nu - \frac{1}{1 - \lambda_B/\mu}\right].$$

注意到系统稳定的必要条件是 $\mu > \lambda_B$. 所以如果 $\nu > \dfrac{1}{1 - \lambda_B/\mu}$, 则

$$\frac{\partial SW(\lambda_B, \lambda_I)}{\partial \lambda_I} > 0.$$

为了证明 $SW(\lambda_B, \lambda_I)$ 关于 λ_B 是拟凹的, 只需证明:

$$\left.\frac{\partial^2 SW(\lambda_B, \lambda_I)}{\partial \lambda_B^2}\right|_{\frac{\partial SW(\lambda_B,\lambda_I)}{\partial \lambda_B}=0} < 0.$$

对 $SW(\lambda_B, \lambda_I)$ 关于 λ_B 求一阶偏导有

$$\frac{\partial SW(\lambda_B, \lambda_I)}{\partial \lambda_B} = \frac{\mu\lambda_I[(\mu-\lambda_B)^2 R - 2(\mu-\lambda_B)C - \lambda_I C]}{(\mu-\lambda_B)^2(\mu-\lambda_B+\lambda_I)^2}. \tag{6.3.20}$$

因此, 当 $\lambda_I = 0$ 或 $(\mu - \lambda_B)^2 R - 2(\mu - \lambda_B)C - \lambda_I C = 0$(或同时满足) 时, $\dfrac{\partial SW(\lambda_B, \lambda_I)}{\partial \lambda_B} = 0$. 如果 $\lambda_I = 0$, 则服务台一旦休假将永不工作. 下面只考虑 $\lambda_I > 0$ 的情形, 并令

$$(\mu - \lambda_B)^2 R - 2(\mu - \lambda_B)C - \lambda_I C = 0, \tag{6.3.21}$$

作为满足 $\dfrac{\partial SW(\lambda_B, \lambda_I)}{\partial \lambda_B} = 0$ 的条件. 对 $SW(\lambda_B, \lambda_I)$ 关于 λ_B 求二阶偏导有

$$\frac{\partial^2 SW(\lambda_B, \lambda_I)}{\partial \lambda_B^2}$$
$$= \frac{2\mu\lambda_I}{(\mu - \lambda_B + \lambda_I)^3 (\mu - \lambda_B)^2} \left[R(\mu - \lambda_B)^2 - 3C(\mu - \lambda_B + \lambda_I) - \frac{\lambda_I^2 C}{\mu - \lambda_B} \right].$$

结合 (6.3.21) 有

$$\frac{\partial^2 SW(\lambda_B, \lambda_I)}{\partial \lambda_B^2} \bigg|_{\frac{\partial SW(\lambda_B, \lambda_I)}{\partial \lambda_B} = 0}$$
$$= -\frac{2\mu\lambda_I C}{(\mu - \lambda_B + \lambda_I)^3 (\mu - \lambda_B)^2} \left(\mu - \lambda_B + 2\lambda_I + \frac{\lambda_I^2}{\mu - \lambda_B} \right) < 0.$$

因此, 对于任意给定的 λ_I, $SW(\lambda_B, \lambda_I)$ 关于 λ_B 是拟凹的. □

定理 6.3.8 (1) 社会最优到达率为 $\lambda_B^* = \min\left\{ \left(\mu - \dfrac{C + \sqrt{C^2 + R\Lambda C}}{R} \right)^+, \Lambda \right\}$, 其中 $x^+ = \max\{x, 0\}$, 并且 $\lambda_I^* = \Lambda$.

(2) 存在阈值 $\tilde{N}$ 使得, 如果 $N \leqslant \tilde{N}$, 则 $\lambda_B^* \leqslant \lambda_B^e$; 如果 $N \geqslant \tilde{N}$, 则 $\lambda_B^* \geqslant \lambda_B^e$.

(3) $\lambda_I^* \geqslant \lambda_I^e$.

证明 (1) 由引理 6.3.4 的第 (2) 部分知, 对于任意给定的 $\lambda_I > 0$, 最优的到达率 $\lambda_B^*(\lambda_I)$ 是方程 $\partial SW(\lambda_B, \lambda_I)/\partial \lambda_B = 0$ 的唯一解, 即 $\lambda_B^*(\lambda_I)$ 是 (6.3.21) 的唯一解, 其表达式为

$$\lambda_B^*(\lambda_I) = \mu - \frac{C + \sqrt{C^2 + R\lambda_I C}}{R}.$$

容易验证 $\lambda_B^*(\lambda_I)$ 满足

$$\nu = \frac{1 + \sqrt{1 + \lambda_I/C}}{1 - \lambda_B^*(\lambda_I)/\mu} > \frac{1}{1 - \lambda_B^*(\lambda_I)/\mu}.$$

由引理 6.3.4 的第 (1) 部分知, $SW(\lambda_B^*(\lambda_I), \lambda_I)$ 关于 λ_I 是单调递增的. 因此, $\lambda_I^* = \Lambda$ 且 $\lambda_B^* = \min\left\{ \left(\mu - \dfrac{C + \sqrt{C^2 + R\Lambda C}}{R} \right)^+, \Lambda \right\}$, 其中 $x^+ = \max\{x, 0\}$.

(2) 记 $\tilde{\lambda}_B = \mu - \dfrac{C + \sqrt{C^2 + R\Lambda C}}{R}$. 则对 ν 求一阶导有

$$\frac{\partial \tilde{\lambda}_B}{\partial \nu} = \mu \left(\frac{1}{\nu^2} + \frac{2\nu^{-3} + \rho\nu^{-2}}{\sqrt{\dfrac{1}{\nu^2} + \dfrac{\rho}{\nu}}} \right) > 0.$$

所以, $\tilde{\lambda}_B$ 关于 ν 单调递增. 下面讨论 $\rho < 1$ 的情形, $\rho \geqslant 1$ 情形下的结论可类似得到. 当 $\rho < 1$ 时, 求解 $\tilde{\lambda}_B = 0$ 和 $\tilde{\lambda}_B = \Lambda$ 分别得到 $\nu = \rho + 2$ 和 $\nu = \dfrac{2 - \rho}{(1 - \rho)^2}$. 因此, 社会最优到达率 λ_B^* 为

$$\lambda_B^* = \begin{cases} 0, & \nu \leqslant \rho + 2, \\ \mu\left[1 - \dfrac{1}{\nu} - \sqrt{\dfrac{1}{\nu^2} + \dfrac{\rho}{\nu}}\right], & \rho + 2 < \nu < \dfrac{2 - \rho}{(1 - \rho)^2}, \\ \Lambda, & \nu \geqslant \dfrac{2 - \rho}{(1 - \rho)^2}. \end{cases} \tag{6.3.22}$$

注意到均衡的到达率 λ_B^e 为

$$\lambda_B^e = \begin{cases} \Lambda, & N \leqslant 2\nu - 1 - \dfrac{2}{1 - \rho}, \\ \mu\left[1 + \dfrac{2}{N - (2\nu - 1)}\right], & 2\nu - 1 - \dfrac{2}{1 - \rho} < N < 2\nu - 3, \\ 0, & N \geqslant 2\nu - 3. \end{cases} \tag{6.3.23}$$

通过比较 (6.3.22) 和 (6.3.23), 可以得到第 (2) 部分结论.

(3) 显然, $\lambda_I^* \geqslant \lambda_I^e$. □

6.3.5　完全不可见情形的进队策略分析

在完全不可见情形下, 考虑顾客的对称均衡策略. 对于纯策略, 或者所有顾客进队或者所有顾客止步. 对于混合策略, 顾客到达后以概率 α 进队, 则顾客的有效到达率为 $\lambda = \Lambda\alpha$. 显然, "所有的顾客选择止步" 是一个均衡策略, 即 $\lambda = 0$. 下面讨论均衡到达率为正的情况.

1. 纳什均衡策略

系统的稳定性条件为 $\lambda < \mu$. 在几乎不可见情形中令 $\lambda_B = \lambda_I = \lambda$, 则由全期望公式可以得到完全不可见情形中顾客的平均逗留时间为

$$W(\lambda) = P(-|B)W_B + P(-|I)W_I = \frac{1}{\mu - \lambda} + \frac{N - 1}{2\lambda}. \tag{6.3.24}$$

易知函数 $W(\lambda)$ 是关于 λ 的严格下凸函数. 当 $\tilde{\lambda} = \dfrac{\mu\sqrt{\dfrac{N-1}{2}}}{1+\sqrt{\dfrac{N-1}{2}}}$ 时, $W(\lambda)$ 取得最

小值

$$W(\tilde{\lambda}) = \frac{1}{\mu}\left(1+\sqrt{\frac{N-1}{2}}\right)^2. \tag{6.3.25}$$

由 (6.3.24), 如果 $\Lambda < \mu$, 而且 $R \geqslant C\left(\dfrac{1}{\mu-\Lambda}+\dfrac{N-1}{2\Lambda}\right)$ 或者等价地, $\nu \geqslant \dfrac{1}{\rho}+\dfrac{N-1}{2\rho}$, 则 Λ 是均衡的到达率. 否则, 方程

$$R = C\left(\frac{1}{\mu-\lambda}+\frac{N-1}{2\lambda}\right) \tag{6.3.26}$$

的解 $0 < \lambda < \Lambda$ 是均衡的到达率.

方程 (6.3.26) 或者没有, 或者有 1 个, 或者有 2 个根. 如果有 2 个根 λ_1 和 λ_2, 则满足 $0 \leqslant \lambda_1 \leqslant \tilde{\lambda} \leqslant \lambda_2$, 并且表达式为

$$\lambda_{1,2} = \frac{R\mu - \dfrac{(3-N)C}{2} \mp \sqrt{R^2\mu^2 + \dfrac{(3-N)^2C^2}{4}-(N+1)\mu CR}}{2R}. \tag{6.3.27}$$

由 (6.3.25), 条件 $R > (=,<)CW(\tilde{\lambda})$ 等价于 $\nu > (=,<)\left(1+\sqrt{\dfrac{N-1}{2}}\right)^2$. 由此可得以下定理.

定理 6.3.9 (1) 如果 $\nu < \left(1+\sqrt{\dfrac{N-1}{2}}\right)^2$, 则不存在正的均衡到达率;

(2) 如果 $\nu = \left(1+\sqrt{\dfrac{N-1}{2}}\right)^2$, 当且仅当 $\tilde{\lambda} \leqslant \Lambda$ 时, 存在一个正的均衡到达率 $\lambda_e = \tilde{\lambda}$;

(3) 如果 $\nu > \left(1+\sqrt{\dfrac{N-1}{2}}\right)^2$, λ_1, λ_2 和 Λ 都可能是均衡的到达率. 具体地, 如果 $\lambda_2 \leqslant \Lambda$, 则存在两个正的均衡到达率 $\lambda_e = (\lambda_1,\lambda_2)$; 如果 $\lambda_1 < \Lambda < \lambda_2$, 则存在两个正的均衡到达率 $\lambda_e = (\lambda_1,\Lambda)$(如果 $\lambda_1 = \Lambda$, 则退化成一个); 如果 $\Lambda < \lambda_1$, 则不存在正的均衡到达率.

对于定理 6.3.9 的第 (3) 部分中的均衡到达率, λ_2 和 Λ 是稳定的, λ_1 不是稳定的. 显然, "所有的顾客止步" 也是稳定的均衡策略.

2. 社会最优策略

假设 N 是固定的, 系统管理者通过设置到达率 λ 使得社会收益 $SW(\lambda)$ 最大,

其中

$$SW(\lambda) = \lambda\Big[R - C\Big(\frac{1}{\mu - \lambda} + \frac{N-1}{2\lambda}\Big)\Big]. \tag{6.3.28}$$

容易验证, 社会收益函数是上凸的, 方程

$$SW'(\lambda) = R - \frac{\mu C}{(\mu - \lambda)^2} = 0 \tag{6.3.29}$$

有唯一解

$$\bar{\lambda} = \mu - \sqrt{\frac{\mu C}{R}}. \tag{6.3.30}$$

注意到 $\bar{\lambda}$ 与 N 是独立的. 下面给出 $\bar{\lambda}$ 的界.

定理 6.3.10　如果 $R > CW(\tilde{\lambda})$, 则 $\tilde{\lambda} < \bar{\lambda} < \lambda_2$.

证明　由

$$SW'(\tilde{\lambda}) = R - CW(\tilde{\lambda}) - \tilde{\lambda}CW'(\tilde{\lambda}) = R - CW(\tilde{\lambda}) > 0$$

和

$$SW'(\lambda_2) = R - CW(\lambda_2) - \lambda_2 CW'(\lambda_2) = -\lambda_2 CW'(\lambda_2) < 0$$

知 $\tilde{\lambda} < \bar{\lambda} < \lambda_2$. 　　　　　　　　　　　　　　　　　　　　　　□

在 $\bar{\lambda}$ 处的社会收益是

$$\begin{aligned}
SW(\bar{\lambda}) &= \mu R - \sqrt{\mu CR} + C\Big(1 - \sqrt{\frac{\mu R}{C}}\Big) - C\frac{N-1}{2} \\
&= C\Big(\frac{\mu R}{C} - 2\sqrt{\frac{\mu R}{C}} - \frac{N-3}{2}\Big).
\end{aligned} \tag{6.3.31}$$

显然, $SW(\bar{\lambda})$ 关于 N 是单调递减的. 所以即使最优解 $\bar{\lambda}$ 与 N 无关, 最大的社会收益与 N 有关.

定理 6.3.11　(1) 如果 $\nu < \Big(1 + \sqrt{\dfrac{N-1}{2}}\Big)^2$, 则存在唯一的最优到达率 $\lambda^* = 0$;

(2) 如果 $\nu = \Big(1 + \sqrt{\dfrac{N-1}{2}}\Big)^2$, 则存在两个最优到达率 $\lambda^* = \{0, \tilde{\lambda}\}$;

(3) 如果 $\nu > \Big(1 + \sqrt{\dfrac{N-1}{2}}\Big)^2$, 则存在唯一的最优到达率 $\lambda^* = \min\{\bar{\lambda}, \Lambda\}$.

证明　(1) 如果 $\nu < \Big(1 + \sqrt{\dfrac{N-1}{2}}\Big)^2$, 则顾客的收益永远为负, 所以最优的到达率为 $\lambda^* = 0$.

(2) 如果 $\nu = \left(1 + \sqrt{\dfrac{N-1}{2}}\right)^2$，则顾客不会获得正的收益，所以最优的到达率为 0 或 $\tilde{\lambda}$.

(3) 如果 $\nu > \left(1 + \sqrt{\dfrac{N-1}{2}}\right)^2$，则结论显然. $\qquad\square$

3. 最优 N 策略

如完全可见情形中的假设，当服务台忙碌时，单位时间的运作费用是 c_b，则单位时间的平均运作费用是 $\theta(N) = c_b P_B$，其中 P_B 表示服务台忙碌的概率. 下面通过调节 N，来最大化社会收益 $SW(N) - \theta(N)$.

定理 6.3.9 有三种情形. 在第一种情形下，$\lambda_e = 0$. 在第二种情形下，假设 ν 和 N 满足特定的关系，这种关系一般情况下达不到. 在第三种情形下，$\nu > \left(1 + \sqrt{\dfrac{N-1}{2}}\right)^2$ 或者等价地，$N \leqslant \bar{N}$，其中，$\bar{N} = \lfloor 2(\sqrt{\nu} - 1)^2 \rfloor + 1$. 在这种情形下，有三个均衡解. 其中，$0$ 不用讨论，而 λ_1 是不稳定的. 当给一个小的扰动时，会到达稳定的均衡 $\min(\lambda_2, \Lambda)$. 下面在第三种均衡下求最优的 N. 此时，最优问题变成

$$\max_N \lambda_e\left[R - C\left(\frac{1}{\mu - \lambda_e} + \frac{N-1}{2\lambda_e}\right)\right] - \theta(N), \qquad (6.3.32)$$

其中，$\lambda_e = \min(\lambda_2, \Lambda)$，$\lambda_2$ 如 (6.3.27) 所示. 在到达率是 λ_e 的 N 策略休假的 $M/M/1$ 排队系统中，服务台忙的概率是 $P_B = \dfrac{\lambda_e}{\mu}$，与 N 无关. 因此 $\theta(N) = c_b \dfrac{\lambda_e}{\mu}$.

定理 6.3.12 如果 $\rho \leqslant 1 - \dfrac{1}{\sqrt{\nu}}$，则 $N^* = 1$；如果 $\rho \geqslant 1 - \dfrac{1}{\sqrt{\nu}}$，则 $N^* = \bar{N}$.

证明 注意到条件 $\rho \leqslant 1 - \dfrac{1}{\sqrt{\nu}}$ 等价于 $\Lambda < \tilde{\lambda}(\bar{N})$. 因为假设 $N \leqslant \bar{N}$ 并且 $\lambda_2(N)$ 关于 N 单调递减，所以在该条件下有 $\Lambda < \tilde{\lambda}(\bar{N}) \leqslant \lambda_2(\bar{N}) \leqslant \lambda_2(N)$，则 $\lambda_e(N) = \min\{\lambda_2(N), \Lambda\} = \Lambda$. 因此，服务台忙的概率为 ρ，与 N 无关；$\theta(N)$ 是一个常数，也与 N 无关. 则由 (6.3.32) 知，最优的 N 为 $N^* = 1$.

当 $N = 1$ 时，$\dfrac{\lambda_2}{\mu} = 1 - \dfrac{1}{\nu}$. 所以 $\rho \geqslant 1 - \dfrac{1}{\sqrt{\nu}}$ 表明 $\lambda_e = \lambda_2 \leqslant \Lambda$. 在这种情形下，所有顾客的收益是 0. 所以最大化 (6.3.32) 就是最小化 $\theta(N)$，则 $N^* = \bar{N}$. $\qquad\square$

6.4 多重休假的 $M/G/1$ 排队系统

6.4.1 模型描述

考虑一个具有无限容量的 $M/G/1$ 排队系统. 顾客到达服从参数为 λ 的泊松流. 服务台有两种状态：0(工作) 或 1(休假). 服务台只有在工作状态下才能给顾客

提供服务, 而在休假状态下不能提供服务. 服务时间相互独立且服从一般分布, 其分布函数为 $B(x)$, 一阶矩和二阶矩分别为 $E(B) < \infty$, $E(B^2) < \infty$. 记稳态下的剩余服务时间为 R_B. 一旦系统中的顾客数为空, 则服务台进入多重休假. 休假时间相互独立且服从一般分布, 其分布函数为 $V(x)$, 一阶矩和二阶矩分别为 $E(V) < \infty$, $E(V^2) < \infty$. 记稳态下的剩余休假时间为 R_V.

在服务完成后, 每个顾客获得的服务回报是 K. 同时每逗留单位时间 (包括在服务区域和等待区域的逗留时间) 的花费是 C. 顾客都是风险中立的并且希望最大化自己的收益. 在到达系统的时刻, 他们需要估算自己的平均逗留费用, 然后做出是否进队的决定. 一旦顾客做出了选择将不能再反悔, 即, 既不能在排队中途退出也不能在止步后重新到达. 在考虑几乎不可见和完全不可见情形之前, 假设

$$K > C(E[R_V] + E[B]). \tag{6.4.1}$$

当一个到达顾客发现服务台正在休假, 如果他进队则至少要等待剩余的休假时间加上他自己的服务时间. 所以如果条件 (6.4.1) 不满足, 则当服务台休假时, 不会有顾客进队, 则系统一直为空.

6.4.2　完全不可见情形的进队策略分析

在完全不可见情形下, 假设所有到达的顾客都以概率 q 进队, 则实际的到达率为 λq. 由 Fuhrmann 和 Cooper (1985) 中的结论知, 系统的稳定性条件为 $\lambda q E[B] < 1$, 顾客的平均逗留时间为

$$E[S] = E[R_V] + E[B] + \frac{\lambda q E[B]}{1 - \lambda q E[B]} E[R_B]. \tag{6.4.2}$$

1. 纳什均衡策略

标记一个新到达的顾客, 如果进队则他的平均收益为

$$U_e(q) = K - C\Big(E[R_V] + E[B] + \frac{\lambda q E[B]}{1 - \lambda q E[B]} E[R_B]\Big). \tag{6.4.3}$$

易知 $U_e(q)$ 关于 q 是单调递增的, 并且有唯一的根

$$q_e^* = \frac{1}{\lambda E[B]} \left(1 - \frac{E[R_B]}{\dfrac{K}{C} - E[R_V] - E[B] + E[R_B]} \right). \tag{6.4.4}$$

定理 6.4.1　在完全不可见情形下, 唯一的纳什均衡进队概率 q_e 为

$$q_e = \min\{q_e^*, 1\}, \tag{6.4.5}$$

其中, q_e^* 如 (6.4.4) 所示.

证明 由 $U_e(q)$ 的单调性知对所有的 $q < q_e^*$, 有 $U_e(q) > 0$; 对所有的 $q > q_e^*$, 有 $U_e(q) < 0$. 如果 $q_e^* < 1$, 则标记顾客的最优策略是 q_e^*, 所以这是唯一的纳什均衡策略. 如果 $q_e^* \geqslant 1$, 则对所有的 $q \in [0,1]$, 以概率 1 进队是弱占优策略, 也是唯一的纳什均衡策略. □

可以验证这是 ATC 情形, 并且纳什均衡策略 q_e 是 ESS.

2. 社会最优策略

由 Little 公式可以得到单位时间的社会收益

$$U_s(q) = \lambda q K - C E[L]$$
$$= \lambda q \Big(K - C \Big(E[R_V] + E[B] + \frac{\lambda q E[B]}{1 - \lambda q E[B]} E[R_B] \Big) \Big). \tag{6.4.6}$$

定理 6.4.2 在完全不可见情形下, 唯一的社会最优进队概率 q_s 为

$$q_s = \min\{q_s^*, 1\}, \tag{6.4.7}$$

其中, q_s^* 为

$$q_s^* = \frac{1}{\lambda E[B]} \left(1 - \sqrt{\frac{E[R_B]}{\dfrac{K}{C} - E[R_V] - E[B] + E[R_B]}} \right). \tag{6.4.8}$$

证明 容易验证, 如 (6.4.8) 所示的 q_s^* 是方程 $U_s'(q) = 0$ 的解. 由于 $\lambda q E[B] < 1$, 对于任意的 $q \in [0, 1/(\lambda E[B]))$ 有 $U_s''(q) < 0$, 则 $U_s(q)$ 在该区间上是严格上凸的并且有唯一的最大值点 q_s^*. 如果 $q_s^* < 1$, 则 $U_s(q)$ 在 $q = q_s^*$ 处取得最大值; 否则在 $q = 1$ 处取得最大值. □

由定理 6.4.1 和定理 6.4.2, 通过比较可得 $q_s \leqslant q_e$.

6.4.3 几乎不可见情形的进队策略分析

假设顾客到达只能观察到服务台的状态, 则到达的顾客有四种纯策略: 永不进队 $(0,0)$, 仅当服务台休假时止步 $(0,1)$, 仅当服务台工作时止步 $(1,0)$, 永不止步 $(1,1)$. 顾客的混合进队策略可用 (q_0, q_1) 来表示, 其中 q_i 表示当服务台的状态为 i 时顾客的进队概率.

当所有顾客都采用混合策略 (q_0, q_1) 时, 系统的稳定性条件是

$$\lambda q_1 E[B] < 1. \tag{6.4.9}$$

分别记 L 为系统中的顾客数, I 为服务台的状态 (1: 工作, 0: 休假), S 为进队顾客的逗留时间. 用 p_i 表示稳态下服务台状态为 i 的概率. 分别记 L_i 为给定服务台状

态为 i 时系统中顾客数, S_i 为到达顾客发现服务台状态为 i 并进队后的逗留时间. 用 $\bar{\lambda}$ 表示有效到达率, 其表达式为

$$\bar{\lambda} = \lambda(q_0 p_0 + q_1 p_1). \tag{6.4.10}$$

由 Little 公式有

$$p_1 = \bar{\lambda} E[B], \tag{6.4.11}$$

$$E[L] = \bar{\lambda} E[S], \tag{6.4.12}$$

其中 $E[L] = p_0 E[L_0] + p_1 E[L_1]$. 求解 (6.4.10) 和 (6.4.11) 并结合 $p_0 + p_1 = 1$ 可得

$$p_0 = \frac{1 - \lambda q_1 E[B]}{1 - \lambda(q_1 - q_0)E[B]}, \tag{6.4.13}$$

$$p_1 = \frac{\lambda q_0 E[B]}{1 - \lambda(q_1 - q_0)E[B]}, \tag{6.4.14}$$

$$\bar{\lambda} = \frac{\lambda q_0}{1 - \lambda(q_1 - q_0)E[B]}, \tag{6.4.15}$$

由 (6.4.10)—(6.4.15) 可得

$$E[S] = (1 - \lambda q_1 E[B])E[S_0] + \lambda q_1 E[B]E[S_1]. \tag{6.4.16}$$

由 PASTA 性质有

$$E[S_0] = E[R_V] + (E[L_0] + 1)E[B], \tag{6.4.17}$$

$$E[S_1] = E[R_B] + E[L_1]E[B]. \tag{6.4.18}$$

当服务台在任意时刻休假时, 队长以 λq_0 的速率在对应的休假时间里增加. 由 PASTA 性质有

$$E[L_0] = \lambda q_0 E[R_V]. \tag{6.4.19}$$

求解 (6.4.12) 和 (6.4.16)—(6.4.19) 可以得到以下引理, 其中 (6.4.19) 和 (6.4.20) 可由 (6.4.32) 得到.

　　引理 6.4.1　在几乎不可见情形下, 假设系统稳定并且所有顾客都采用 (q_0, q_1) 混合策略, 则顾客进队后的条件平均逗留时间为

$$E[S_0] = E[R_V] + (\lambda q_0 E[R_V] + 1)E[B], \tag{6.4.20}$$

$$E[S_1] = (\lambda q_0 E[R_V] + 1)E[B] + \frac{E[R_B]}{1 - \lambda q_1 E[B]}, \tag{6.4.21}$$

而且, 平均队长为

$$E[L] = \lambda q_0 \left(E[R_V] + \left(\frac{\lambda q_1 E[R_B]}{1 - \lambda q_1 E[B]} + 1 \right) \frac{E[B]}{1 - \lambda(q_1 - q_0)E[B]} \right). \tag{6.4.22}$$

1. 纳什均衡策略

标记一个到达的顾客, 如果他发现服务台正在休假并且进队, 则他的平均收益与 q_1 无关, 其表达式为

$$U_e(0; q_0) = K - CE[S_0] = K - C(E[R_V] + (\lambda q_0 E[R_V] + 1)E[B]). \quad (6.4.23)$$

如果他发现服务台正在工作并且进队, 则对于任意的 $q_1 \in \left[0, \dfrac{1}{\lambda E[B]}\right)$ 他的平均收益为

$$\begin{aligned}
U_e(1; q_0, q_1) &= K - CE[S_1] \\
&= K - C\left((\lambda q_0 E[R_V] + 1)E[B] + \frac{E[R_B]}{1 - \lambda q_1 E[B]}\right), \quad (6.4.24)
\end{aligned}$$

否则, $U_e(1; q_0, q_1) = -\infty$.

定理 6.4.3 在几乎不可见情形中, 假设条件 (6.4.1) 满足, 则存在唯一的纳什均衡混合策略 $(q_e(0), q_e(1))$

$$q_e(0) = \min\{q_e^*(0), 1\}, \quad (6.4.25)$$

$$q_e(1) = \max\{\min\{q_e^*(1), 1\}, 0\}, \quad (6.4.26)$$

其中

$$q_e^*(0) = \frac{1}{\lambda E[R_V] E[B]} \left(\frac{K}{C} - E[R_V] - E[B]\right), \quad (6.4.27)$$

$$q_e^*(1) = \frac{1}{\lambda E[B]} \left(1 - \frac{E[R_B]}{\max\{E[R_V], \frac{K}{C} - (\lambda E[R_V] + 1)E[B]\}}\right). \quad (6.4.28)$$

证明 易知 $U_e(0; q_0)$ 关于 q_0 严格单调递减, 方程 $U_e(0; q_0) = 0$ 的唯一解如 (6.4.27) 所示. 条件 (6.4.1) 保证了 $q_e^*(0) > 0$. 由 $U_e(0; q_0)$ 的单调性知, 如果 $q_e^*(0) < 1$, 则 $q_e^*(0)$ 是对于自身最优的策略, 即当顾客到达发现服务台休假, $q_e^*(0)$ 是唯一的均衡进队概率. 如果 $q_e^*(0) \geqslant 1$, 则对于任意的 $q_0 \in [0, 1]$, $U_e(0; q_0) \geqslant 0$, 所以唯一的均衡进队概率是 1. 总结起来, 当顾客到达发现服务台休假, 他们会以如 (6.4.25) 所示的均衡策略 $q_e(0)$ 进队.

在确定了 $q_e(0)$ 后, 下面确定 $q_e(1)$. 由稳定性条件 (6.4.9), 均衡的 $q_e(1)$ 需要满足 $0 \leqslant q_e(1) < \dfrac{1}{\lambda E[B]}$. 将如 (6.4.25) 所示的 $q_e(0)$ 代入 (6.4.24) 后得到的函数记为 $\bar{U}_e(1; q_1)$. 当服务台正忙, 对于均衡的 $q_e(0)$, 标记一个新到达的顾客. 如果 $\bar{U}_e(1; q_1) > 0$, 则他会选择进队; 如果 $\bar{U}_e(1; q_1) < 0$, 则他会选择止步; 如果 $\bar{U}_e(1; q_1) = 0$, 则他可选择进队也可选择止步.

当 $E[R_V] + E[B] < \dfrac{K}{C} < E[R_V] + (\lambda E[R_V] + 1)E[B]$, $q_e(0) = q_e^*(0)$, 将其代入 (6.4.24) 可得

$$\bar{U}_e(1; q_1) = C\Big(E[R_V] - \frac{E[R_B]}{1 - \lambda q_1 E[B]}\Big).$$

当 $q_0 = q_e^*(0)$ 时, $U_e(0; q_0) = 0$. 结合 (6.4.23) 知 $\bar{U}_e(1; q_1) = 0$ 有唯一解

$$\hat{q}_e^*(1) = \frac{1}{\lambda E[B]}\Big(1 - \frac{E[R_B]}{E[R_V]}\Big). \tag{6.4.29}$$

当 $E[R_V] + (\lambda E[R_V] + 1)E[B] \leqslant \dfrac{K}{C}$, $q_e(0) = 1$, 将其代入 (6.4.24) 可得

$$\bar{U}_e(1; q_1) = C\Big((\lambda E[R_v] + 1)E[R_B] + \frac{E[R_B]}{1 - \lambda q_1 E[B]}\Big).$$

方程 $\bar{U}_e(1; q_1) = 0$ 的唯一解为

$$\hat{q}_e^*(1) = \frac{1}{\lambda E[B]}\left(1 - \frac{E[R_B]}{\dfrac{K}{C} - (\lambda E[R_V] + 1)E[B]}\right). \tag{6.4.30}$$

由 (6.4.29) 和 (6.4.30) 知 $\bar{U}_e(1; q_1)$ 关于 q_1 严格单调递减, 如 (6.4.28) 所示的 $q_e^*(1)$ 是唯一解. 标记一个新到达发现服务台正忙的顾客, 讨论以下三种情形:

(1) 如果 $q_e^*(1) \leqslant 0$, 则对于所有的 $q_1 \in [0,1]$, $\bar{U}_e(1; q_1) \leqslant 0$. 所以标记顾客会选择止步.

(2) 如果 $q_e^*(1) \in (0,1)$, 则 $q_e^*(1)$ 是对于自身最优的策略, 所以这是唯一的均衡进队概率.

(3) 如果 $q_e^*(1) \geqslant 1$, 则对于所有的 $q_1 \in [0,1]$, $\bar{U}_e(1; q_1) \geqslant 0$. 所以标记顾客会选择进队.

合并情形 (1)—(3) 可得到 (6.4.26), 并且这是 ATC 情形, 存在唯一的纳什均衡混合策略 $(q_e(0), q_e(1))$. □

2. 社会最优策略

对任意的混合策略 $(q_0, q_1) \in \Re = (0,1] \times [0,1]$, 单位时间的社会收益为 $U_s(q_0, q_1) = \bar{\lambda} K - CE[L]$. 下面的讨论分析基于假设 $\lambda E[B] < 1$, 对于 $\lambda E[B] \geqslant 1$ 情形下的结论可类似得到. 由 (6.4.15) 和 (6.4.22) 有

$$U_s(q_0, q_1) = \frac{\lambda q_0 C}{1 - \lambda(q_1 - q_0)E[B]}\Big(\frac{K}{C} - \Big(\frac{\lambda q_1 E[R_B]}{1 - \lambda q_1 E[B]} + 1\Big)E[B]\Big) - \lambda q_0 CE[R_V]. \tag{6.4.31}$$

将 $\Re$ 分为四个区域: $\Re_1 = (0,1) \times (0,1)$, $\Re_2 = \{1\} \times [0,1]$, $\Re_3 = (0,1] \times \{0\}$, $\Re_4 = (0,1] \times \{1\}$. 接下来讨论在每个区域上社会收益的极值点, 则社会最优策略 $(q_s(0), q_s(1))$ 是这些极值点中的最优点.

对于区域 $\Re_1$, (6.4.31) 的一阶导最优条件为

$$E[R_V] = \frac{1 - \lambda q_1 E[B]}{(1 - \lambda(q_1 - q_0)E[B])^2}\Big(\frac{K}{C} - \Big(\frac{\lambda q_1 E[R_B]}{1 - \lambda q_1 E[B]} + 1\Big)E[B]\Big),$$
(6.4.32)

$$\frac{E[R_B]}{(1 - \lambda q_1 E[B])^2} = \frac{1}{1 - \lambda(q_1 - q_0)E[B]}\Big(\frac{K}{C} - \Big(\frac{\lambda q_1 E[R_B]}{1 - \lambda q_1 E[B]} + 1\Big)E[B]\Big),$$
(6.4.33)

由此可得

$$(1 - \lambda(q_1 - q_0)E[B])E[R_V] = \frac{E[R_B]}{1 - \lambda q_1 E[B]}.$$
(6.4.34)

将 (6.4.34) 代入 (6.4.32) 和 (6.4.33) 有

$$\frac{1}{\lambda E[B]}\Big(\frac{E[R_B]}{(1 - \lambda q_1 E[B])E[R_V]} - (1 - \lambda q_1 E[B])\Big) = q_0,$$
(6.4.35)

$$\frac{E[R_V](1 - \lambda q_1 E[B])^3}{(E[R_B])^2}\Big(\frac{K}{C} - \Big(\frac{\lambda q_1 E[R_B]}{1 - \lambda q_1 E[B]} + 1\Big)E[B]\Big) = 1,$$
(6.4.36)

这是策略 $(q_0, q_1) \in \Re_1$ 为社会最优的必要条件. 记 $y = 1 - \lambda q_1 E[B]$, 由 (6.4.35) 知 $0 < q_0 < 1$ 可写成

$$y < \frac{E[R_B]}{y E[R_V]} < y + \lambda E[B].$$
(6.4.37)

(6.4.36) 可写成

$$P_1(y) = \Big(1 + \frac{1}{E[R_B]}\Big(\frac{K}{C} - E[B]\Big)\Big)y^3 - y^2 - \frac{E[R_B]}{E[R_V]}.$$
(6.4.38)

(6.4.37) 还可写成

$$1 - \lambda E[B] < y < \min\Big\{1, \sqrt{\frac{E[R_B]}{E[R_V]}}\Big\} \text{且} y^2 + \lambda E[B]y - \frac{E[R_B]}{E[R_V]} > 0. \quad (6.4.39)$$

为了求得 $P_1(y) = 0$ 在 $y \in (1 - \lambda E[B], 1)$ 内的根, 需要考虑 y 的取值范围, 下面分几种情形讨论.

情形 1: 当 $(1-\lambda E[B])^2 < \dfrac{E[R_B]}{E[R_V]} < 1-\lambda E[B]$ 时, $y \in (1-\lambda E[B], \sqrt{E[R_B]/E[R_V]})$ $\subset (0,1)$, 则在 $q_1 \in (0,1)$ 内 (6.4.36) 存在唯一的解并满足

$$\frac{1}{\lambda E[B]}\left(1 - \sqrt{\frac{E[R_B]}{E[R_V]}}\right) < q_1 < 1.$$

情形 2: 当 $1 - \lambda E[B] \leqslant \dfrac{E[R_B]}{E[R_V]} < 1$ 时, $y \in (y_1, \sqrt{E[R_B]/E[R_V]}) \subset (0,1)$, 其中

$$y_1 = \frac{-\lambda E[B]}{2} + \sqrt{\left(\frac{\lambda E[B]}{2}\right)^2 + \frac{E[R_B]}{E[R_V]}}, \qquad (6.4.40)$$

且为方程 $y^2 + \lambda E[B]y - E[R_B]/E[R_V] = 0$ 的正根, 则在 $q_1 \in (0,1)$ 内 (6.4.36) 存在唯一的解并满足

$$\frac{1}{\lambda E[B]}\left(1 - \sqrt{\frac{E[R_B]}{E[R_V]}}\right) < q_1 < \frac{1}{\lambda E[B]}(1 - y_1).$$

情形 3: 当 $1 \leqslant \dfrac{E[R_B]}{E[R_V]} < 1 + \lambda E[B]$ 时, $y \in (y_1, 1) \subset (0,1)$, 其中 y_1 如 (6.4.40) 所示, 则在 $q_1 \in (0,1)$ 内 (6.4.36) 存在唯一的解并满足

$$0 < q_1 < \frac{1}{\lambda E[B]}(1 - y_1).$$

除此之外, 当 $E[R_B]/E[R_V] \leqslant (1 - \lambda E[B])^2$ 或 $(1 - \lambda E[B] \leqslant E[R_B]/E[R_V]$ 时, 在 $(q_0, q_1) \in \Re_1$ 内不存在满足 (6.4.35) 和 (6.4.36) 的策略. 当且仅当 $1 + \dfrac{1}{E[R_B]}\Big(\dfrac{K}{C} - E[B]\Big)$ 为正时, 如 (6.4.38) 所示的 $P_1(y) = 0$ 有唯一的正根; 否则, 该方程没有正根. 注意到在条件 (6.4.1) 下,

$$E[B] - E[R_B] < \frac{K}{C}. \qquad (6.4.41)$$

定理 6.4.4 假设条件 (6.4.1) 满足, 则有以下结论.
(1) 在情形 1 下, 当且仅当

$$E[B] - E[R_B] + 2\sqrt{E[R_B]E[R_V]}$$
$$< \frac{K}{C} < E[B] - E[R_B] + \frac{E[R_B]}{(1 - \lambda E[B])^3} \times \left(\frac{E[R_B]}{E[R_V]} + (1 - \lambda E[B])^2\right) \qquad (6.4.42)$$

时, $U_s(q_0, q_1)$ 在 $\Re_1$ 内存在唯一的极值点 $(q_s^*(0), q_s^*(1))$.

(2) 在情形 2 下, 当且仅当

$$E[B] - E[R_B] + 2\sqrt{E[R_B]E[R_V]}$$
$$< \frac{K}{C} < E[B] - E[R_B] + \frac{E[R_B]}{y_1^3}\left(\frac{E[R_B]}{E[R_V]} + y_1^2\right) \tag{6.4.43}$$

时, $U_s(q_0, q_1)$ 在 $\Re_1$ 内存在唯一的极值点 $(q_s^*(0), q_s^*(1))$.

(3) 在情形 3 下, 当且仅当

$$E[B] + \frac{(E[R_B])^2}{E[R_V]} < \frac{K}{C} < E[B] - E[R_B] + \frac{E[R_B]}{y_1^3}\left(\frac{E[R_B]}{E[R_V]} + y_1^2\right) \tag{6.4.44}$$

时, $U_s(q_0, q_1)$ 在 $\Re_1$ 内存在唯一的极值点 $(q_s^*(0), q_s^*(1))$.

证明   在情形 1 下, 由于 $P_1(0) < 0$, 当且仅当 $P_1(\sqrt{E[R_B]/E[R_V]}) > 0$ 且 $P_1(1 - \lambda E[B]) < 0$ 时, $P_1(y) = 0$ 在 $y \in (1 - \lambda E[B], \sqrt{E[R_B]/E[R_V]})$ 内有唯一解, 则有

$$P_1(1 - \lambda E[B]) < 0 \text{ 当且仅当 } \frac{K}{C} < E[B] - E[R_B] + \frac{E[R_B]}{(1 - \lambda E[B])^3}$$
$$\times\left(\frac{E[R_B]}{E[R_V]} + (1 - \lambda E[B])^2\right),$$
$$P_1\left(\sqrt{\frac{E[R_B]}{E[R_V]}}\right) > 0 \text{ 当且仅当 } E[B] - E[R_B] + 2\sqrt{E[R_B]E[R_V]} < \frac{K}{C}. \tag{6.4.45}$$

类似地, 在情形 2 下,

$$P_1(y_1) < 0 \text{ 当且仅当 } \frac{K}{C} < E[B] - E[R_B] + \frac{E[R_B]}{y_1^3}\left(\frac{E[R_B]}{E[R_V]} + y_1^2\right). \tag{6.4.46}$$

由 (6.4.45) 和 (6.4.46) 可得 (6.4.43).

在情形 3 下,

$$P_1(1) > 0 \text{ 当且仅当 } E[B] + \frac{(E[R_B])^2}{E[R_V]} < \frac{K}{C}.$$

则 $P_1(y) = 0$ 在 $y \in (y_1, 1)$ 内存在唯一的极值点.   □

综上所述, 在 $\Re_1$ 上存在唯一的社会最优策略 $(q_s^*(0), q_s^*(1))$, 其中 $q_s^*(0)$ 如 (6.4.35) 所示, $q_s^*(1)$ 满足 $y^* = 1 - \lambda q_s^*(1)E[B]$, 其中 y^* 为 $P_1(y) = 0$ 在情形 1 中 $y \in (1 - \lambda E[B], \sqrt{E[R_B]/E[R_V]})$ 内的唯一解, 或在情形 2 中 $y \in (y_1, \sqrt{E[R_B]/E[R_V]})$ 内的唯一解, 或在情形 3 中 $y \in (y_1, 1)$ 内的唯一解, 其中 y_1 如 (6.4.40) 所示.

对于区域 $\Re_2$, 当服务台正在休假, 则到达的顾客均以概率 1 进队. $U_s(1, q_1)$ 的一阶导最优条件为 $P_2(y) = 0$, 其中 $y = 1 - \lambda q_1 E[B]$,

$$P_2(y) = \left(1 + \frac{1}{E[R_B]}\left(\frac{K}{C} - E[B]\right)\right)y^2 - 2y - \lambda E[B].$$

在条件 $\lambda E[B] < 1$ 下, y 的取值范围为 $[1 - \lambda E[B], 1] \subset [0, 1]$. 下面分两种情形讨论.

情形 1: 当 $K/C \leqslant E[B] - E[R_B]$ 时, 对任意的 $y \in [1 - \lambda E[B], 1]$, $P_2(y) < 0$. 所以 $U_s(1, q_1)$ 在 $q_1 \in [0, 1]$ 上单调递减并且 $\max\limits_{q_1 \in [0,1]} \{U_s(1, q_1)\} = U_s(1, 0) < 0$.

情形 2: 当 $E[B] - E[R_B] < K/C$ 时, $P_2(y) = 0$ 有唯一的正根

$$\bar{y}_1 = \frac{1 + \sqrt{1 + \lambda E[B] \left(1 + \dfrac{1}{E[R_B]} \left(\dfrac{K}{C} - E[B]\right)\right)}}{1 + \dfrac{1}{E[R_B]} \left(\dfrac{K}{C} - E[B]\right)} \tag{6.4.47}$$

当且仅当 $P_2(1 - \lambda E[B]) \leqslant 0$ 且 $P_2(1) \geqslant 0$ 时, $\bar{y}_1 \in [1 - \lambda E[B], 1]$. 由于 $P_2(0) < 0$, 该条件等价于

$$E[B] - E[R_B] + (2 + \lambda E[B])E[R_B]$$
$$\leqslant \frac{K}{C} \leqslant E[B] - E[R_B] + \frac{2 - \lambda E[B]}{(1 - \lambda E[B])^2} E[R_B]. \tag{6.4.48}$$

所以, 对于所有满足 (6.4.48) 的 K/C, 如果 $y \in [1 - \lambda E[B], \bar{y}_1)$, 则 $P_2(y) < 0$, 如果 $y \in (\bar{y}_1, 1]$, 则 $P_2(y) > 0$. 在条件 (6.4.48) 下,

$$\max_{q_1 \in [0,1]} \{U_s(1, q_1)\} = U_s\left(1, \frac{1 - \bar{y}_1}{\lambda E[B]}\right).$$

类似地, 当 K/C 满足

$$E[B] - E[R_B] < \frac{K}{C} < E[B] - E[R_B] + (2 + \lambda E[B])E[R_B]$$

时, $\max\limits_{q_1 \in [0,1]} \{U_s(1, q_1)\} = U_s(1, 0) < 0$. 当

$$E[B] - E[R_B] + (2 + \lambda E[B])E[R_B] < \frac{K}{C}$$

时, $\max\limits_{q_1 \in [0,1]} \{U_s(1, q_1)\} = U_s(1, 1)$.

对于这两种情形的结论可以归纳为以下的定理.

定理 6.4.5　假设条件 (6.4.1) 满足, 如果顾客到达发现服务台休假均以概率 1 进入, 则当他们到达发现服务台正忙时的社会最优进队概率为

$$q_s(1) = \begin{cases} 0, & \dfrac{K}{C} < Z_1, \\[3mm] \dfrac{1 - \bar{y}_1}{\lambda E[B]}, & Z_1 \leqslant \dfrac{K}{C} \leqslant Z_2, \\[3mm] 1, & Z_2 < \dfrac{K}{C}, \end{cases}$$

其中 $\bar{y}_1$ 如 (6.4.47) 所示, 且

$$Z_1 = E[B] - E[R_B] + (2 + \lambda E[B])E[R_B],$$
$$Z_2 = E[B] - E[R_B] + \frac{2 - \lambda E[B]}{(1 - \lambda E[B])^2} E[R_B].$$

对于区域 $\Re_3$, 当服务台正在忙碌, 则到达的顾客均不进队. 对于 $q_0 \in (0,1]$, 社会收益的一阶导最优条件为

$$\frac{K}{C} = E[B] + (1 + \lambda q_0 E[B])^2 E[R_V].$$

下面分三种情形讨论.

情形 1: 当 $K/C \leqslant E[B] + E[R_V]$ 时, $U_s(q_0,0)$ 在 $q_0 \in (0,1]$ 上严格单调递减. 因此, $\sup\limits_{q_0 \in (0,1]} \{U_s(q_0,0)\} = U_s(0,0) = 0$.

情形 2: 当 $E[B] + E[R_V] < K/C \leqslant E[B] + (1 + \lambda E[B])^2 E[R_V]$ 时, $U_s(q_0,0)$ 在 $q_0 \in (0,(y_0-1)/(\lambda E[B]))$ 内单调递增, 在 $q_0 \in ((y_0-1)/(\lambda E[B]),1]$ 内单调递减, 其中

$$y_0 = \sqrt{\frac{1}{E[R_V]}\Big(\frac{K}{C} - E[B]\Big)}. \tag{6.4.49}$$

所以 $\max\limits_{q_0 \in (0,1]} \{U_s(q_0,0)\} = U_s((y_0-1)/(\lambda E[B]),0)$.

情形 3: 当 $E[B] + (1 + \lambda E[B])^2 E[R_V] < K/C$ 时, $U_s(q_0,0)$ 在 $q_0 \in (0,1]$ 上严格单调递增. 因此, $\max\limits_{q_0 \in (0,1]} \{U_s(q_0,0)\} = U_s(1,0)$.

对于这三种情形的结论可以归纳为以下的定理.

定理 6.4.6 假设条件 (6.4.1) 满足, 如果顾客到达发现服务台忙碌均止步, 则当他们到达发现服务台休假时的社会最优进队概率为

$$q_s(0) = \begin{cases} \dfrac{y_0 - 1}{\lambda E[B]}, & E[B] + E[R_V] < \dfrac{K}{C} \leqslant E[B] + (1 + \lambda E[B])^2 E[R_V], \\ 1, & E[B] + (1 + \lambda E[B])^2 E[R_V] < \dfrac{K}{C}, \end{cases}$$

其中 y_0 如 (6.4.49) 所示.

对于区域 $\Re_4$, 当服务台正在忙碌, 则到达的顾客均以概率 1 进队. 对于 $q_0 \in (0,1]$, 社会收益的一阶导最优条件为

$$\frac{1 - \lambda E[B]}{E[R_V]}\Big(\frac{K}{C} - \Big(\frac{\lambda E[R_B]}{1 - \lambda E[B]} + 1\Big)E[B]\Big) = u^2, \tag{6.4.50}$$

其中, $u = 1 - \lambda(1 - q_0)E[B] \in (1 - \lambda E[B], 1) \subset (0, 1)$. 下面分三种情形讨论.

情形 1: 当

$$\frac{K}{C} \leqslant E[B] + (1 - \lambda E[B])E[R_V] + \frac{\lambda E[B]}{1 - \lambda E[B]}E[R_B]$$

时, $U_s(q_0, 1)$ 在 $q_0 \in (0, 1]$ 上严格单调递减. 因此, $\sup\limits_{q_0 \in (0,1]} \{U_s(q_0, 1)\} = U_s(0, 1)$.

情形 2: 当

$$E[B] + (1 - \lambda E[B])E[R_V] + \frac{\lambda E[B]}{1 - \lambda E[B]}E[R_B]$$
$$< \frac{K}{C} \leqslant E[B] + \frac{1}{1 - \lambda E[B]}(E[R_V] + \lambda E[B]E[R_B])$$

时, $U_s(q_0, 1)$ 在 $q_0 \in (0, 1 - (1 - \bar{y}_0)/(\lambda E[B]))$ 内单调递增, 在 $q_0 \in (1 - (1 - \bar{y}_0)/(\lambda E[B]), 1]$ 内单调递减, 其中

$$\bar{y}_0 = \sqrt{\frac{1 - \lambda E[B]}{E[R_V]}\Big(\frac{K}{C} - \Big(\frac{\lambda E[R_B]}{1 - \lambda E[B]} + 1\Big)E[B]\Big)}, \tag{6.4.51}$$

所以 $\max\limits_{q_0 \in (0,1]} \{U_s(q_0, 1)\} = U_s(1 - (1 - \bar{y}_0)/(\lambda E[B]), 1)$.

情形 3: 当 $E[B] + \dfrac{1}{1 - \lambda E[B]}(E[R_V] + \lambda E[B]E[R_B]) < K/C$ 时, $U_s(q_0, 1)$ 在 $q_0 \in (0, 1]$ 上严格单调递增. 因此, $\max\limits_{q_0 \in (0,1]} \{U_s(q_0, 1)\} = U_s(1, 1)$.

对于这三种情形的结论可以归纳为以下的定理.

定理 6.4.7　假设条件 (6.4.1) 满足, 如果顾客到达发现服务台忙碌均以概率 1 进队, 则当他们到达发现服务台休假时的社会最优进队概率为

$$q_s(0) = \begin{cases} 1 - \dfrac{1 - \bar{y}_0}{\lambda E[B]}, & X_1 < \dfrac{K}{C} \leqslant X_2, \\ 1, & X_2 < \dfrac{K}{C}, \end{cases}$$

其中 $\bar{y}_0$ 如 (6.4.51) 所示, 且

$$X_1 = E[B] + (1 - \lambda E[B])E[R_V] + \frac{\lambda E[B]}{1 - \lambda E[B]}E[R_B],$$
$$X_2 = E[B] + \frac{1}{1 - \lambda E[B]}(E[R_V] + \lambda E[B]E[R_B]).$$

第7章 重试排队系统

重试排队系统的特征是当顾客到达服务台发现服务台忙时, 必须离开服务区域一段时间后再次要求服务, 在相连两次要求服务的时间内顾客处在重试区域中. 重试排队模型现已广泛应用于电话交换系统、远程通信网络以及计算机系统中. 早期的重试排队模型主要用于电话呼叫问题.

在重试排队中, 每个在重试空间等待的顾客均可以进行重试来请求服务, 所以服务规则不再是先到先服务. 他们不仅受到互相之间竞争的影响, 也会受后到达的顾客排队策略的影响. 因此, 在重试排队系统中研究顾客均衡行为和社会最优策略要复杂得多. Aguir, Karaesmen, Aksin 和 Chauvet(2004), Artalejo(1995), Artalejo 和 Gómez-Corral(1997,1998,2008), Falin(2008), Falin 和 Templeton(1997) 等对传统重试排队系统的性能分析等方面做了大量的研究.

最早研究重试排队中顾客行为的是 Kulkarni(1983a,1983b). 他研究了两类顾客的单服务台重试排队系统中顾客的竞争与均衡重试策略. 随后, Elcan(1994) 求得了 $M/M/1$ 重试排队系统中的社会最优和纳什均衡重试率. Hassin 和 Haviv(1996) 将该模型的服务时间推广到服从一般概率分布. 最近, Zhang, Wang 和 Liu(2012) 研究了具有两类顾客的单服务台排队系统, 其中服务台不可靠并且带有休假. 他们讨论和比较了当顾客之间是合作和非合作情况下的最优和均衡重试率.

然而在上述这些文章中, 考虑的都是顾客重试行为, 而止步行为是禁止的. 直到 2011 年, Economou 和 Kanta(2011) 第一次研究了重试排队中顾客的止步均衡策略以及社会和利益最大化问题. 但是在他们的模型里面, 重试率是常数, 即在重试空间中等待的顾客遵循先到先服务的排队规则. Wang 和 Zhang(2013) 首次研究了传统重试排队系统中的顾客止步策略, 分别得到了两种信息条件下的纳什均衡和社会最优进队策略. Cui, Su 和 Veeraraghavan(2013) 假设在可见排队系统中, 顾客在到达时刻可选择进队、止步或重试. 他们根据重试费用的取值范围分三种情形进行讨论, 并得到了每一种情形下顾客的混合纳什均衡策略.

7.1 $M/M/1$ 重试排队系统

7.1.1 模型描述

假设系统中只有一个服务台, 顾客到达是参数为 λ 的泊松流, 并且系统中没有排队空间. 当一个新到达系统的顾客发现服务台空闲, 则立即占用服务台并接受服务, 服务时间服从参数为 μ 的指数分布. 如果他发现服务台正在忙, 则进入一个虚拟的重试空间进行重试, 直到接受服务离开. 相邻两次重试的时间是独立的、服从参数为 θ 的指数分布. 假设顾客的相继到达时间、重试间隔时间、服务时间互相独立.

　　令 $I(t)$ 表示在时刻 t 服务台的状态. $I(t) = 0, 1$ 表示服务台在时刻 t 处于空闲或忙碌状态. $N(t)$ 表示在时刻 t 重试空间中的顾客数目 (不包括正在服务中的顾客), 则随机过程 $\{(I(t), N(t)), t \geqslant 0\}$ 是一个二维连续时间马尔可夫链, 其状态空间是 $\{0, 1\} \times \{0, 1, 2, \cdots\}$.

　　当且仅当 $\lambda < \mu$ 时系统稳定. 令 $p(i, j)$ 为服务台状态是 i, 重试空间里有 j 个顾客的稳态概率, 并记 $p_0(z) = \sum_{j=0}^{\infty} z^j p(0, j)$ 和 $p_1(z) = \sum_{j=0}^{\infty} z^j p(1, j)$ 为对应的母函数.

　　定理 7.1.1　*在满足稳定性条件 $\lambda < \mu$ 下, 系统的稳态概率为*

$$p(0, j) = \frac{\lambda^j}{j! \mu^j \theta^j} \prod_{i=0}^{j-1} (\lambda + i\theta) \cdot \left(1 - \frac{\lambda}{\mu}\right)^{\frac{\lambda}{\theta} + 1}, \quad j = 0, 1, 2, \cdots, \tag{7.1.1}$$

$$p(1, j) = \frac{\lambda^{j+1}}{j! \mu^{j+1} \theta^j} \prod_{i=1}^{j} (\lambda + i\theta) \cdot \left(1 - \frac{\lambda}{\mu}\right)^{\frac{\lambda}{\theta} + 1}, \quad j = 0, 1, 2, \cdots, \tag{7.1.2}$$

其中对于 $j < k$, 定义 $\prod_{i=k}^{j} f(i) = 1$. 对应的母函数为

$$p_0(z) = \frac{\mu - \lambda}{\mu} \left(\frac{1 - \dfrac{\lambda}{\mu}}{1 - \dfrac{\lambda}{\mu} z} \right)^{\frac{\lambda}{\theta}}, \tag{7.1.3}$$

$$p_1(z) = \frac{\lambda}{\mu} \left(\frac{1 - \dfrac{\lambda}{\mu}}{1 - \dfrac{\lambda}{\mu} z} \right)^{\frac{\lambda}{\theta} + 1}. \tag{7.1.4}$$

　　证明　在统计平衡下, 列出平衡方程

$$(\lambda + j\theta) p(0, j) = \mu p(1, j), \quad j = 0, 1, 2, \cdots, \tag{7.1.5}$$

$$(\lambda + \mu) p(1, j) = \lambda p(0, j) + (j + 1)\theta p(0, j + 1) + \lambda p(1, j - 1), \quad j = 0, 1, 2, \cdots, \tag{7.1.6}$$

其中 $p(1, -1) = 0$.

在 (7.1.5) 和 (7.1.6) 两边都乘以 z^j, 然后对所有的 j 进行求和, 可以得到

$$\lambda p_0(z) + \theta z \frac{\mathrm{d}}{\mathrm{d}z} p_0(z) = \mu p_1(z), \tag{7.1.7}$$

$$(\lambda(1-z) + \mu)p_1(z) = \lambda p_0(z) + \theta \frac{\mathrm{d}}{\mathrm{d}z} p_0(z). \tag{7.1.8}$$

消去 $p_1(z)$ 可得微分方程

$$\frac{\mathrm{d}}{\mathrm{d}z} p_0(z) = \frac{\lambda^2}{\theta(\mu - \lambda z)} p_0(z),$$

其解为

$$p_0(z) = \frac{\mathrm{Const}}{\left(1 - \dfrac{\lambda}{\mu} z\right)^{\frac{\lambda}{\theta}}}. \tag{7.1.9}$$

将 (7.1.9) 代入 (7.1.7) 得到

$$p_1(z) = \frac{\dfrac{\lambda}{\mu} \mathrm{Const}}{\left(1 - \dfrac{\lambda}{\mu} z\right)^{\frac{\lambda}{\theta}+1}}. \tag{7.1.10}$$

由归一化条件 $\sum\limits_{j=0}^{\infty} (p(0,j) + p(1,j)) = p_0(1) + p_1(1) = 1$ 可以得到

$$\mathrm{Const} = \left(1 - \frac{\lambda q}{\mu}\right)^{\frac{\lambda}{\theta}+1}. \tag{7.1.11}$$

由式 (7.1.9)—(7.1.11) 可以立即得到母函数 (7.1.3) 和 (7.1.4).

利用二项式公式

$$(1+x)^m = \sum_{n=0}^{\infty} \frac{x^n}{n!} \prod_{i=0}^{n-1} (m-i)$$

可以将 (7.1.3) 和 (7.1.4) 展开得到稳态概率 (7.1.1) 和 (7.1.2). □

7.1.2 重试策略分析

假设顾客到达必须进入系统, 或者立即接受服务, 或者进入重试空间进行重试. 不失一般性, 假设顾客在重试空间中的单位等待费用为 w, 顾客每次重试需要花费 c. 任意值的重试率 θ 对应顾客的一种策略. 那么对于社会管理者和顾客个人来说, 选择怎样的策略才能分别使顾客的总花费最少呢?

对于社会管理者来说, 他希望单位时间所有的顾客花费达到最小.

定理 7.1.2　在顾客都合作的情况下, 社会最优重试率为

$$\theta^* = \sqrt{\frac{w\mu}{c}}. \tag{7.1.12}$$

证明　在重试空间中等待的平均顾客数为

$$E(N) = \frac{\mathrm{d}}{\mathrm{d}z}p_0(z)\Big|_{z=1} + \frac{\mathrm{d}}{\mathrm{d}z}p_1(z)\Big|_{z=1} = \frac{\lambda^2(\theta + \mu)}{\theta\mu(\mu - \lambda)}. \tag{7.1.13}$$

由 Little 公式可以得到顾客在重试空间中的平均等待时间为

$$W_1 = \frac{\lambda(\theta + \mu)}{\theta\mu(\mu - \lambda)}. \tag{7.1.14}$$

那么每个顾客在重试空间中平均重试的次数为 θW_1.

记 S 为每个重试顾客的平均总花费, 它包括重试期间的总等待费用 wW_1 和总重试费用 $c\theta W_1$. 那么, 平均总费用可以表示为

$$S = (w + c\theta)W_1 = \frac{\lambda}{\mu - \lambda}\left(\frac{c\theta}{\mu} + \frac{w}{\theta}\right) + \frac{\lambda}{\mu - \lambda}\left(\frac{w}{\mu} + c\right). \tag{7.1.15}$$

容易得到, 当重试率为 θ^* 时, 顾客的总费用到达最小.　　　　　　□

注意到: 社会最优重试率与到达率无关. 当到达率 λ 增大时, 服务台的利用率增大. 所以, 对任意值的 θ 来说, 平均的重试次数以及等待时间相应的也要增加. 令人惊讶的是, 这些变化保持住了在这两个对立影响下的平衡, 从而导致 θ^* 没有改变.

在非合作情况下, 顾客只考虑自己的利益, 所以势必出现相互竞争的局面. 为了得到纳什均衡重试率, 需要标记重试空间中的一个顾客, 让他的重试率为 γ, 而其他的顾客都采用重试率 θ. 记 ϕ_i 为服务台正在忙且重试空间中有 i 个其他顾客时标记顾客的平均等待时间.

引理 7.1.1　对任意的整数 $i \geqslant 0$, 有

$$\phi_i = ai + b, \tag{7.1.16}$$

其中

$$a = \frac{\theta}{(\mu - \lambda)\theta + \gamma\mu}, \tag{7.1.17}$$

$$b = \frac{1}{\mu} + \frac{\lambda + \mu}{\gamma\mu} + \frac{\lambda\theta(\lambda + \gamma)}{\gamma\mu[(\mu - \lambda)\theta + \gamma\mu]}. \tag{7.1.18}$$

证明　首先来分析 ϕ_i 与自变量 i 的关系. 比较两种情形, 其一是标记顾客与其他 i 个人在重试空间等待, 其二是标记顾客与其他 $i + 1$ 个人在重试空间等待.

相比较, 后一种情形中多出来的一个顾客会增加标记顾客的平均等待时间. 下面来分析增加的等待时间与 i 无关. 在重试空间中, 标记顾客以速率 γ 进行重试, 而多余的顾客以速率 θ 进行重试. 所以, 多余的这个顾客比标记顾客首先重试成功的概率是 $\dfrac{\theta}{\theta + \gamma}$ (与 i 无关). 平均增加的等待时间等于多余顾客的平均服务时间 $\dfrac{1}{\mu}$, 加上该顾客服务期间到达的最终先于标记顾客服务的那些顾客的服务时间, 一直这样分析下去, 而所有的这些值也都与 i 无关. 所以, ϕ_i 的值可以表示成线性形式 (7.1.16).

注意到 a 是由于多余的顾客而增加的平均等待时间. 这个延迟时间是 0 的概率为 $\dfrac{\gamma}{\gamma + \theta}$, 是正数的概率为 $\dfrac{\theta}{\gamma + \theta}$. 如果是后者, 平均的延迟时间等于平均服务时间 $\dfrac{1}{\mu}$ 加上在这个服务期间到达的平均顾客数 $\dfrac{\lambda}{\mu}$, 乘以每个新到达的顾客对标记顾客的延迟 a. 总结起来就是

$$a = \frac{\theta}{\gamma + \theta}\left(\frac{1}{\mu} + \frac{\lambda}{\mu}a\right),$$

其唯一解如 (7.1.17) 所示.

b 是当标记顾客单独在重试空间里并且服务台忙的平均等待时间. 令 W 为标记顾客单独在重试空间里并且服务台空闲的平均等待时间. 于是有

$$b = \frac{1}{\lambda + \mu} + \frac{\lambda}{\lambda + \mu}(a + b) + \frac{\mu}{\lambda + \mu}W, \tag{7.1.19}$$

$$W = \frac{1}{\lambda + \gamma} + \frac{\lambda}{\lambda + \gamma}b. \tag{7.1.20}$$

求解式 (7.1.19) 和 (7.1.20) 得到 b 如 (7.1.18) 所示.　　　　　　　□

由全期望公式, 标记顾客的平均总收益为

$$W_2 = \sum_{i=0}^{\infty}(ai + b)p(1, i) = a\frac{\mathrm{d}}{\mathrm{d}z}p_1(z)\Big|_{z=1} + bp_1(1)$$

$$= \frac{\lambda}{\mu - \lambda}\left[\frac{1}{\mu} + \frac{1}{\gamma} + \frac{\lambda}{\mu}\frac{\theta - \gamma}{(\mu - \lambda)\theta + \mu\gamma}\right]. \tag{7.1.21}$$

那么, 标记顾客的平均等待时间为

$$f(\gamma, \theta) = (w + c\gamma)W_2 = \frac{\lambda(w + c\gamma)}{\mu - \lambda}\left[\frac{1}{\mu} + \frac{1}{\gamma} + \frac{\lambda}{\mu}\frac{\theta - \gamma}{(\mu - \lambda)\theta + \mu\gamma}\right]. \tag{7.1.22}$$

定理 7.1.3　在非合作的情况下, 顾客的纳什均衡重试率为

$$\theta_e = \frac{\lambda w + \sqrt{\lambda^2 w^2 + 8\mu wc(\mu - \lambda)(2\mu - \lambda)}}{4c(\mu - \lambda)}. \tag{7.1.23}$$

证明　对 (7.1.22) 关于 γ 求偏导并令 $\gamma = \theta$，有

$$\frac{\partial}{\partial \gamma} f(\gamma, \theta)\Big|_{\gamma = \theta} = \frac{\lambda}{\mu - \lambda}\Big[c\Big(\frac{1}{\theta} + \frac{1}{\mu}\Big) + (w + c\theta)\Big(-\frac{1}{\theta^2} + \frac{\lambda}{\theta\mu(\lambda - 2\mu)}\Big)\Big].$$

(7.1.24)

重试率 θ 为纳什均衡解的必要条件是 $\dfrac{\partial}{\partial \gamma} f(\gamma, \theta)\Big|_{\gamma = \theta} = 0$，即

$$2c(\mu - \lambda)\theta^2 - \lambda w\theta - w\mu(2\mu - \lambda) = 0.$$

以上方程的唯一解 θ_e 如 (7.1.23) 所示.　　　　　　　　　　　　　　　　□

下面对个体最优和社会最优的重试率进行比较.

定理 7.1.4　在 $M/M/1$ 重试排队中，顾客的均衡重试率 θ_e 比社会最优重试率 θ^* 要大.

证明　由于 $2\mu - \lambda > 2(\mu - \lambda)$，有

$$\theta_e > \frac{\sqrt{16\mu wc(\mu - \lambda)^2}}{4c(\mu - \lambda)} = \theta^*.$$

(7.1.25)

　　　　　　　　　　　　　　　　　　　　　　　　　　　　　　　　　□

在非合作情况下，当一个顾客能自主选择自己的重试率的时候，他会忽略其他顾客的行为. 所以，社会最优和纳什均衡重试率会有差异. 重试空间的顾客会进行重试以避免其他顾客先于他接受服务. 一个新顾客到达，或者一个重试对于该顾客来说都是负外部影响. 而在考虑社会最优问题时，就力图消除顾客之间由于竞争互相产生的负影响，所以有结果 $\theta_e > \theta^*$.

如果要消除社会最优和纳什均衡重试率之间的差异，有两种措施可以考虑采用，其一是对顾客的实际等待花费进行一定数量的补偿，其二是对每次重试收取一定的额外费用. 这样就能寄希望于顾客降低自己的重试频率以避免支付高额的重试费用.

定理 7.1.5　*如果对顾客每单位等待时间给予一定的补偿 $P < w$，使得均衡重试率与社会最优重试率 θ^* 达到一致，则这个补偿可以由以下式子确定*

$$\frac{\lambda(w - P) + \sqrt{\lambda^2(w - P)^2 + 8\mu(w - P)c(\mu - \lambda)(2\mu - \lambda)}}{4c(\mu - \lambda)} = \sqrt{\frac{w\mu}{c}}.$$

(7.1.26)

通过收取额外的重试费用 $T = c\dfrac{P}{w - P}$ 也能达到同样的效果. 那么每次重试的费用就变为 $c + T$.

证明　由 (7.1.25) 知道 $\theta_e > \theta^*$. 注意到，θ_e 是关于 w 连续单调递增的，那么对于一个充分小的 w，均衡重试率比 θ^* 要小. 而且当 $w - P$ 趋近于 0 的时候，θ_e 的值也趋近于 0. 所以一定存在某一个值 $P \in (0, w)$，使得等式 (7.1.26) 成立.

因为社会最优和纳什均衡重试率都只依赖于 c 和 w 的比值, 所以只要解方程 $\frac{c+T}{w} = \frac{c}{w-P}$ 就可得到需要收取的额外重试费用 T. □

7.1.3 不可见情形的进队策略分析

假设在顾客到达系统的时刻, 可以根据自己掌握的信息来决定是否进入系统排队等待. 服务完成后, 每个顾客得到 R 单位的回报, 这能反映顾客的满意度或服务产生的价值. 同时, 每个顾客要支付因为在系统中逗留 (包括在重试空间和服务区域的逗留) 而产生的费用, 每单位逗留时间的费用是 C. 由于在服务区域的平均逗留花费是 $\frac{C}{\mu}$, 与顾客的策略行为无关, 可以从 R 中扣除, 不失一般性, 假设等待费用只在重试空间中产生. 所有顾客是风险中立的并且希望自己的收益最大化. 在到达系统的时刻, 他们必须要通过自己掌握的系统信息, 估算自己的效用函数, 然后做出是否进队的决定. 具体来说, 如果收益严格大于平均等待花费, 那么顾客就选择进入系统; 如果收益等于平均等待花费, 那么进不进队都无关紧要. 需要强调的是, 顾客一旦作出是否进队的选择, 将不能反悔, 既不能排队中途退出也不能在止步后重新到达.

在不可见情形中, 顾客不能观察到重试空间中的顾客数目, 但是能知晓服务台的状态. 假设所有顾客都是无差异的, 考虑他们之间的对称博弈. 当顾客到达系统发现服务台空闲如果接受服务, 则收益为 R 且没有等待费用. 所以进入系统接受服务是他的占优策略, 并且不受其他顾客行为的影响. 接下来着重分析当顾客到达系统观察到服务台正在忙碌时的行为选择. 在这个模型里, 有两个纯策略, 进队或止步. 混合策略为顾客看到服务台忙进入重试空间等待的概率. 我们的目标是求得顾客的混合止步策略.

1. 纳什均衡策略

假设所有的顾客采用这样一个混合策略, 即 "到达发现服务台正忙以概率 q 进入". 当满足条件 $\lambda < \mu$ 时系统稳定. 令 $p_{un}(i,j)$ 为系统状态是 (i,j) 的稳态概率, 定义 $p_0(z) = \sum_{j=0}^{\infty} z^j p_{un}(0,j)$ 和 $p_1(z) = \sum_{j=0}^{\infty} z^j p_{un}(1,j)$ 为对应的母函数, 则有以下引理.

引理 7.1.2 关联于重试空间中顾客数目的母函数 $p_0(z)$ 和 $p_1(z)$ 的表达式为

$$p_0(z) = \frac{\mu - \lambda q}{\mu + \lambda(1-q)} \left(\frac{1 - \frac{\lambda q}{\mu}}{1 - \frac{\lambda}{\mu} z} \right)^{\frac{\lambda}{\theta}}, \tag{7.1.27}$$

$$p_1(z) = \frac{\lambda}{\mu + \lambda(1-q)} \left(\frac{1 - \dfrac{\lambda q}{\mu}}{1 - \dfrac{\lambda q}{\mu} z} \right)^{\frac{\lambda}{\theta}+1}. \tag{7.1.28}$$

证明   该引理的证明方法和步骤与定理 7.1.1 类似, 故在这里省略.   □

标记重试空间中的一个顾客. 令 $T(1,k)$ 为重试空间中有其他 k 个人且服务台忙碌时标记顾客的平均等待时间.

引理 7.1.3   对任意的整数 $k \geqslant 0$, 标记顾客的平均等待时间为

$$T(1,k) = mk + b, \tag{7.1.29}$$

其中

$$m = \frac{1}{2\mu - \lambda q}, \tag{7.1.30}$$

$$k = \frac{2(\lambda + \theta + \mu)}{\theta(2\mu - \lambda q)}. \tag{7.1.31}$$

证明   该引理的证明方法和步骤与引理 7.1.1 类似, 故在这里省略.   □

现在考虑一个顾客, 其在到达时观察到服务台正在忙碌. 由 PASTA 性质, 该顾客看见其他 j 个顾客在重试空间中的概率等于服务台正在忙并且重试空间中有 j 个顾客的稳态概率 $p_{au}(i,j)$. 如果这个顾客选择进入排队, 那么他的平均等待时间正好等于 $T(1,k)$.

定理 7.1.6   当一个顾客到达发现服务台正忙, 如果他选择进入重试空间, 那么他的平均等待时间为

$$T(q) = \frac{1}{\theta} + \frac{\lambda + \theta}{\theta(\mu - \lambda q)}. \tag{7.1.32}$$

证明   当系统处于稳态下, 对于一个到达系统观察到服务台忙的顾客, 如果他决定进入重试空间, 则他的平均等待时间为

$$T(q) = \frac{\displaystyle\sum_{j=0}^{\infty} p_{un}(1,j) T(1,j)}{\displaystyle\sum_{j=0}^{\infty} p_{un}(1,j)} = \frac{\dfrac{\mathrm{d}}{\mathrm{d}z} p_1(z)\big|_{z=1}}{p_1(1)} m + b = \frac{1}{\theta} + \frac{\lambda + \theta}{\theta(\mu - \lambda q)}. \qquad \square$$

根据收支结构, 如果一个到达系统观察到服务台忙的顾客决定进入, 那么他的效用函数为

$$S(q) = R - C\left(\frac{1}{\theta} + \frac{\lambda + \theta}{\theta(\mu - \lambda q)} \right). \tag{7.1.33}$$

定理 7.1.7 在不可见重试排队中, 如果满足条件 $\lambda < \mu$, 存在唯一的纳什均衡混合止步策略 "到达发现服务台正忙以概率 q_e 进入", 其中 q_e 可以表示为

$$
q_e = \begin{cases}
0, & 0 < \dfrac{R}{C} \leqslant \dfrac{\lambda+\theta+\mu}{\theta\mu}, \\[3mm]
\dfrac{\mu - \dfrac{(\lambda+\theta)C}{R\theta - C}}{\lambda}, & \dfrac{\lambda+\theta+\mu}{\theta\mu} < \dfrac{R}{C} < \dfrac{\theta+\mu}{\theta(\mu-\lambda)}, \\[3mm]
1, & \dfrac{R}{C} \geqslant \dfrac{\theta+\mu}{\theta(\mu-\lambda)}.
\end{cases}
\tag{7.1.34}
$$

证明 观察到 $S(q)$ 关于 q 是单调递减的并且有唯一的最大值

$$
S(0) = R - C\frac{\lambda+\theta+\mu}{\theta\mu}
$$

和唯一的最小值

$$
S(1) = R - C\frac{\theta+\mu}{\theta(\mu-\lambda)},
$$

所以, 当 $\dfrac{R}{C} \in \left(0, \dfrac{\lambda+\theta+\mu}{\theta\mu}\right]$ 时, $S(q)$ 对于所有的 q 都是非正的, 则止步是最好的选择, 唯一的均衡解是 $q_e = 0$. 当 $\dfrac{R}{C} \in \left(\dfrac{\lambda+\theta+\mu}{\theta\mu}, \dfrac{\theta+\mu}{\theta(\mu-\lambda)}\right)$ 时, 方程 $S(q) = 0$ 存在唯一的在取值范围 $(0,1)$ 的解, 其表达式如 (7.1.34) 的第二分支所示. 当 $\dfrac{R}{C} \in \left[\dfrac{\theta+\mu}{\theta(\mu-\lambda)}, \infty\right)$ 时, $S(q)$ 对于所有的 q 都是非负的, 则进入是最好的选择, 所以唯一的均衡解是 $q_e = 1$. 并且容易验证, 在不可见的系统中有 ATC 情形. $\qquad\square$

2. 社会最优策略

定理 7.1.8 在不可见重试排队中, 如果满足条件 $\lambda < \mu$, 存在唯一的社会最优混合止步策略 "到达发现服务台正忙以概率 q^* 进入", 其中 q^* 可以表示为

$$
q^* = \begin{cases}
0, & 0 < \dfrac{R}{C} \leqslant \dfrac{(\lambda+\mu)(\lambda+\theta+\mu)}{\theta\mu^2}, \\[3mm]
\dfrac{\mu - x_2}{\lambda}, & \dfrac{(\lambda+\mu)(\lambda+\theta+\mu)}{\theta\mu^2} < \dfrac{R}{C} < \dfrac{\mu^2(\theta+\mu)+\lambda\theta(\mu-\lambda)}{\theta\mu(\mu-\lambda)^2}, \\[3mm]
1, & \dfrac{R}{C} \geqslant \dfrac{\mu^2(\theta+\mu)+\lambda\theta(\mu-\lambda)}{\theta\mu(\mu-\lambda)^2},
\end{cases}
\tag{7.1.35}
$$

其中

$$
x_2 = \frac{\mu C(\lambda+\theta) + \sqrt{(\mu C(\lambda+\theta))^2 + \lambda\mu C(\lambda+\theta)(C(\theta-\mu)+\mu\theta R)}}{(C(\theta-\mu)+\mu\theta R)}.
$$

证明　当所有顾客采用混合策略 "到达发现服务台正忙以概率 q 进入" 时的单位时间社会收益是

$$S_{soc}^{un}(q) = \lambda^*(q)R - CE[N(q)], \tag{7.1.36}$$

其中 $\lambda^*(q)$ 是顾客决定进入系统的平均到达率, $E[N(q)]$ 是重试空间中的平均顾客数, 则有

$$\lambda^*(q) = \lambda p_0(1) + \lambda q p_1(1) = \frac{\lambda\mu}{\mu + \lambda(1-q)}, \tag{7.1.37}$$

$$E[N(q)] = \frac{\mathrm{d}}{\mathrm{d}z}p_0(z)\Big|_{z=1} + \frac{\mathrm{d}}{\mathrm{d}z}p_1(z)\Big|_{z=1} = \frac{\lambda^2 q(\theta + \mu + \lambda(1-q))}{\theta(\mu - \lambda q)(\mu + \lambda(1-q))}. \tag{7.1.38}$$

将 (7.1.37) 和 (7.1.38) 代入到 (7.1.36) 中可得

$$S_{soc}^{un}(q) = \frac{\lambda\mu}{\mu + \lambda(1-q)}R - \frac{\lambda^2 q(\theta + \mu + \lambda(1-q))}{\theta(\mu - \lambda q)(\mu + \lambda(1-q))}C. \tag{7.1.39}$$

令 $x = \mu - \lambda q$, 则 (7.1.39) 可以写成关于 x 的函数

$$S_{soc}(x) = \frac{\lambda}{\theta}\Big(C + \frac{((\theta-\mu)C + \mu\theta R)x - \mu C(\lambda+\theta)}{x^2 + \lambda x}\Big). \tag{7.1.40}$$

那么, 要让 $S_{soc}^{un}(q)$ 在 $q \in [0,1]$ 范围内取得最大等价于让 $S_{soc}(x)$ 在 $x \in [\mu-\lambda, \mu]$ 范围内取得最大. 对 $S_{soc}(x)$ 求导有

$$\frac{\mathrm{d}}{\mathrm{d}x}S_{soc}(x) = \frac{\lambda}{\theta}\Big(\frac{-((\theta-\mu)C + \mu\theta R)x^2 + 2\mu C(\lambda+\theta)x + \lambda\mu C(\lambda+\theta)}{(x^2 + \lambda x)^2}\Big). \tag{7.1.41}$$

分两种情形讨论.

情形 1: $\dfrac{R}{C} \leqslant \dfrac{\mu-\theta}{\theta\mu} \Leftrightarrow (\theta-\mu)C + \mu\theta R \leqslant 0$.

在这种情形下, 对任意的 $x \in [\mu-\lambda, \mu]$, $\dfrac{\mathrm{d}}{\mathrm{d}x}S_{soc}(x) > 0$. 所以, $S_{soc}(x)$ 是关于 x 单调递增的, 最大值点在 $x = \mu$, 对应的有 $q^* = 0$.

情形 2: $\dfrac{R}{C} > \dfrac{\mu-\theta}{\theta\mu} \Leftrightarrow (\theta-\mu)C + \mu\theta R > 0$.

在这种情形下, $S_{soc}(x)$ 可能在 $x \in [\mu-\lambda, \mu]$ 范围内不单调. 解方程 $\dfrac{\mathrm{d}}{\mathrm{d}x}S_{soc}(x) = 0$ 得到两个根

$$x_1 = \frac{\mu C(\lambda+\theta) - \sqrt{(\mu C(\lambda+\theta))^2 + \lambda\mu C(\lambda+\theta)(C(\theta-\mu) + \mu\theta R)}}{(C(\theta-\mu) + \mu\theta R)} < 0, \tag{7.1.42}$$

$$x_2 = \frac{\mu C(\lambda+\theta) + \sqrt{(\mu C(\lambda+\theta))^2 + \lambda\mu C(\lambda+\theta)(C(\theta-\mu) + \mu\theta R)}}{(C(\theta-\mu) + \mu\theta R)} > 0. \tag{7.1.43}$$

所以, $S_{soc}(x)$ 在 $(-\infty, x_1)$ 和 $(x_2, +\infty)$ 上分别单调递减, 在 $[x_1, x_2]$ 上单调递增.

情形 2a: $\mu < x_2 \Leftrightarrow \dfrac{R}{C} < \dfrac{(\lambda+\mu)(\lambda+\mu+\theta)}{\theta\mu^2}$. 在这种情况下, $S_{soc}(x)$ 在 $x \in$ $[\mu-\lambda, \mu]$ 上单调递增, 则唯一的最大值点在 $x = \mu$, 即 $q^* = 0$.

情形 2b: $\mu-\lambda \leqslant x_2 \leqslant \mu \Leftrightarrow \dfrac{(\lambda+\mu)(\lambda+\mu+\theta)}{\theta\mu^2} \leqslant \dfrac{R}{C} \leqslant \dfrac{\mu^2(\theta+\mu)+\lambda\theta(\mu-\lambda)}{(\mu-\lambda)^2\theta\mu}$. 在这种情况下, $S_{soc}(x)$ 在 $x \in [\mu-\lambda, x_2]$ 上单调递增, 在 $x \in [x_2, +\infty]$ 上单调递减. 所以最优解是 $x = x_2$, 即 $q^* = \dfrac{\mu-x_2}{\lambda}$.

情形 2c: $\mu-\lambda > x_2 \Leftrightarrow \dfrac{R}{C} > \dfrac{\mu^2(\theta+\mu)+\lambda\theta(\mu-\lambda)}{(\mu-\lambda)^2\theta\mu}$. 在这种情况下, $S_{soc}(x)$ 在 $x \in [\mu-\lambda, \mu]$ 上是单调递减的, 所以最优解是 $x = \mu-\lambda$, 即 $q^* = 1$. $\square$

最后, 比较一下纳什均衡解 q_e 和社会最优解 q^*.

定理 7.1.9 $q^* \leqslant q_e$.

证明 由 (7.1.34) 和 (7.1.35), 分两种情形讨论.

情形 1: $\mu^2 < \lambda(\lambda+\theta+\mu)$. 在这种情况下 $\dfrac{(\lambda+\mu)(\lambda+\theta+\mu)}{\theta\mu^2} < \dfrac{\theta+\mu}{\theta(\mu-\lambda)}$. 分以下五种子情形讨论.

情形 1a: 当 $0 < \dfrac{R}{C} \leqslant \dfrac{\lambda+\theta+\mu}{\theta\mu}$, 有 $q^* = q_e = 0$.

情形 1b: 当 $\dfrac{\lambda+\theta+\mu}{\theta\mu} < \dfrac{R}{C} \leqslant \dfrac{(\lambda+\mu)(\lambda+\theta+\mu)}{\theta\mu^2}$, 有 $q^* = 0$, $q_e = \dfrac{\mu - \dfrac{(\lambda+\theta)C}{R\theta-C}}{\lambda}$ $\in (0,1)$. 所以不等式 $q^* < q_e$ 成立.

情形 1c: 当 $\dfrac{(\lambda+\mu)(\lambda+\theta+\mu)}{\theta\mu^2} < \dfrac{R}{C} \leqslant \dfrac{\theta+\mu}{\theta(\mu-\lambda)}$, 有 $q^* = \dfrac{\mu-x_2}{\lambda}$, $q_e = \dfrac{\mu - \dfrac{(\lambda+\theta)C}{R\theta-C}}{\lambda}$. 经过推导可得结论 $q^* < q_e$.

情形 1d: 当 $\dfrac{\theta+\mu}{\theta(\mu-\lambda)} < \dfrac{R}{C} \leqslant \dfrac{\mu^2(\theta+\mu)+\lambda\theta(\mu-\lambda)}{\theta\mu(\mu-\lambda)^2}$, 有 $q^* = \dfrac{\mu-x_2}{\lambda} \in (0,1]$, $q_e = 1$, 那么显然 $q^* \leqslant q_e$.

情形 1e: 当 $\dfrac{R}{C} > \dfrac{\mu^2(\theta+\mu)+\lambda\theta(\mu-\lambda)}{\theta\mu(\mu-\lambda)^2}$, 有 $q^* = q_e = 1$.

情形 2: $\mu^2 \geqslant \lambda(\lambda+\theta+\mu)$. 在这种情况下, $\dfrac{(\lambda+\mu)(\lambda+\theta+\mu)}{\theta\mu^2} \geqslant \dfrac{\theta+\mu}{\theta(\mu-\lambda)}$. 仍然讨论五种子情形.

情形 2a: 当 $0 < \dfrac{R}{C} \leqslant \dfrac{\lambda+\theta+\mu}{\theta\mu}$, 有 $q^* = q_e = 0$.

情形 2b: 当 $\dfrac{\lambda+\theta+\mu}{\theta\mu} < \dfrac{R}{C} \leqslant \dfrac{\theta+\mu}{\theta(\mu-\lambda)}$, 有 $q^* = 0$, $q_e = \dfrac{\mu - \dfrac{(\lambda+\theta)C}{R\theta-C}}{\lambda} \in (0,1]$.
所以不等式 $q^* < q_e$ 成立.

情形 2c: 当 $\dfrac{\theta+\mu}{\theta(\mu-\lambda)} < \dfrac{R}{C} \leqslant \dfrac{(\lambda+\mu)(\lambda+\theta+\mu)}{\theta\mu^2}$, 有 $q^* = 0$, $q_e = 1$.

情形 2d: 当 $\dfrac{(\lambda+\mu)(\lambda+\theta+\mu)}{\theta\mu^2} < \dfrac{R}{C} \leqslant \dfrac{\mu^2(\theta+\mu)+\lambda\theta(\mu-\lambda)}{\theta\mu(\mu-\lambda)^2}$, 有 $q^* = \dfrac{\mu-x_2}{\lambda} \in$
$(0,1]$, $q_e = 1$, 显然 $q^* \leqslant q_e$.

情形 2e: 当 $\dfrac{R}{C} > \dfrac{\mu^2(\theta+\mu)+\lambda\theta(\mu-\lambda)}{\theta\mu(\mu-\lambda)^2}$, 有 $q^* = q_e = 1$.

综上所述, 对所有的情形, 都有结论 $q^* \leqslant q_e$ 成立.　　　　　　　　　□

以上的结果都是基于条件 $\lambda < \mu$ 下得到的. 对于 $\lambda \geqslant \mu$ 的情形, 可以通过类似的分析方法得到顾客的均衡进队概率和社会最优进队概率

$$
q_e = \begin{cases} 0, & 0 < \dfrac{R}{C} \leqslant \dfrac{\lambda+\theta+\mu}{\theta\mu}, \\[3mm] \dfrac{\mu - \dfrac{(\lambda+\theta)C}{R\theta-C}}{\lambda}, & \dfrac{R}{C} > \dfrac{\lambda+\theta+\mu}{\theta\mu}, \end{cases} \tag{7.1.44}
$$

$$
q^* = \begin{cases} 0, & 0 < \dfrac{R}{C} \leqslant \dfrac{(\lambda+\mu)(\lambda+\theta+\mu)}{\theta\mu^2}, \\[3mm] \dfrac{\mu-x_2}{\lambda}, & \dfrac{R}{C} > \dfrac{(\lambda+\mu)(\lambda+\theta+\mu)}{\theta\mu^2}, \end{cases} \tag{7.1.45}
$$

其中,

$$
x_2 = \frac{\mu C(\lambda+\theta) + \sqrt{(\mu C(\lambda+\theta))^2 + \lambda\mu C(\lambda+\theta)(C(\theta-\mu)+\mu\theta R)}}{(C(\theta-\mu)+\mu\theta R)},
$$

并且这两个概率的大小关系仍然是 $q^* \leqslant q_e$.

7.1.4　可见情形的进队策略分析

假设在可见情形下, 顾客在到达的时刻既能知晓服务台的状态, 也能知晓重试空间中的人数. 与不可见情形类似, 相关的系统信息只对到达观察到服务台状态为忙的顾客有影响. 因为如果服务台空闲, 那么顾客立即接受服务. 对于到达观察到服务台忙的顾客来说, 增加的系统信息可能会让顾客对自己的平均收益估计得更加准确.

1. 纳什均衡策略

在先到先服务的排队系统中, 顾客不会被之后到达的顾客的行为所影响. 而在重试排队中, 重试空间里顾客的平均等待时间会受到后到达顾客行为的影响. 接下来将证明在可见情形下, 存在一个均衡的阈值策略 $[n, p]$, 其中 n 是整数, $0 \leqslant p \leqslant 1$. 具体来说, 当到达发现服务台正在忙, 如果重试空间的顾客数不多于 $n-1$ 时则进入, 如果重试空间的顾客数不少于 $n+1$ 时则止步, 如果重试空间的顾客数等于 $n+1$ 时则以概率 p 进入. 阈值策略 $[n, p]$ 也可记为 $[x]$, 其中 $x = n + p$. 如果 $[x]$ 是整数, 则是纯策略, 否则就是混合策略. 注意到策略 $[n, 1]$ 和 $[n+1, 0]$ 是等价的.

记 $\phi_{[n,p]}(i, k)$ 为有 $i(i = 0, 1)$ 个顾客正在接受服务, 有 k 个其他顾客在重试空间中, 所有顾客遵循 $[n, p]$ 阈值策略的条件下重试空间中标记顾客的平均等待时间. 如果顾客到达发现系统状态为 $(1, k)$ 并且决定进入系统, 那么他在重试空间中的平均等待时间为 $\phi_{[n,p]}(i, k)$. 以下的定理给出了标记顾客的平均等待时间 $\phi_{[n,p]}(i, k)$ 的计算.

定理 7.1.10　在可见重试排队中, 如果其他顾客在到达发现服务台正忙都遵循 $[n, p]$ 阈值策略, 那么标记顾客发现系统处于状态 $(1, k)$ 并且决定进入重试空间的平均等待时间为

(1) 对任意的 $n \geqslant 1$,

$$\phi_{[n,p]}(1, k) = a(k)\phi_{[n,p]}(1, 0) + b(k), \quad 0 \leqslant k \leqslant n - 1, \tag{7.1.46}$$

$$\phi_{[n,p]}(1, n) = \frac{\lambda + \mu + (n+1)\theta}{(n+1)\theta\mu} + \frac{n}{n+1}(a(n-1)\phi_{[n,p]}(1, 0) + b(n-1)), \tag{7.1.47}$$

其中,

$$\phi_{[n,p]}(1, 0) = \left\{ \left(\frac{\lambda p(\lambda + n\theta)}{n+1} + n\theta\mu \right) a(n-1) - (n-1)\theta\mu a(n-2) \right\}^{-1}$$
$$\times \left\{ \lambda + \mu + n\theta + \frac{\lambda p(\lambda + n\theta)(\lambda + \mu + (n+1)\theta)}{(n+1)\theta\mu} \right.$$
$$\left. - \left(\frac{\lambda p(\lambda + n\theta)}{n+1} + n\theta\mu \right) b(n-1) + (n-1)\theta\mu b(n-2) \right\}, \tag{7.1.48}$$

$a(k)$ 和 $b(k)$ 可以由以下递归求出

$$a(0) = 1, \quad a(1) = 1 + \frac{\mu\theta}{\lambda(\lambda + \theta)}, \tag{7.1.49}$$

$$a(k+1) = f_1(k)a(k) + f_2(k)a(k-1), \quad 1 \leqslant k \leqslant n - 2, \tag{7.1.50}$$

$$b(0) = 0, \quad b(1) = -\frac{\lambda + \theta + \mu}{\lambda(\lambda + \theta)}, \tag{7.1.51}$$

$$b(k+1)=f_1(k)b(k)+f_2(k)b(k-1)+g(k), \quad 1\leqslant k\leqslant n-2, \qquad (7.1.52)$$

其中

$$f_1(k)=1+\frac{(k+1)\mu\theta}{\lambda(\lambda+(k+1)\theta)}, \quad k\geqslant 1, \qquad (7.1.53)$$

$$f_2(k)=-\frac{k\mu\theta}{\lambda(\lambda+(k+1)\theta)}, \quad k\geqslant 1, \qquad (7.1.54)$$

$$g(k)=-\frac{\lambda+(k+1)\theta+\mu}{\lambda(\lambda+(k+1)\theta)}, \quad k\geqslant 1. \qquad (7.1.55)$$

(2) 当 $n=0$ 时,

$$\phi_{[0,p]}(1,0)=\frac{\lambda+\mu+\theta}{\theta\mu}. \qquad (7.1.56)$$

证明　对于情形 $n\geqslant 1$, 有以下的线性方程

$$\phi_{[n,p]}(0,0)=\frac{1}{\lambda+\theta}+\frac{\lambda}{\lambda+\theta}\phi_{[n,p]}(1,0), \qquad (7.1.57)$$

$$\phi_{[n,p]}(0,k)=\frac{1}{\lambda+(k+1)\theta}+\frac{\lambda}{\lambda+(k+1)\theta}\phi_{[n,p]}(1,k)$$
$$+\frac{k\theta}{\lambda+(k+1)\theta}\phi_{[n,p]}(1,k-1),$$
$$k=1,2,\cdots,n, \qquad (7.1.58)$$

$$\phi_{[n,p]}(1,k)=\frac{1}{\lambda+\mu}+\frac{\lambda}{\lambda+\mu}\phi_{[n,p]}(1,k+1)+\frac{\mu}{\lambda+\mu}\phi_{[n,p]}(0,k),$$
$$k=0,1,\cdots,n-2, \qquad (7.1.59)$$

$$\phi_{[n,p]}(1,n-1)=\frac{1}{\lambda p+\mu}+\frac{\lambda p}{\lambda p+\mu}\phi_{[n,p]}(1,n)+\frac{\mu}{\lambda p+\mu}\phi_{[n,p]}(0,n-1), \qquad (7.1.60)$$

$$\phi_{[n,p]}(1,n)=\frac{1}{\mu}+\phi_{[n,p]}(0,n). \qquad (7.1.61)$$

将 (7.1.58) 代入 (7.1.59) 可得

$$\phi_{[n,p]}(1,k+1)=f_1(k)\phi_{[n,p]}(1,k)+f_2(k)\phi_{[n,p]}(1,k-1)+g(k),$$
$$1\leqslant k\leqslant n-2, \qquad (7.1.62)$$

其中 $f_1(k)$, $f_2(k)$ 和 $g(k)$ 如 (7.1.53)—(7.1.55) 所示. 由 (7.1.62), $\phi_{[n,p]}(1,k)$ 可以表示为

$$\phi_{[n,p]}(1,k)=a(k)\phi_{[n,p]}(1,0)+b(k), \quad 0\leqslant k\leqslant n-1, \qquad (7.1.63)$$

其中系数 $a(k)$ 和 $b(k)$ 可以通过将 (7.1.63) 代入 (7.1.62) 得到, 如 (7.1.50) 和 (7.1.52) 所示. 取 $k = 0$, 将 (7.1.57) 代入 (7.1.59), 然后再将 (7.1.63) 中的 $\phi_{[n,p]}(1,1)$ 代入, 得到 (7.1.49) 和 (7.1.51). 接下来将 (7.1.58) 中的 $\phi_{[n,p]}(0,n)$ 代入 (7.1.61), 再代入 (7.1.62) 中的 $\phi_{[n,p]}(1, n-1)$ 得到 $\phi_{[n,p]}(1,n)$ 如 (7.1.47) 所示. 最后, 将 (7.1.58) 中的 $\phi_{[n,p]}(0, n-1)$ 代入 (7.1.60) 可以得到 $\phi_{[n,p]}(1,0)$, 如 (7.1.48) 所示.

当 $n = 0$ 时, 容易得到 $\phi_{[0,p]}(1,0)$, 如 (7.1.56) 所示. □

为了得到顾客的均衡阈值进队策略, 介绍下面两个引理.

引理 7.1.4 对任意的阈值策略 $[n,p]$ 及 $k \in [0,n]$, $\phi_{[n,p]}(1,k)$ 关于 k 是严格单调递增的.

证明 标记重试空间中的一个顾客, 并且考虑当服务台忙的时候的两种情形. 其一是有其他 k 个顾客在重试空间里, 其二是有其他 $k+1$ 个顾客在重试空间里. 在第二种情形中, 多余出来的顾客比标记顾客先接受服务的概率是 $\frac{1}{2}$, 导致增加标记顾客的等待时间. 所以, 后一种情形的平均等待时间 $\phi_{[n,p]}(1, k+1)$ 比前一种情形的平均等待时间 $\phi_{[n,p]}(1,k)$ 要长. □

引理 7.1.5 对任意的 $n \geqslant 0$ 和 $0 \leqslant k \leqslant n$, $\phi_{[n,p]}(1,k)$ 关于 $p \in [0,1]$ 是严格单调递增且连续的.

证明 标记重试空间中的一个顾客, 此时服务台正在忙, 重试空间中有其他 k 个顾客. 考虑两种情况, 所有其他顾客采用 $[n, p_1]$ 策略, 或者所有其他顾客采用 $[n, p_2]$ 策略, $0 \leqslant p_1 < p_2 \leqslant 1$. 两种情况下当标记顾客还未得到服务, 队长同时到达 n 时, 如果有一个新到达的顾客发现服务台正忙, 他会在后一种情况下以较高的概率进入, 继而更多地增加标记顾客的等待时间. 所以 $\phi_{[n,p]}(1,k)$ 关于 $p \in [0,1]$ 是严格单调递增的.

由 (7.1.50), (7.1.53) 和 (7.1.54) 可以得到

$$a(k+1) = a(k) + \frac{\mu\theta}{\lambda(\lambda + (k+1)\theta)} a(k) + \frac{k\mu\theta}{\lambda(\lambda + (k+1)\theta)}(a(k) - a(k-1)),$$
$$1 \leqslant k \leqslant n-2.$$

并由 $a(1) > a(0) > 0$, 可知 $a(k)$ 是关于 $k \in [0, n-1]$ 是严格单调递增的. 这个结论告诉我们对任意的 $p \in [0,1]$, $\phi_{[n,p]}(1,0)$ 的分母是正的. 那么 $p \in [0,1]$ 是连续的, 进而得到对所有的 $k \in [0,n]$, $\phi_{[n,p]}(1,k)$ 关于 $p \in [0,1]$ 是连续的. □

由于 $\phi_{[n,1]}(1,k) = \phi_{[n+1,0]}(1,k)$, 引理 7.1.5 又可以表述为: $\phi_{[x]}(1,k)$ 关于 x 是严格单调递增且连续的. 假设所有其他的顾客都采用 $[n,p]$ 阈值策略, 如果一个新到达的顾客发现系统的状态为 $(1,k)$ 并且决定进入重试空间, 那么定义他的平均收益为

$$S_{[n,p]}(k) = R - C\phi_{[n,p]}(1,k), \quad n \geqslant 0, \quad 0 \leqslant k \leqslant n, \tag{7.1.64}$$

接下来就要确定唯一的均衡阈值策略 $[n_e, p_e]$.

定理 7.1.11   在可见重试排队中, 纳什均衡阈值策略 $[n_e, p_e]$ 存在并且是唯一的, 可由以下步骤求得.

令 $n_e \triangleq \max\{n \geqslant 0 : S_{[n,0]}(n) > 0\}$.

情形 1: 如果 $S_{[n_e,1]}(n_e) \geqslant 0$, 那么均衡的阈值策略是 $[n_e, 1]$.

情形 2: 如果 $S_{[n_e,1]}(n_e) < 0$, 那么均衡的阈值策略是 $[n_e, p_e]$, 其中 p_e $(0 < p_e < 1)$ 是以下方程的唯一解

$$S_{[n_e,p]}(n_e) = 0,$$

其表达式为

$$
p_e = \frac{\theta\mu((n_e-1)b(n_e-2) - n_e b(n_e-1) - (n_e a(n_e-1) - (n_e-1)a(n_e-2))\psi)}{\dfrac{\lambda(\lambda + n_e\theta)}{n_e+1}\left(a(n_e-1)\psi + b(n_e-1) - \dfrac{\lambda + \mu + (n_e+1)\theta}{\theta\mu}\right)}
$$
$$
+ \frac{\lambda + \mu + n_e\theta}{\dfrac{\lambda(\lambda + n_e\theta)}{n_e+1}\left(a(n_e-1)\psi + b(n_e-1) - \dfrac{\lambda + \mu + (n_e+1)\theta}{\theta\mu}\right)}, \tag{7.1.65}
$$

其中

$$
\psi = \frac{\left(\dfrac{R}{C} - \dfrac{\lambda + \mu + (n_e+1)\theta}{(n_e+1)\theta\mu}\right)\dfrac{n_e+1}{n_e} - b(n_e-1)}{a(n_e-1)}.
$$

证明   由引理 7.1.4 和引理 7.1.5 及 (7.1.64), 可知 $S_{[n,p]}(k)$ 关于 k 和 p 分别单调递增, 而且关于 $p \in [0,1]$ 连续. 所以对任意的 n 有 $S_{[n,0]}(n) > S_{[n,1]}(n) > S_{[n,1]}(n+1) = S_{[n+1,0]}(n+1)$. 由定义有 $S_{[n_e,0]}(n_e) > 0$ 和 $S_{[n_e+1,0]}(n_e+1) \leqslant 0$. 标记一个到达发现服务台正在忙的顾客, 并讨论以下两种情形.

情形 1: $S_{[n_e,1]}(n_e) \geqslant 0$. 在这种情形下, 所有其他的顾客遵循阈值策略 $[n_e, 1]$. 如果他看到重试空间中有 k $(0 \leqslant k \leqslant n_e)$ 个顾客并且进入, 那么他的平均收益为 $S_{[n_e,1]}(k) \geqslant S_{[n_e,1]}(n_e) \geqslant 0$. 所以他会选择进入. 如果他看到 $n_e + 1$ 个顾客在重试空间里, 他的平均收益为 $S_{[n_e,1]}(n_e+1) = S_{[n_e+1,0]}(n_e+1) \leqslant 0$. 所以他会选择止步. 因此, $[n_e, 1]$ 是标记顾客的最优策略, 即 $[n_e, 1]$ 是均衡阈值策略.

情形 2: $S_{[n_e,1]}(n_e) < 0$. 在这种情形下, 由定义的条件可知 $S_{[n_e,0]}(n_e) > 0$ 和 $S_{[n_e,1]}(n_e) < 0$, 并且由于 $S_{[n_e,p]}(n_e)$ 关于 p 是严格单调递减且连续的, 所以存在唯一的 $0 < p_e < 1$ 使得 $S_{[n_e,p_e]}(n_e) = 0$. 假设其他顾客都采用 $[n_e, p_e]$ 作为他们的阈值策略. 如果标记顾客看到 $0 \leqslant k \leqslant n_e - 1$ 个顾客在重试空间中并且进入, 那么他的平均收益为 $S_{[n_e,p_e]}(k) > S_{[n_e,p_e]}(n_e) = 0$. 所以他会选择进入. 如果他看到 $n_e + 1$ 个顾客在重试空间, 那么他的平均收益为 $S_{[n_e,p_e]}(n_e+1) < S_{[n_e,p_e]}(n_e) = 0$. 所以

他会选择止步. 如果看到 n_e 个顾客在重试空间中, 那么标记顾客选择怎样的策略, 他的平均收益都为 0. 因此, $[n_e, p_e]$ 是均衡阈值策略.

下面只剩下证明均衡解的唯一性.

记 $S_{[x]}(k) = S_{[n,p]}(k)$, 其中 $x = n + p$. 由引理 7.1.4 和引理 7.1.5 及 $S_{[n,1]}(k) = S_{[n+1,0]}(k)$, 可知 $S_{[x]}(k)$ 关于 x 和 k 严格单调递减. 定义 $L(x)$ 为对于阈值策略 $[x]$ 的最优阈值的集合, 即

$$L(x) = \{x' : [x'] \text{关于阈值策略} [x] \text{是最优的阈值}\}.$$

令 $l(x)$ 表示使得不等式 $S_{[x]}(k) \geqslant 0$ 成立的最大整数 $k \geqslant 0$, 则 $L(x)$ 可以表示为

$$L(x) = \begin{cases} \{l(x) + p : 0 \leqslant p \leqslant 1\}, & S_{[x]}(l(x)) = 0, \\ \{l(x) + 1\}, & S_{[x]}(l(x)) > 0. \end{cases}$$

标记一个顾客并讨论两种情形: 其他所有顾客遵循 $[x_1]$ 和 $[x_2]$ 阈值策略 ($x_1 < x_2$). 首先来确定 $l(x_1)$ 和 $l(x_2)$ 的大小. 如果 $l(x_1) < l(x_2)$, 由 $S_{[x]}(k)$ 的单调性有 $S_{[x_1]}(l(x_2)) > S_{[x_2]}(l(x_2)) \geqslant 0$, 则 $l(x_1)$ 不是使得不等式 $S_{[x_1]}(k) \geqslant 0$ 成立的最大整数. 这与 $l(x_1)$ 的定义矛盾, 所以假设不成立, $l(x_1) \geqslant l(x_2)$.

如果 $l(x_1) > l(x_2)$, 那么对任意的 $0 \leqslant p_1, p_2 \leqslant 1$, 有 $l(x_1) + 1 \geqslant l(x_1) + p_1 \geqslant l(x_2) + 1 \geqslant l(x_2) + p_2$. 所以当其他顾客都采用 $[x_2]$ 阈值策略时, 标记顾客的最优阈值选择不会比其他顾客都采用 $[x_1]$ 阈值策略时小.

如果 $l(x_1) = l(x_2)$, 则 $S_{[x_1]}(l(x_1)) > 0$. 否则, 如果 $S_{[x_1]}(l(x_1)) = 0$, 则有 $S_{[x_2]}(l(x_2)) < S_{[x_1]}(l(x_1)) = S_{[x_1]}(l(x_1)) = 0$, 这与 $l(x_2)$ 的定义矛盾. 在这种情况下, 对于策略 $[x_1]$ 的最优反应阈值是 $l(x_1) + 1$. 由于 $S_{[x_2]}(l(x_2)) \geqslant 0$, 当其他顾客都采用 $[x_2]$ 阈值策略时标记顾客的最优阈值是 $l(x_2) + 1$ 或 $l(x_2) + p_2$. 观察到 $l(x_1) + 1 = l(x_2) + 1 \geqslant l(x_2) + p_2$.

综上所述, 在任意情况下当 $x_1 < x_2$ 时, 标记顾客对 $[x_1]$ 的最优反应阈值不比对 $[x_2]$ 的最优反应阈值小. 也就是说, 标记顾客对其他所有顾客采用的阈值 x 的最优反应阈值关于 x 单调递减, 表明这是 ATC 情形. 而在 ATC 情形中最多只有一个均衡解存在, 所以这就证明了 $[n_e, p_e]$ 是唯一的对称纳什均衡阈值策略. $\qquad\square$

2. 社会最优策略

记 n^* 为社会最优阈值策略. 当顾客到达发现服务台正忙, 他们被允许进入系统当且仅当重试空间的顾客数少于 n^*. 为得到社会最优阈值 n^*, 得先确定系统的稳态分布.

假设所有到达发现服务台正忙的顾客都采用 $[n, 0]$ 阈值策略, 即只要重试空间中顾客数少于 n, 他们就进入, 否则就止步. 很明显随机过程 $\{(I(t), N(t)), t \geqslant 0\}$ 是

一个二维连续时间的马尔可夫链, 其状态空间为 $\{0,1\} \times \{0,1,2,\cdots,n\}$, 那么系统的稳态分布由以下定理给出.

定理 7.1.12　在可见重试排队中, 如果所有到达发现服务台正在忙的顾客都采用 $[n,0]$ 阈值策略, 则系统的稳态概率 $p(i,j)$, 其中 $(i,j) \in \{0,1\} \times \{0,1,2,\cdots,n\}$, 可以表示为

$$p_{[n,0]}^{obs}(1,0) = \left\{ \sum_{j=1}^{n} \left(\frac{\lambda}{\theta\mu}\right)^j \left(1 + \frac{\mu}{\lambda+j\theta}\right) \frac{\prod\limits_{i=1}^{j}(\lambda+i\theta)}{j!} + \frac{\lambda+\mu}{\lambda} \right\}^{-1}, \quad (7.1.66)$$

$$p_{[n,0]}^{obs}(0,0) = \frac{\mu}{\lambda} p(1,0), \quad (7.1.67)$$

$$p_{[n,0]}^{obs}(1,j) = \left(\frac{\lambda}{\theta\mu}\right)^j \frac{\prod\limits_{i=1}^{j}(\lambda+i\theta)}{j!} p(1,0), \quad j=1,2,\cdots,n, \quad (7.1.68)$$

$$p_{[n,0]}^{obs}(0,j) = \left(\frac{\lambda}{\theta\mu}\right)^j \frac{\mu\prod\limits_{i=1}^{j-1}(\lambda+i\theta)}{j!} p(1,0), \quad j=1,2,\cdots,n. \quad (7.1.69)$$

证明　在稳态下系统的平衡方程为

$$(\lambda+j\theta)p(0,j) = \mu p(1,j), \quad j=0,1,\cdots,n \quad (7.1.70)$$

$$(\lambda+\mu)p(1,j) = \lambda p(0,j) + (j+1)\theta p(0,j+1) + \lambda p(1,j-1),$$
$$j=0,1,\cdots,n-1, \quad (7.1.71)$$

$$\mu p(1,n) = \lambda p(0,n) + \lambda p(1,n-1), \quad (7.1.72)$$

其中 $p(1,-1) = 0$.

求解方程组 (7.1.70)—(7.1.72), 可得

$$p(1,j) = \left(\frac{\lambda}{\theta\mu}\right)^j \frac{\prod\limits_{i=1}^{j}(\lambda+i\theta)}{j!} p(1,0), \quad j=1,2,\cdots,n. \quad (7.1.73)$$

$$p(0,0) = \frac{\mu}{\lambda} p(1,0), \quad (7.1.74)$$

$$p(0,j) = \left(\frac{\lambda}{\theta\mu}\right)^j \frac{\mu\prod\limits_{i=1}^{j-1}(\lambda+i\theta)}{j!} p(1,0), \quad j=1,2,\cdots,n. \quad (7.1.75)$$

最后剩下的未知概率 $p(1,0)$ 可由归一化条件 $\sum_{j=0}^{n}(p(0,j)+p(1,j))=1$ 得到, 如 (7.1.66) 所示. □

因为止步的概率是 $p_{[n,0]}^{obs}(1,n)$, 所以单位时间的社会收益为

$$S_{soc}^{obs}(n)=\lambda R(1-p_{[n,0]}^{obs}(1,n))-C\sum_{j=1}^{n}j(p_{[n,0]}^{obs}(0,j)+p_{[n,0]}^{obs}(1,j)),\quad n\geqslant 0.\quad (7.1.76)$$

使得 $S_{soc}^{obs}(n)$ 最大的非负整数就是要求的社会最优阈值 n^*.

由于 $S_{soc}^{obs}(n)$ 的表达式过于复杂, 故未能求得 n^* 的具体表达式. 由数值算例观察到, 社会最优阈值 n^* 要小于纳什均衡阈值 $x_e=n_e+p_e$. 这是因为, 如果顾客是非合作的, 即使重试空间已经很拥挤了, 他们也可能会进入, 而不考虑其他顾客的利益. 而如果他们是合作的, 那么他们在做决策时会尽量避免由于竞争造成的互相之间的利益消耗.

7.2 有常数重试率的 $M/M/1$ 排队系统

7.2.1 模型描述

考虑一个有常数重试率的 $M/M/1$ 排队系统. 顾客到达是参数为 λ 的泊松流, 服务时间服从参数为 μ 的指数分布. 当服务台空闲时, 新到达的顾客可以直接被服务; 当服务台忙时, 新到达的顾客可以选择进入一个先到先服务的重试空间中等待或止步. 在重试空间中, 处在队首的顾客以参数为 α 的泊松流重试, 直到获得服务离开. 假设顾客到达的间隔时间, 服务时间以及重试间隔时间彼此相互独立. 用二维向量 $(I(t),X(t))$ 表示 t 时刻系统的状态, 其中 $I(t)$ 表示服务台的状态 (0: 空闲; 1: 忙碌), $X(t)$ 表示重试空间中的顾客数目. 于是, 随机过程 $(I(t),X(t))$ 是一个状态空间为 $S=\{0,1\}\times\{0,1,2,\cdots\}$ 的连续时间马尔可夫过程.

假定顾客完成服务之后会得到回报 R, 在系统中的单位时间逗留费用为 C. 为了确保当到达的顾客发现系统为空会选择进入系统, 则假设

$$R>\frac{C}{\mu}.$$

当顾客到达发现服务台正忙时, 他们必须要做出选择: 是进入重试空间等待或是止步.

7.2.2 不可见情形的进队策略分析

在不可见情形下, 到达的顾客只能看到服务台的状态, 不知道重试空间中的顾客数目. 当服务台空闲时, 顾客会直接进入排队系统接受服务; 而当服务台处于忙

碌状态时, 假设顾客均以概率 r 进入重试空间.

引理 7.2.1　在有常数重试率的 $M/M/1$ 排队系统中, 当且仅当

$$\rho = \frac{\lambda r(\lambda + \alpha)}{\mu \alpha} < 1 \tag{7.2.1}$$

时, 系统是稳定的. 并且在稳态下, 服务台处于空闲和忙碌状态的概率分别为

$$p_{0,\cdot} = \frac{\mu - \lambda r}{\mu + \lambda(1-r)}, \tag{7.2.2}$$

$$p_{1,\cdot} = \frac{\lambda}{\mu + \lambda(1-r)}. \tag{7.2.3}$$

另外, 顾客在服务台处于忙碌状态时到达并进入重试空间后的平均逗留时间以及在系统中的平均逗留时间分别为

$$E(S|I=1) = \frac{\lambda + \alpha + \mu}{\mu \alpha - \lambda r(\lambda + \alpha)} + \frac{1}{\mu}, \tag{7.2.4}$$

$$E(S) = \frac{\mu(\alpha + \lambda r)}{(\mu \alpha - \lambda r(\lambda + \alpha))(\mu + \lambda(1-r))}. \tag{7.2.5}$$

证明　令 $(p_{i,j} : (i,j) \in S)$ 为系统的稳态概率分布, 列出平衡方程

$$\lambda p_{0,0} = \mu p_{1,0}, \tag{7.2.6}$$

$$(\lambda + \alpha) p_{0,j} = \mu p_{1,j}, \quad j = 1, 2, \cdots, \tag{7.2.7}$$

$$\lambda r p_{1,j} = \alpha p_{0,j+1}, \quad j = 0, 1, \cdots. \tag{7.2.8}$$

解方程组可得到

$$p_{0,j} = \frac{\mu}{\mu + \lambda(1-r)} \cdot \frac{\lambda}{\lambda + \alpha(1 - \delta_{j0})} \cdot (1-\rho)\rho^j, \quad j = 0, 1, 2, \cdots, \tag{7.2.9}$$

$$p_{1,j} = \frac{\mu}{\mu + \lambda(1-r)} \cdot (1-\rho)\rho^j, \quad j = 0, 1, 2, \cdots, \tag{7.2.10}$$

其中 ρ 如 (7.2.1) 所示, $\delta_{ij} = 1$ 当且仅当 $j = i$, 否则 $\delta_{ij} = 0$. 将 (7.2.9) 和 (7.2.10) 对所有的 j 求和可得到 (7.2.2) 和 (7.2.3).

利用 PASTA 性质 (到达的顾客看到服务台处于忙碌状态的概率 $p_{1,\cdot}^{\mathrm{arr}}$ 与稳态下服务台处于空闲和忙碌状态的概率 $p_{1,\cdot}$ 是一致的), 可以进入重试空间的有效达到率为

$$\lambda_{ret} = \lambda r p_{1,\cdot}^{\mathrm{arr}} = \frac{\lambda^2}{\mu + \lambda(1-r)}. \tag{7.2.11}$$

另一方面, 重试空间中的平均队长为

$$E[X] = \sum_{j=1}^{\infty} j(p_{0,j} + p_{1,j}) = \frac{\lambda^2 r(\lambda + \alpha + \mu)}{(\mu + \lambda(1-r))(\mu\alpha - \lambda r(\lambda + \alpha))}. \tag{7.2.12}$$

由 Little 公式知, 顾客进入重试空间后的平均逗留时间为 $\dfrac{E[X]}{\lambda_{ret}}$, 再加上服务时间 $\dfrac{1}{\mu}$ 可以得到 $E(S|i=1)$ 如 (7.2.4) 所示. 此外顾客在系统中的平均逗留时间可由

$$E(S) = p_{0,\cdot}\frac{1}{\mu} + p_{1,\cdot}((1-r)\cdot 0 + r \cdot E(S|i=1)) \tag{7.2.13}$$

算出. $\square$

接下来的讨论基于条件

$$\rho = \frac{\lambda(\lambda + \alpha)}{\mu\alpha} < 1. \tag{7.2.14}$$

对于不满足条件 (7.2.14) 的结论可以类似地得到.

1. 纳什均衡策略

定理 7.2.1   在不可见的有常数重试率的 $M/M/1$ 排队系统中, 存在唯一的均衡策略 "到达发现服务台处于忙碌状态时以概率 r_e" 进入重试空间, 其中 r_e 为

$$r_e = \begin{cases} 0, & \dfrac{R}{C} \leqslant t_{Le}, \\[3mm] \dfrac{\alpha\mu}{\lambda(\lambda + \alpha)} - \dfrac{\lambda + \alpha + \mu}{\lambda(\lambda + \alpha)}\left(\dfrac{R}{C} - \dfrac{1}{\mu}\right)^{-1}, & t_{Le} < \dfrac{R}{C} < t_{Ue}, \\[3mm] 1, & \dfrac{R}{C} \geqslant t_{Ue}, \end{cases} \tag{7.2.15}$$

其中

$$t_{Le} = \frac{\lambda + \alpha + \mu}{\alpha\mu} + \frac{1}{\mu}, \tag{7.2.16}$$

$$t_{Ue} = \frac{\lambda + \alpha + \mu}{\mu\alpha - \lambda(\lambda + \alpha)} + \frac{1}{\mu}. \tag{7.2.17}$$

证明   如果其他顾客看到服务台处于忙碌状态均以概率 r 进入重试空间, 则标记顾客决定进入重试空间后的平均收益为

$$S_e(r) = R - CE(S|I=1) = R - C\left(\frac{\lambda + \alpha + \mu}{\mu\alpha - \lambda r(\lambda + \alpha)} + \frac{1}{\mu}\right). \tag{7.2.18}$$

类似于定理 7.1.7 的证明方法可以得到结论, 并且容易验证这是 ATC 情形. $\square$

2. 社会最优策略

定理 7.2.2　在不可见的有常数重试率的 $M/M/1$ 排队系统中, 存在唯一的社会最优策略 "到达发现服务台处于忙碌状态时以概率 r_{soc} 进入重试空间", 其中 r_{soc} 为

$$r_{soc} = \begin{cases} 0, & \dfrac{R}{C} \leqslant t_{Lsoc}, \\[2mm] \dfrac{\mu + \lambda - A\mu\alpha}{\lambda(1 - A(\lambda + \alpha))}, & t_{Lsoc} < \dfrac{R}{C} < t_{Usoc}, \\[2mm] 1, & \dfrac{R}{C} \geqslant t_{Usoc}, \end{cases} \tag{7.2.19}$$

其中

$$A = \sqrt{\frac{\lambda R + C}{C\alpha(\lambda + \alpha)}}, \tag{7.2.20}$$

$$t_{Lsoc} = \frac{1}{\mu} + \frac{(\lambda + \alpha + \mu)(\lambda + \mu)}{\alpha\mu^2}, \tag{7.2.21}$$

$$t_{Usoc} = \frac{\mu\alpha(\lambda + \alpha + \mu) + (\lambda + \alpha)(\mu\alpha - \lambda(\lambda + \alpha))}{(\mu\alpha - \lambda(\lambda + \alpha))^2}. \tag{7.2.22}$$

证明　当给定其他顾客的进队策略 r 时, 单位时间的社会收益为

$$S_{soc}(r) = \lambda^*(r)R - C\lambda E[S(r)], \tag{7.2.23}$$

其中 $\lambda^*(r)$ 为系统的实际到达率, $E[S(r)]$ 为顾客在系统中的平均逗留时间. 由

$$\lambda^*(r) = \lambda p_{0,\cdot} + \lambda r p_{1,\cdot} = \frac{\lambda\mu}{\mu + \lambda(1 - r)}, \tag{7.2.24}$$

可得

$$S_{soc}(r) = \frac{(\lambda R + C)\mu}{\mu + \lambda(1 - r)} - \frac{C\mu\alpha}{\mu\alpha - \lambda r(\lambda + \alpha)}. \tag{7.2.25}$$

对其求导得到

$$\frac{\mathrm{d}}{\mathrm{d}r}S_{soc}(r) = 0 \Leftrightarrow \frac{\mu + \lambda(1 - r)}{\mu\alpha - \lambda r(\lambda + \alpha)} = \sqrt{\frac{\lambda R + C}{C\alpha(\lambda + \alpha)}}. \tag{7.2.26}$$

由上式可以看出, $S_{soc}(r)$ 在 $r = \dfrac{\mu + \lambda - A\mu\alpha}{\lambda(1 - A(\lambda + \alpha))}$ 处达到最优. 若 $\dfrac{\mu + \lambda - A\mu\alpha}{\lambda(1 - A(\lambda + \alpha))} \in (0, 1)$, 即 $t_{Lsoc} < \dfrac{R}{C} < t_{Usoc}$, 则最优的进队概率是 $r_{soc} = \dfrac{\mu + \lambda - A\mu\alpha}{\lambda(1 - A(\lambda + \alpha))}$; 若 $\dfrac{\mu + \lambda - A\mu\alpha}{\lambda(1 - A(\lambda + \alpha))} \leqslant 0$, 即 $\dfrac{R}{C} \leqslant t_{Lsoc}$, 则最优的进队概率是 $r_{soc} = 0$; 若 $\dfrac{\mu + \lambda - A\mu\alpha}{\lambda(1 - A(\lambda + \alpha))} \geqslant 1$, 即 $\dfrac{R}{C} \geqslant t_{Lsoc}$, 则最优的进队概率是 $r_{soc} = 1$.　□

3. 入场收入最大化策略

假设每个进队的顾客需要支付入场费 p, 则顾客接受服务后的收益由 R 降为 $R-p$, 且 $r_{prof}(p)$ 成为新的纳什均衡策略. 下面讨论使得入场收入最大化的策略 r_{prof}.

定理 7.2.3 使得入场收入最大化的进队策略 r_{prof} 为

$$r_{prof} = \begin{cases} 0, & \dfrac{R}{C} \leqslant t_{Lprof}, \\[2mm] \dfrac{\mu + \lambda - B\mu\alpha}{\lambda(1 - B(\lambda + \alpha))}, & t_{Lprof} < \dfrac{R}{C} < t_{Uprof}, \\[2mm] 1, & \dfrac{R}{C} \geqslant t_{Uprof}, \end{cases} \tag{7.2.27}$$

其中

$$B = \frac{1}{\lambda + \alpha}\sqrt{\frac{\lambda R}{C} - \frac{\lambda}{\mu} + 1}, \tag{7.2.28}$$

$$t_{Lprof} = \frac{1}{\mu} - \frac{1}{\lambda} + \frac{(\lambda + \alpha)^2(\lambda + \mu)^2}{\lambda\mu^2\alpha^2}, \tag{7.2.29}$$

$$t_{Uprof} = \frac{1}{\mu} - \frac{1}{\lambda} + \frac{\mu^2(\lambda + \alpha)^2}{\lambda(\mu\alpha - \lambda(\lambda + \alpha))^2}. \tag{7.2.30}$$

证明 对于任意的进队策略 r, 用 $S_{prof}(r)$ 表示入场收费方在单位时间内的平均利润. 由定理 7.2.1 知, 在均衡情况下有

$$R - p = C\left(\frac{1}{\mu} + \frac{\lambda + \mu + \alpha}{\mu\alpha - \lambda r(\lambda + \alpha)}\right), \tag{7.2.31}$$

解得

$$p(r) = R - \frac{C}{\mu} - \frac{(\lambda + \mu + \alpha)C}{\mu\alpha - \lambda r(\lambda + \alpha)}, \quad r \in [0, 1]. \tag{7.2.32}$$

所以有

$$S_{prof}(r) = \lambda^*(r)p(r) = \left(R - \frac{C}{\mu} + \frac{C}{\lambda}\right)\frac{\lambda\mu}{\mu + \lambda(1 - r)} - C\frac{\mu(\lambda + \alpha)}{\mu\alpha - \lambda r(\lambda + \alpha)}. \tag{7.2.33}$$

对其求导有

$$\frac{\mathrm{d}}{\mathrm{d}r}S_{prof}(r) = 0 \Leftrightarrow \frac{\mu + \lambda(1 - r)}{\mu\alpha - \lambda r(\lambda + \alpha)} = \frac{1}{\lambda + \alpha}\sqrt{\frac{\lambda R}{C} - \frac{\lambda}{\mu} + 1}. \tag{7.2.34}$$

根据定理 7.2.2 证明中的讨论方法可以得到 r_{prof}. □

接下来比较已经求得的三个进队概率.

定理 7.2.4　最优进队概率 r_e, r_{soc} 和 r_{prof} 满足以下关系

$$r_{prof} \leqslant r_{soc} \leqslant r_e. \tag{7.2.35}$$

证明　首先来证明 $r_{soc} \leqslant r_e$. 由结论 $t_{Le} < t_{Lsoc} < t_{Ue} < t_{Usoc}$, 考虑以下几种情形:

(1) 如果 $\dfrac{R}{C} \leqslant t_{Le}$, 则 $r_e = r_{soc} = 0$.

(2) 如果 $t_{Le} < \dfrac{R}{C} \leqslant t_{Lsoc}$, 则 $r_e \in (0,1)$, $r_{soc} = 0$. 所以, $r_{soc} < r_e$.

(3) 如果 $t_{Lsoc} < \dfrac{R}{C} < t_{Ue}$, 则 $r_e \in (0,1)$, $r_{soc} \in (0,1)$, 经计算得到 $r_{soc} < r_e$.

(4) 如果 $t_{Ue} \leqslant \dfrac{R}{C} < t_{Usoc}$, 则 $r_e = 1$, $r_{soc} \in (0,1)$. 所以, $r_{soc} < r_e$.

(5) 如果 $t_{Usoc} \leqslant \dfrac{R}{C}$, 则 $r_e = r_{soc} = 1$.

接下来证明 $r_{prof} \leqslant r_{soc}$. 易知有关系式 $t_{Lsoc} < t_{Lprof}$ 和 $t_{Usoc} < t_{Uprof}$, 但是 t_{Lprof} 和 t_{Usoc} 之间的大小关系不确定. 对于 $t_{Lprof} < t_{Usoc}$ 和 $t_{Lprof} \geqslant t_{Usoc}$ 的情形, 用以上类似的方法讨论可知, 在这两种情形下, $r_{soc} \geqslant r_{prof}$ 均成立. □

7.2.3　可见情形的进队策略分析

在可见情形下, 到达的顾客能够不仅能看到服务台的状态, 也能看到重试空间中的顾客数目. 用 $T(i,j)$ 表示当服务台状态为 i 时标记顾客处于重试空间中第 j 个位置的平均逗留时间. 于是有以下方程:

$$T(1,0) = \frac{1}{\mu}, \tag{7.2.36}$$

$$T(1,j) = \frac{1}{\mu} + T(0,j), \quad j = 1,2,\cdots, \tag{7.2.37}$$

$$T(0,j) = \frac{1}{\lambda+\alpha} + \frac{\lambda}{\lambda+\alpha}T(1,j) + \frac{\alpha}{\lambda+\alpha}T(1,j-1), \quad j=1,2,\cdots, \tag{7.2.38}$$

其中 $T(1,0)$ 表示标记顾客的平均服务时间. 求解以上方程组可以得到

$$T(0,j) = j\frac{\lambda+\alpha+\mu}{\mu\alpha} + \frac{1}{\mu}, \quad j=1,2,\cdots, \tag{7.2.39}$$

$$T(1,j) = j\frac{\lambda+\alpha+\mu}{\mu\alpha}, \quad j=0,1,\cdots. \tag{7.2.40}$$

为了使得当服务台时忙碌时到达的顾客会选择进入重试空间, 假设

$$\frac{R}{C} > \frac{\lambda+\alpha+\mu}{\mu\alpha} + \frac{1}{\mu}. \tag{7.2.41}$$

1. 纳什均衡策略

定理 7.2.5 在可见的有常数重试率的 $M/M/1$ 排队系统中, 存在唯一的均衡阈值策略 "当到达发现服务台处于忙碌状态时, 当且仅当重试空间中的顾客数目不超过 n_e 时顾客会选择进入重试空间", 其中均衡的阈值 n_e 为

$$n_e = \left\lfloor \frac{\mu\alpha}{\lambda + \alpha + \mu} \left(\frac{R}{C} - \frac{1}{\mu} \right) - 1 \right\rfloor. \tag{7.2.42}$$

证明 假设标记顾客到达时服务台的状态为 $(1, j)$, 如果他进入重试空间, 他将处于重试空间的第 $j+1$ 个位置, 其平均收益为

$$S_e(j) = R - CT(1, j+1) = R - C \left((j+1) \frac{\lambda + \alpha + \mu}{\mu\alpha} + \frac{1}{\mu} \right). \tag{7.2.43}$$

求解不等式 $S_e(j) \geqslant 0$ 得到结论, 当且仅当 $j \leqslant n_e$ 时顾客会选择进入重试空间. □

2. 社会最优策略

假设所有顾客都采用阈值策略 n, 接下来考虑社会最优的阈值策略. 首先, 来考察系统的稳态概率分布 $p_{i,j}$, 其状态空间为 $S = \{0, 1\} \times \{0, 1, \cdots, n+1\}$.

引理 7.2.2 在可见的有常数重试率的 $M/M/1$ 排队系统中, 如果所有到达的顾客在服务台忙碌时都遵循 n 阈值策略, 则系统的稳态概率为

$$p_{0,0} = A(n) \frac{\mu\alpha}{\lambda^2}, \tag{7.2.44}$$

$$p_{0,j} = A(n) \rho^{j-1}, \quad j = 1, 2, \cdots, n+1, \tag{7.2.45}$$

$$p_{1,j} = A(n) \frac{\alpha}{\lambda} \rho^j, \quad j = 0, 1, \cdots, n+1, \tag{7.2.46}$$

其中

$$\rho = \frac{\lambda(\lambda + \mu)}{\mu\alpha}, \tag{7.2.47}$$

$$A(n) = \left(\frac{\mu\alpha}{\lambda^2} + (1 + \rho + \cdots + \rho^n) + \frac{\alpha}{\lambda}(1 + \rho + \cdots + \rho^{n+1}) \right)^{-1}. \tag{7.2.48}$$

证明 列出系统的平衡方程

$$\lambda p_{0,0} = \mu p_{1,0}, \tag{7.2.49}$$

$$(\lambda + \alpha) p_{0,j} = \mu p_{1,j}, \quad j = 1, 2, \cdots, n+1, \tag{7.2.50}$$

$$\lambda p_{1,j} = \alpha p_{0,j+1}, \quad j = 0, 1, \cdots, n, \tag{7.2.51}$$

$$\mu p_{1,n+1} = \lambda p_{1,n} + \lambda p_{0,n+1}. \tag{7.2.52}$$

求解以上方程组并由归一化条件 $\sum_{j=0}^{n+1} (p_{0,j} + p_{1,j}) = 1$ 可以得到所有稳态概率.

接下来的讨论基于条件 $\rho \neq 1$, $\rho = 1$ 时的结论可类似得到.

定理 7.2.6 在可见的有常数重试率的 $M/M/1$ 排队系统中, 定义如下函数

$$g(x) = \frac{\alpha}{\lambda + \alpha}(x + 1) + \frac{\lambda + \alpha\rho}{(\lambda + \alpha)(1 - \rho)}\left((x + 1) - \rho\frac{1 - \rho^{x+1}}{1 - \rho}\right) - 1. \quad (7.2.53)$$

如果 $g(0) > x_e$, 则止步是社会最优的策略. 否则存在唯一的阈值策略 "到达发现服务台正忙且重试空间中的顾客数目不超过 n_{soc} 时进入重试空间" 是社会最优策略, 其中 n_{soc} 为

$$n_{soc} = \lfloor x_{soc} \rfloor, \quad (7.2.54)$$

其中 x_{soc} 是方程 $g(x) = x_e$ 的唯一非负实根.

证明 如果所有的顾客都遵循 n 阈值策略, 则单位时间系统的总的到达率为

$$\lambda^*(n) = \lambda(1 - p_{1,n+1}(n)) = \lambda - A(n)\alpha\rho^{n+1}. \quad (7.2.55)$$

进入系统的顾客的平均逗留时间为

$$E[S^*(n)] = \sum_{j=0}^{n+1}\frac{p_{1,j}(n)}{1 - p_{1,n+1}(n)}\frac{1}{\mu} + \sum_{j=0}^{n}\frac{p_{0,j}(n)}{1 - p_{1,n+1}(n)}\left(\frac{1}{\mu} + (j + 1)\frac{\lambda + \alpha + \mu}{\mu\alpha}\right),$$

$$(7.2.56)$$

则单位时间的社会收益为

$$\begin{aligned}
S_{soc}(n) &= \lambda^*(n)R - C\lambda^*(n)E[S^*(n)] \\
&= C\frac{\lambda + \alpha + \mu}{\mu + \alpha}\left(\lambda^*(n)(x_e + 1) - \lambda\sum_{j=0}^{n}(j + 1)p_{1,j}(n)\right). \quad (7.2.57)
\end{aligned}$$

接下来看证明 $S_{soc}(n)$ 的单峰性, 并且说明其在 n_{soc} 处取得最大值. 考察 $S_{soc}(n) - S_{soc}(n - 1)$ 有

$$S_{soc}(n) - S_{soc}(n - 1) \geqslant 0 \Leftrightarrow g(n) \leqslant x_e, \quad (7.2.58)$$

其中

$$g(n) = \frac{g_1(n)}{g_2(n)} - 1, \quad (7.2.59)$$

$$\begin{aligned}
g_1(n) &= \lambda\left(\sum_{j=0}^{n}(j + 1)p_{1,j}(n) - \sum_{j=0}^{n-1}(j + 1)p_{1,j}(n - 1)\right) \\
&= \frac{\alpha A(n)A(n - 1)\rho^n}{\lambda^2(1 - \rho)^2}\left(\mu\alpha(n + 1)(1 - \rho) - \lambda^2 - \lambda\alpha\rho + \lambda^2\rho^{n+1} + \lambda\alpha\rho^{n+2}\right),
\end{aligned}$$

$$(7.2.60)$$

$$g_2(n) = \lambda^*(n) - \lambda^*(n - 1) = \frac{\mu\alpha^2\rho^n}{\lambda^2}A(n)A(n - 1). \quad (7.2.61)$$

对其进行化简并用 x 替换 n 可得到 (7.2.53). 下面考察函数 $g(x)$ 的单调性. 定义如下函数

$$f(x) = g(x) - x. \tag{7.2.62}$$

对其求导有

$$\frac{\mathrm{d}}{\mathrm{d}x} f(x) = \frac{\rho}{1-\rho} + \frac{(\lambda + \alpha\rho)\rho^{x+2}\ln\rho}{(\lambda + \alpha)(1-\rho)^2} \geqslant 0, \quad x \geqslant 0. \tag{7.2.63}$$

则 $f(x)$ 和 $g(x)$ 都是单调递增的, 并且有 $\lim\limits_{x \to \infty} g(x) = \infty$. 因此存在如下两种情况: $g(0) > x_e$, 则对于所有的 $n \geqslant 0$ 都有 $g(n) > x_e$; 或者存在唯一的正整数 n_{soc} 满足 $g(n_{soc}) \leqslant x_e < g(n_{soc} + 1)$. 在第一种情况下, $S_{soc}(n)$ 是单调递减的, 所以社会最优策略是止步. 在第二种情况下, 由 (7.2.58) 知 $n_{soc} = \lfloor x_{soc} \rfloor$, 其中 x_{soc} 是方程 $g(x) = x_e$ 的唯一非负实根. $\qquad\qquad\square$

3. 入场收入最大化策略

假设对每个进队的顾客收取入场费 p, 接下来分析入场收入最大化问题.

定理 7.2.7 定义函数

$$h(x) = x + \frac{\mu(1 - \rho^{x+1})\left(1 - \dfrac{\lambda + \alpha\rho}{\lambda + \alpha}\rho^{x+2}\right)}{\lambda\rho^x(1-\rho)^2}. \tag{7.2.64}$$

如果 $h(0) > x_e$, 则所有的顾客止步是使得入场收入最大的策略. 否则存在唯一的阈值策略 "到达发现服务台正忙且重试空间中的顾客数目不超过 n_{prof} 时进入重试空间" 是最优的策略, 其中 n_{prof} 为

$$n_{prof} = \lfloor x_{prof} \rfloor, \tag{7.2.65}$$

其中 x_{soc} 是方程 $h(x) = x_e$ 的唯一非负实根.

证明 入场收费方在单位时间内的平均利润为 $S_{prof}(n) = \lambda^*(n)p(n)$, 其中 $p(n)$ 使得顾客遵循阈值策略 n 的入场费, 其表达式为

$$p(n) = R - C\left((n+1)\frac{\lambda + \alpha + \mu}{\mu\alpha} + \frac{1}{\mu}\right), \tag{7.2.66}$$

则有

$$S_{prof}(n) = \lambda^*(n)C\frac{\lambda + \alpha + \mu}{\mu\alpha}(x_e - n). \tag{7.2.67}$$

考虑其单峰性有

$$\frac{S_{prof}(n)}{S_{prof}(n-1)} \geqslant 1 \Leftrightarrow h(n) \leqslant x_e, \tag{7.2.68}$$

其中 $h(n) = n + \dfrac{\lambda^*(n-1)}{\lambda*(n) - \lambda^*(n-1)}$. 利用类似于定理 7.2.6 的证明方法可得到本定理的结论. □

最后对三个最优进队阈值进行比较.

定理 7.2.8　*最优进队阈值 n_e, n_{soc} 和 n_{prof} 满足*

$$n_{prof} \leqslant n_{soc} \leqslant n_e. \tag{7.2.69}$$

证明　首先证明 $n_{soc} \leqslant n_e$. 因为 $f(x)$ 是单调递增的, 由 $f(0) = g(0) > 0$ 知 $f(x_{soc}) \geqslant 0$, 即 $g(x_{soc}) - x_{soc} \geqslant 0$. 又因为 $g(x_{soc}) = x_e$, 所以有结论 $x_{soc} \leqslant x_e$, 分别向下取整得到 $n_{soc} \leqslant n_e$.

接下来证明 $n_{prof} \leqslant n_{soc}$. 当 $n > n_e$ 时, 由 (7.2.67) 知 $S_{prof}(n) < 0$, 即 $n_{prof} \leqslant n_e$. 所以在 $n_{soc} = n_e$ 的情况下, 有 $n_{prof} \leqslant n_{soc}$. 假设 $n_{soc} < n_e$, 如果能证明 $S_{prof}(n)$ 在 $\{n_{soc}, n_{soc}+1, \cdots, n_e - 1\}$ 上单调递减, 则由 $S_{prof}(n)$ 的单峰性知 $n_{prof} \leqslant n_{soc}$. 由 $g(n_{soc}) \leqslant x_e \leqslant g(n_{soc}+1)$ 和 $g(x)$ 的单调递增性有

$$g(n+1) \geqslant g(n_{soc}+1) > x_e, \quad n \geqslant n_{soc}. \tag{7.2.70}$$

为了证明 $S_{prof}(n)$ 在 $\{n_{soc}, n_{soc}+1, \cdots, n_e - 1\}$ 上是单调递减的, 则由 (7.2.68) 知需要证明

$$h(n+1) \geqslant x_e, \quad n_{soc} \leqslant n < n_e. \tag{7.2.71}$$

所以只需要证明 $h(n) \geqslant g(n)$, 即

$$\begin{aligned}
&n + \frac{\mu(1 - \rho^{n+1})\left(1 - \dfrac{\lambda + \alpha\rho}{\lambda + \alpha}\rho^{n+2}\right)}{\lambda\rho^n(1-\rho)^2} \\
&\geqslant \frac{\alpha}{\lambda+\alpha}(n+1) + \frac{\lambda + \alpha\rho}{(\lambda+\alpha)(1-\rho)}\left((n+1) - \rho\frac{1-\rho^{n+1}}{1-\rho}\right) - 1.
\end{aligned} \tag{7.2.72}$$

对于 $\rho < 1$ 的情形, 上式可以写成

$$n + 1 \leqslant \frac{1 - \rho^{n+1}}{(1-\rho)\rho^{n+1}}\left\{\frac{\mu\left(1 - \dfrac{\lambda+\alpha\rho}{\lambda+\alpha}\rho^{n+2}\right)}{\lambda} + \frac{\lambda(\lambda+\alpha\rho)}{\mu\alpha}\rho^n\right\}. \tag{7.2.73}$$

注意到

$$\frac{1-\rho^{n+1}}{(1-\rho)\rho^{n+1}} = \sum_{j=0}^{n+1}\left(\frac{1}{\rho}\right)^j \geqslant n+1. \tag{7.2.74}$$

为了证明 (7.2.72), 可以证明

$$\frac{\mu\left(1 - \dfrac{\lambda + \alpha\rho}{\lambda + \alpha}\rho^{n+2}\right)}{\lambda} + \frac{\lambda(\lambda + \alpha\rho)}{\mu\alpha}\rho^n \geqslant 1. \tag{7.2.75}$$

经过化简, 等价于证明

$$\frac{1}{\rho} + \frac{\lambda}{\rho\alpha}\left(1 - \frac{\lambda + \alpha\rho}{\lambda + \alpha}\rho^{n+2}\right) > 1, \tag{7.2.76}$$

这在 $\rho < 1$ 时显然成立. 对于 $\rho > 1$ 的情形由类似的讨论可以得到相同的结论. 所以对任意情形都有 $n_{prof} \leqslant n_{soc}$. $\qquad\square$

第8章　排队博弈在无线通信中的应用

过去的二十年里, 通信和计算机网络技术的发展使得通信系统排队性能分析成为一个重要研究方向, 特别是重试排队模型在无线通信中的应用. 随着计算机技术、通信技术以及多媒体的普及, 用户可以随时随地与他人进行网络交流或者获取信息. 通过因特网传输与接收信息的过程中, 计算机之间的关于局部区域网络 (局域网) 的设备路由信息起着重要作用. 重试排队模型很适合用来刻画局部区域网络的传输模式. 众所周知, 在一个局域网中, 许多基站连接着一个共同的网络服务器 (服务台). 在一个基站接收到一个信息时 (一个用户到达), 它能够观察到服务台的状态. 如果服务台是空闲的, 那么该信息将能够通过服务台传送到目标基站. 如果服务台在一个信息到达时不是空闲的, 那么此信息将被存储 (可看作是被发送至一个重试空间中) 以备下一次的重新传输. 这个重试过程将一直重复, 直到重试的信息发现服务台是空闲并被成功传输为止. 在 8.1 节中, 我们将考虑在各个基站的发送率达到均衡的情形下, 服务供应商 (服务台) 的定价策略以及社会管理者的收益最大化问题.

另一方面, 重试排队系统在认知无线电中也有着重要的应用. 近年来, 一系列关于无线电网络的研究都强调了频谱共享的技术 (如: 频谱感应、动态频谱接入协议、资源分配); 详细内容可参考相关文献 (Niyato, Hossain, 2008a, 2008b; Elaydi et al, 2011; Hossain et al, 2009; Zhang et al, 2015a, 2015b; Zhang et al, 2014b). 在一个认知无线电网络中有两类用户: 授权用户或主用户 (Primary User, PU), 它有权利在任意时刻占用频谱; 以及未授权用户或次级用户 (Secondary User, SU). 次级用户只能在频谱未被授权用户占用时才能获得服务. 因此认知无线电网络能够在频谱空闲的时候智能地动态接入次级用户, 从而有效地利用频谱. 一些文献 (Jagannathan et al, 2012; Li, Han, 2011; Do et al, 2012) 在不同的系统信息等级下, 研究了次级用户的个人最优策略以及社会最优策略. 但是这些文献假设次级用户是按先到先服务 (FCFS) 次序进行服务的, 没有考虑分散的动态频谱接入的情形, 以至于忽视了次级用户的自身行为. 这样的限制不能刻画出次级用户的本质特征. 此外, 如果假设到达的次级用户排在队列的末尾, 它将对已经在系统里的次级用户没有负外部效用. 而在实际中, 服务受阻的次级用户并不是按照先到先服务的规则进行服务, 并且一个新到来的次级用户通常会对系统中的其他次级顾客造成影响. 因此, 我们考虑建立一个带有失效和修理的重试排队系统, 其中次级用户独立地进行重试以获得服务. 主用户专用频谱可看作是一个服务台, 其中主用户相对于次级用户拥有更高的优先权. 基于动态频谱共享的概念, 在次级用户是策略性顾客的情形下, 我们将在 8.2 节给出次级用户的均衡进队策略 (可参考相关文献 (Hassin, Haviv, 2003; stidham, 2009) 了解排队论关于该模型中的应用). 同时, 我们找到次级用户在合作情况下, 社会利益达到最大的进队策略, 并寻求使得社会最优与个人均衡相一致的定价策略.

8.1 带有延迟休假的局域网应用

无线局域网中的随机接入协议是应用层面上一个重要通信协议, 其操作规程可以用重试排队系统建模分析. 为了连接网络的两个节点, 往往需要建立一个交换虚拟通道来连接. 在实际应用中, 交换虚拟通道减少花费的一个方法是设置一个闲置定时器来减少启动的次数. 具体来讲就是在服务台成功传输一个信息后, 它将处于空闲状态, 观察是否有新信息到达, 或者是否有信息尝试重试. 若这一段时间内, 没有任何信息到达, 那么这个通道将会被关闭, 服务台则进入休假状态. 如果这段时间有信息到达, 那么服务台继续保持可用状态. 在排队论的相关文献中, 这样的模型被称作是延迟休假模型, 它在通信网络中的应用也被许多学者研究, 比如 Hassan 和 Atiquzzaman (1997).

此外, 通信协议中的术语"消息产生间隔、传输时间、退避时间 (重传间隔)、超时间隔、额外预留工作时间"分别对应着的排队论中的"到达间隔, 服务时间, 重试时间, 延迟时间和休假时间". 因此, 用排队论的术语来讲, 我们考虑的是一个无等待空间的且带有延迟休假的单服务台重试排队系统. 这里的休假策略能够减少服务台的运行成本并且帮助服务台进行维修, 以防止服务器崩溃. 同时, 这样的休假策略也可以降低信息在转换过程中受阻碍的概率. 延迟休假排队在 Frey 和 Takahashi (1999), Sakai 等 (1998) 以及 Hassan 和 Atiquzzaman(1997) 的工作中都有着详细的介绍.

本节内容取自 Wang 和 Zhang(2016), 我们在 8.1.1 节中介绍基本的模型与相关假设, 之后在 8.1.2 节和 8.1.3 节中, 我们分别研究了顾客的均衡进队策略以及服务台的收益最大化问题. 在 8.1.4 节中, 我们考虑了社会收益的最大化问题. 最后, 8.1.5 节中给出了一些数值实验.

8.1.1 模型描述

我们考虑一个被多个基站共同分享的具有单个因特网服务供应商的局域网络. 在每一个基站, 用户可以通过信道发出一个信息 (包). 在发出一个信息之前, 我们允许基站可以观察信道状态. 如果信道是空闲的, 那么信息便能立即占用信道, 并且被传送至终端. 反之, 如果信道是忙的或是不可用的, 那么信息包将在一定时间后尝试重新传送, 这样的间隔时间由通信协议决定, 比如说一个退避过程. 在实际通信系统中, 人们通常用截断的二进制指数时间来刻画一个信息包的重试时间.

假设顾客以 λ 的潜在到达率到达系统. 如果一个顾客在到达时发现服务台是空闲的, 那么它将立即占用这个服务台, 接受服务后离开. 否则, 如果发现服务台是不可用的 (忙或者休假), 它将进入一个无容量限制的重试空间成为一名重试顾客. 每个重试顾客的重试过程形成一个强度为 θ 的泊松过程. 对于新到达顾客以及重试顾客, 服务时间都服从于参数为 μ 的指数分布. 并且假设预留和休假时间分别服从参数为 α 和 β 的指数分布.

我们假设所有的顾客是相同的. 顾客进入系统的入场费是 p; 完成服务后, 每个顾客得到 R 单位的报酬. 同时, 在重试空间的等待过程中, 它们将承受单位时间为 C 的等待花费. 在到达的时刻, 顾客被告知服务台是否可用.

令 $I(t)$ 服务台在时刻 t 的状态, 则 $I(t) = 0, 1$ 或 2 分别对应着服务台闲, 忙或者休假. 令 $N(t)$ 是 t 时刻重试空间中的顾客人数. 这样 $\{(I(t), N(t)), t \geqslant 0\}$ 构成了一个二维的连续时间马尔可夫链, 其中 $\{0, 1, 2\} \times \{0, 1, 2, \cdots\}$ 是它对应的状态空间.

假设所有的顾客遵循混合策略 "当发现服务台不可用时, 以概率 q 进入系统". 那么当服务台不可用时, 系统的有效到达率为 λq. 此系统是稳定的当且仅当 $\lambda q < \mu$. 令 $p(i, j)$ 为系统处于状态 (i, j) 下的平稳概率. 对于 $j = 0, 1, 2, \cdots$, 以下式子给出了系统平衡方程.

$$(\lambda + \alpha + j\theta)p(0, j) = \mu p(1, j) + \beta p(2, j), \tag{8.1.1}$$

$$(\lambda q + \mu)p(1, j) = \lambda p(0, j) + (j + 1)\theta p(0, j + 1) + \lambda q p(1, j - 1), \tag{8.1.2}$$

$$(\lambda q + \beta)p(2, j) = \alpha p(0, j) + \lambda q p(2, j - 1), \tag{8.1.3}$$

其中 $p(1, -1) = p(2, -1) = 0$.

我们定义以下的概率母函数:

$$p_i(z) = \sum_{j=0}^{\infty} z^j p(i, j), \quad i = 0, 1, 2. \tag{8.1.4}$$

定理 8.1.1 在带有延迟休假的 $M/M/1$ 重试系统中, 若发现服务台是不可用的, 所有的顾客都以 q 的概率进入系统, 我们有以下的结果

(1) 服务台在闲置, 繁忙以及休假状态的平稳概率分别为

$$p_0(1) = \frac{\beta(\mu - \lambda q)}{\lambda \beta + \lambda q \alpha + (\alpha + \beta)(\mu - \lambda q)}, \tag{8.1.5}$$

$$p_1(1) = \frac{\lambda \beta + \lambda q \alpha}{\lambda \beta + \lambda q \alpha + (\alpha + \beta)(\mu - \lambda q)}, \tag{8.1.6}$$

$$p_2(1) = \frac{\alpha(\mu - \lambda q)}{\lambda\beta + \lambda q\alpha + (\alpha + \beta)(\mu - \lambda q)}. \tag{8.1.7}$$

(2) 在服务台闲置, 繁忙以及休假状态下的平均顾客人数为

$$N_0 = \frac{\lambda q(\alpha\mu + \lambda\beta)}{\theta[\lambda\beta + \lambda q\alpha + (\alpha + \beta)(\mu - \lambda q)]}, \tag{8.1.8}$$

$$N_1 = \frac{\lambda q[(\lambda\beta + \lambda q\alpha)(\alpha\mu + \lambda\beta + \theta\beta) + \lambda q\alpha\theta(\mu - \lambda q)]}{\theta\beta(\mu - \lambda q)[\lambda\beta + \lambda q\alpha + (\alpha + \beta)(\mu - \lambda q)]}, \tag{8.1.9}$$

$$N_2 = \frac{\lambda q\alpha[\alpha\mu + \lambda\beta + \theta(\mu - \lambda q)]}{\theta\beta[\lambda\beta + \lambda q\alpha + (\alpha + \beta)(\mu - \lambda q)]}. \tag{8.1.10}$$

证明 将等式 (8.1.1)—(8.1.3) 分别乘上 z^j, 对所有的 j 求和, 在简单的代数运算后, 我们得到以下的等式:

$$(\lambda + \alpha)p_0(z) + \theta z\frac{\mathrm{d}}{\mathrm{d}z}p_0(z) = \mu p_1(z) + \beta p_2(z), \tag{8.1.11}$$

$$(\lambda q(1 - z) + \mu)p_1(z) = \lambda p_0(z) + \theta\frac{\mathrm{d}}{\mathrm{d}z}p_0(z), \tag{8.1.12}$$

$$(\lambda q(1 - z) + \beta)p_2(z) = \alpha p_0(z). \tag{8.1.13}$$

将等式 (8.1.12) 和 (8.1.13) 代入 (8.1.11), 并且消去 $\dfrac{\mathrm{d}}{\mathrm{d}z}p_0(z)$, 我们得到

$$\lambda p_0(z) = (\mu - \lambda qz)p_1(z) - \lambda q p_2(z). \tag{8.1.14}$$

将 $z = 1$ 代入 (8.1.13) 和 (8.1.14), 我们有

$$\beta p_2(1) = \alpha p_0(1), \tag{8.1.15}$$

$$\lambda p_0(1) = (\mu - \lambda q)p_1(1) - \lambda q p_2(1). \tag{8.1.16}$$

考虑归一性条件:

$$\sum_{j=0}^{\infty}(p(0, j) + p(1, j) + p(2, j)) = p_0(1) + p_1(1) + p_2(1) = 1,$$

我们得到 (8.1.5)–(8.1.7).

通过将 $z = 1$ 代入 (8.1.12) 我们得到 $N_0 = \dfrac{\mathrm{d}}{\mathrm{d}z}p_0(z)\Big|_{z=1}$, 结合 (8.1.5) 和 (8.1.6), 可得 (8.1.8). 同理, 分别对 (8.1.13) 和 (8.1.14) 求导, 并且令 $z = 1$, 再分别结合 (8.1.7),(8.1.8) 以及 (8.1.6), (8.1.8) 和 (8.1.10), 我们可以分别得到 (8.1.10) 和 (8.1.9). □

现在我们标记重试空间中的一个顾客. 定义 $T(i, k)$ 为在当一个标记顾客到达发现重试空间有 k 个其他顾客时, 服务台处于状态 i 时, 其在重试空间的平均等待时间. 我们有以下引理.

引理 8.1.1　　在带有延迟休假的 $M/M/1$ 重试排队中, 当服务台是不可用的情况下, 若所有的顾客都采取概率为 q 的进队策略, 重试空间中标记顾客的期望等待时间 $T(i,k)$ 由以下式子给出:

$$T(0,k) = mk + w, \tag{8.1.17}$$

$$T(1,k) = mk + b, \tag{8.1.18}$$

$$T(2,k) = mk + v, \tag{8.1.19}$$

其中

$$m = \frac{1}{2\mu - \lambda q}, \tag{8.1.20}$$

并且

$$w = \frac{(\alpha + \beta)(2\mu - \lambda q) + 2\lambda\beta + \lambda q\alpha}{\theta\beta(2\mu - \lambda q)}, \tag{8.1.21}$$

$$b = \frac{2\beta(\lambda + \theta) + 2\mu(\alpha + \beta) - \lambda q\beta}{\theta\beta(2\mu - \lambda q)}, \tag{8.1.22}$$

$$v = \frac{2\lambda\beta + 2\mu(\alpha + \beta + \theta) - \lambda q\beta}{\theta\beta(2\mu - \lambda q)}. \tag{8.1.23}$$

其中 $k \geqslant 0$, $i = 0, 1, 2$.

该引理的证明与 Wang 和 Zhang(2013) 中的引理 2 类似, 因此我们在此省略.

在考虑一个到达顾客发现服务台不可用 (忙或休假) 的时候, 由于 PASTA 性质, 到达顾客发现重试空间中有 j 个其他顾客且服务台不可用的的概率等于重试空间中有 j 个顾客且服务台不可用的平稳概率. 我们用 $p(1,j)$ 和 $p(2,j)$ 分别表示服务台忙和休假, 且重试空间中有 j 个顾客的概率. 如果顾客决定进入, 它在重试空间中的期望等待时间 (从到达到接受服务) 等于 $T(1,j)$ 或者 $T(2,j)$. 我们可以得到顾客在到达时刻发现服务台不可用时的期望等待时间.

定理 8.1.2　　在带有延迟休假的 $M/M/1$ 重试排队中, 当服务台不可用时, 若所有的顾客都采取概率为 q 的进队策略, 重试空间中标记顾客在重试空间中的平均等待时间是

$$T(q) = \frac{1}{\theta} + \frac{\alpha\mu}{\beta(\lambda\beta + \alpha\mu)} + \frac{\lambda\beta + \alpha\mu}{\theta\beta(\mu - \lambda q)} + \frac{\lambda\beta + \lambda q\alpha}{(\lambda\beta + \alpha\mu)(\mu - \lambda q)}. \tag{8.1.24}$$

进一步地, $T(q)$ 是关于 $q \in [0,1]$ 单调递增的.

证明 在平稳状态下, 当到达顾客发现服务台不可用时, 选择进入重试空间的期望等待时间是

$$T(q) = \frac{\sum\limits_{j=0}^{\infty} p(1,j)T(1,j) + \sum\limits_{j=0}^{\infty} p(2,j)T(2,j)}{\sum\limits_{j=0}^{\infty}[p(1,j) + p(2,j)]}$$

$$= \frac{m\sum\limits_{j=0}^{\infty}[jp(1,j) + jp(2,j)] + b\sum\limits_{j=0}^{\infty} p(1,j) + v\sum\limits_{j=0}^{\infty} p(2,j)}{\sum\limits_{j=0}^{\infty}[p(1,j) + p(2,j)]}$$

$$= \frac{m(N_1 + N_2) + bp_1(1) + vp_2(1)}{p_1(1) + p_2(1)}, \tag{8.1.25}$$

其中 m, b, v, $p_1(1)$, $p_2(1)$, N_1 和 N_2 由 (8.1.20), (8.1.22), (8.1.23), (8.1.6), (8.1.7), (8.1.9) 和 (8.1.10) 给出. 将它们代入 (8.1.25), 经过一些代数运算, 我们得到 (8.1.24). 最后, 显然有 $T(q)$ 是关于 $q \in [0,1]$ 严格单调递增的. 这个证明比较简单, 因此在此省略. $\square$

根据在 8.1.1 节我们提到的报酬-花费结构, 在顾客到达的时候, 若发现服务台是不可用的并且决定进入该系统, 那么它的期望收益为

$$S(q) = R - p - CT(q)$$
$$= R - p - C\Big(\frac{\alpha\mu}{\beta(\lambda\beta + \alpha\mu)} + \frac{(\lambda + \mu - \lambda q)\beta + \alpha\mu}{\theta\beta(\mu - \lambda q)} + \frac{\lambda\beta + \lambda q\alpha}{(\lambda\beta + \alpha\mu)(\mu - \lambda q)}\Big), \tag{8.1.26}$$

若 $\lambda < \mu$, 它有唯一的最大值

$$S(0) = R - p - C\Big(\frac{\lambda\beta + \alpha\mu + \beta\mu}{\theta\beta\mu} + \frac{\alpha\mu^2 + \lambda\beta^2}{\beta\mu(\lambda\beta + \alpha\mu)}\Big) \tag{8.1.27}$$

和唯一的最小值

$$S(1) = R - p - C\Big(\frac{\mu(\alpha + \beta)}{\theta\beta(\mu - \lambda)} + \frac{\alpha\mu}{\beta(\lambda\beta + \alpha\mu)} + \frac{\lambda(\alpha + \beta)}{(\lambda\beta + \alpha\mu)(\mu - \lambda)}\Big) \tag{8.1.28}$$

8.1.2 纳什均衡策略

到此为止, 当顾客发现服务台不可用时, 我们在以下定理中给出顾客的均衡行为.

定理 8.1.3　　在带有延迟休假的 $M/M/1$ 重试排队中, 若 $\lambda < \mu$ 并且 $p < R$, 顾客之间存在唯一的纳什均衡"当顾客到达时服务台不可用时, 都以 q_e 的概率进入系统".

$$q_e = \begin{cases} 0, & 0 < \dfrac{R-p}{C} < T(0), \\[3mm] \dfrac{1}{\lambda}\left(\mu - \dfrac{\beta(\lambda+\theta)+\alpha\mu}{\theta\beta\left(\dfrac{R-p}{C}-\dfrac{1}{\theta}-\dfrac{\alpha(\beta+\mu)}{\beta(\lambda\beta+\alpha\mu)}\right)} \right), & T(0) \leqslant \dfrac{R-p}{C} \leqslant T(1), \\[3mm] 1, & \dfrac{R-p}{C} > T(1), \end{cases}$$

$$(8.1.29)$$

其中

$$T(0) = \frac{\lambda\beta+\alpha\mu+\beta\mu}{\theta\beta\mu} + \frac{\alpha\mu^2+\lambda\beta^2}{\beta\mu(\lambda\beta+\alpha\mu)}, \tag{8.1.30}$$

$$T(1) = \frac{\mu(\alpha+\beta)}{\theta\beta(\mu-\lambda)} + \frac{\alpha\mu}{\beta(\lambda\beta+\alpha\mu)} + \frac{\lambda(\alpha+\beta)}{(\lambda\beta+\alpha\mu)(\mu-\lambda)}. \tag{8.1.31}$$

证明　　这个结论可以由定理 8.1.2 以及 $S(q)$ 在 $q \in [0,1]$ 上的单调性直接得到. 此处我们省略. □

在定理 8.1.3 中我们假设 $\lambda < \mu$, 当不等号反向时, 通过类似的推理, 一个类比的结果也成立.

定理 8.1.4　　在带有延迟休假的 $M/M/1$ 重试排队中, 若 $\lambda \geqslant \mu$ 并且 $p < R$, 顾客之间存在唯一的纳什均衡"当顾客到达时服务台不可用时, 都以 q_e 的概率进入系统"

$$q_e = \begin{cases} 0, & 0 < \dfrac{R-p}{C} < T(0), \\[3mm] \dfrac{1}{\lambda}\left(\mu - \dfrac{\beta(\lambda+\theta)+\alpha\mu}{\theta\beta\left(\dfrac{R-p}{C}-\dfrac{1}{\theta}-\dfrac{\alpha(\beta+\mu)}{\beta(\lambda\beta+\alpha\mu)}\right)} \right), & \dfrac{R-p}{C} \geqslant T(0). \end{cases}$$

$$(8.1.32)$$

8.1.3　入场收入最大化策略

在这一节, 我们考虑服务台的收益最大化问题. 从 8.1.2 节我们知道对于任意给定的价格 p, 顾客之间存在一个均衡策略, 而且 (8.1.29) 和 (8.1.32) 给出的均衡下

的进队策略 q_e 是一个关于价格 p 的函数. 在对顾客的需求信息完全已知的情形下, 我们现在考虑通过向顾客提供服务而获益的服务台的定价策略. 显然, 如果服务台定价过高, 将只有很少一部分顾客选择进入系统并接受服务. 但是, 如果服务台定价过低, 其收益也会相应地减少. 对服务台而言, 它的目的就是通过调节价格使得自身收益最大. 换句话说, 价格是服务台的决策变量.

因此, 服务台的收益管理问题便是在 $0 < p < R$ 的范围内最大化以下函数

$$f(p) = \lambda^*(p)p, \tag{8.1.33}$$

其中 $\lambda^*(p)$ 是在给定价格 p 下的顾客均衡到达率

$$\begin{aligned} \lambda^*(p) &= \lambda p_0(1) + \lambda q_e(p)(1 - p_0(1)) \\ &= \lambda\mu\left(\frac{\beta + \alpha q_e(p)}{\lambda\beta + \alpha\mu + \beta(\mu - \lambda q_e(p))}\right). \end{aligned} \tag{8.1.34}$$

和之前的分析类似, 接下来分两种情况进行讨论, 分别是 $\lambda < \mu$ 和 $\lambda \geqslant \mu$.

首先考虑第一种情形 $\lambda < \mu$. 在这种情形下, $q_e(p)$ 由 (8.1.29) 给出.

如果 $R < CT(0)$, 对于到达发现服务台不可用且选择进入重试空间的顾客, 它的期望等待花费将超过它所获得的报酬. 那么它一定不会进入该系统. 因此, 顾客进入系统仅当它们到达发现服务台是空闲的情形. 将 $q_e(p) = 0$ 代入 (8.1.34) 和 (8.1.33), 得到服务台的收益为

$$f(p) = \frac{\lambda\beta\mu}{\alpha\mu + \lambda\beta + \beta\mu}p. \tag{8.1.35}$$

此时服务台的最优定价 p_l 将无限趋于 R.

然后考虑 $R \geqslant CT(0)$ 的情形, 得到以下的结果.

定理 8.1.5 服务台的目标函数 $f(p)$ 是关于 $p \in ((R - CT(1))^+, R - CT(0)]$ 的凹函数, 其中 $x^+ = \max\{0, x\}$.

证明 根据 (8.1.29) 的第二个分支, 可以得到当 $\max\{0, R - CT(1)\} < p \leqslant R - CT(0)$ 时, $q_e(p)$ 能被表示为

$$q_e(p) = \frac{1}{\lambda}\left(\mu - \frac{\beta(\lambda + \theta) + \alpha\mu}{\theta\beta\left(\dfrac{R - p}{C} - \dfrac{1}{\theta} - \dfrac{\alpha(\beta + \mu)}{\beta(\lambda\beta + \alpha\mu)}\right)}\right), \tag{8.1.36}$$

并且它是关于 p 单减且凹的, 这是因为

$$\frac{\mathrm{d}q_e(p)}{\mathrm{d}p} = -\frac{\beta(\lambda + \theta) + \alpha\mu}{\lambda\beta\theta C}\left(\frac{R - p}{C} - \frac{1}{\theta} - \frac{\alpha(\beta + \mu)}{\beta(\lambda\beta + \alpha\mu)}\right)^{-2} < 0, \tag{8.1.37}$$

$$\frac{\mathrm{d}^2q_e(p)}{\mathrm{d}p^2} = -\frac{2[\beta(\lambda + \theta) + \alpha\mu]}{\lambda\beta\theta C^2}\left(\frac{R - p}{C} - \frac{1}{\theta} - \frac{\alpha(\beta + \mu)}{\beta(\lambda\beta + \alpha\mu)}\right)^{-3} < 0. \tag{8.1.38}$$

分别对 (8.1.34) 中的 $\lambda^*(p)$ 进行一阶和二阶求导, 我们得到

$$\frac{\mathrm{d}\lambda^*(p)}{\mathrm{d}p} = \frac{\lambda\mu(\alpha+\beta)(\lambda\beta+\alpha\mu)}{[\lambda\beta+\alpha\mu+\beta(\mu-\lambda q_e(p))]^2}\frac{\mathrm{d}q_e(p)}{\mathrm{d}p} < 0, \tag{8.1.39}$$

$$\frac{\mathrm{d}^2\lambda^*(p)}{\mathrm{d}p^2} = \frac{\lambda\mu(\alpha+\beta)(\lambda\beta+\alpha\mu)^2}{[\lambda\beta+\alpha\mu+\beta(\mu-\lambda q_e(p))]^3}\frac{\mathrm{d}^2 q_e(p)}{\mathrm{d}p^2} < 0. \tag{8.1.40}$$

因此, 服务台收益的二阶导数是

$$\frac{\mathrm{d}^2 f(p)}{\mathrm{d}p^2} = p\frac{\mathrm{d}^2\lambda^*(p)}{\mathrm{d}p^2} + 2\frac{\mathrm{d}\lambda^*(p)}{\mathrm{d}p} < 0, \tag{8.1.41}$$

显然, $f(p)$ 是一个凹函数. □

当 $p \in (R-CT(0), R)$, 我们有 $q_e(p)=0$, 此时由 (8.1.35) 出的 $f(p)$ 在点 p_l 取得最大值.

当 $p \in (0, R-CT(0)]$, 我们分两种情况进行讨论.

(1) 若 $R-CT(1) \leqslant 0$, 我们考虑 $p \in [0, R-CT(0)]$ 的情形. 我们容易发现当 $p=0$ 时, $f(p)=0$, 因此这不是最优的定价. 由定理 8.1.5, $f(p)$ 在 $p \in (0, R-CT(0)]$ 上是凹的并且最多只存在一个满足一阶最优性条件的点

$$\lambda^*(p) + p\frac{\mathrm{d}\lambda^*(p)}{\mathrm{d}p} = 0. \tag{8.1.42}$$

若满足一阶最优性条件的点存在, 我们将其表示为 p_m. 在这样的条件下, 最优的定价或者是 p_m, 或者是 p_l. 对 $f(p_l)$ 和 $f(p_m)$ 进行比较, 我们可以获得最优的定价策略.

(2) 若 $R-CT(1) > 0$, 当 $0 < p \leqslant R-CT(1)$ 时, $q_e(p)=1$. 将 $q_e(p)=1$ 代入 (8.1.33), 则服务台的收益函数是

$$f(p) = \lambda p. \tag{8.1.43}$$

显然最优的价格在 $R-CT(1)$ 处取得. 另一方面, 由定理 8.1.5 知, $f(p)$ 在 $p \in (R-CT(1), R-CT(0)]$ 上是一个凹函数, 因此最多只存在一个满足 (8.1.42) 条件的点. 如果它存在, 我们将满足该点记为 p_h. 在这样的情形下, 对 $f(p_l)$, $f(R-CT(1))$ 和 $f(p_h)$ 进行比较, 我们可以获得最优的定价策略.

总的来说, 当 $\lambda < \mu$ 时, 以上的结果可以概括为以下定理.

定理 8.1.6　在具有延迟休假机制的 $M/M/1$ 重试排队系统中, 当 $\lambda < \mu$ 时, 使得服务台收益最大的定价 p_e 能通过以下步骤确定:

(1) 若 $R < CT(0)$, 最优价格是 p_l, 它是趋近于报酬 R 的;

(2) 若 $CT(0) \leqslant R \leqslant CT(1)$, 令 p_m 为方程 (8.1.42) 在 $p \in (0, R-CT(0)]$ 上的解 (如果存在), 其中 $\lambda^*(p)$ 和 $q_e(p)$ 分别由 (8.1.34) 和 (8.1.36) 给出. 那么服务台的最优价格是: $p_e = \arg\max\{f(p), p \in \{p_l, p_m\}\}$;

(3) 若 $R > CT(1)$, 令 p_h 为方程 (8.1.42) 在 $p \in (R - CT(1), R - CT(0)]$ 上的解 (如果存在), 其中 $\lambda^*(p)$ 和 $q_e(p)$ 分别由 (8.1.34) 和 (8.1.36) 给出. 那么服务台的最优价格是: $p_e = \arg\max\{f(p), p \in \{p_l, R - CT(1), p_h\}\}$.

其中 $T(0)$ 和 $T(1)$ 分别由 (8.1.30) 和 (8.1.31) 给出.

对于 $\lambda \geqslant \mu$ 的情形, 一个类比的结果可以直接在以下定理得到.

定理 8.1.7 在具有延迟休假机制的 $M/M/1$ 重试排队系统中, 当 $\lambda \geqslant \mu$ 时, 使得服务台收益最大的定价 p_e 能通过以下步骤确定:

(1) 若 $R < CT(0)$, 最优价格是 p_l, 它是趋近于报酬 R 的.

(2) 若 $R \geqslant CT(0)$, 令 p_s 为方程 (8.1.42) 在 $p \in (0, R - CT(0)]$ 上的解 (如果存在), 其中 $\lambda^*(p)$ 和 $q_e(p)$ 分别由 (8.1.34) 和 (8.1.36) 给出. 那么服务台的最优价格是: $p_e = \arg\max\{f(p), p \in \{p_l, p_s\}\}$.

其中 $T(0)$ 由 (8.1.30) 给出.

8.1.4 社会最优策略

根据定义, 社会收益为服务台与顾客的收益之和. 对于一个给定的费用 p 和进队概率 q, 顾客单位时间的收益为 $CS = \lambda p_0(1)(R - p) + \lambda q(p_1(1) + p_2(1))(R - p - CT(q))$. 同时, 服务台单位时间的收益为 $SS = (\lambda p_0(1) + \lambda q(p_1(1) + p_2(1)))p$. 因此, 社会收益可以表示为

$$
\begin{aligned}
SW &= CS + SS \\
&= (\lambda p_0(1) + \lambda q(p_1(1) + p_2(1)))R - C\lambda q(p_1(1) + p_2(1))T(q) \\
&= \frac{(\lambda\beta + \lambda q\alpha)\mu}{\lambda\beta + \lambda q\alpha + (\alpha + \beta)(\mu - \lambda q)}R - \frac{\lambda q[(\alpha + \beta)(\alpha\mu + \lambda\beta) + \alpha\mu\theta]}{\theta\beta[\lambda\beta + \lambda q\alpha + (\alpha + \beta)(\mu - \lambda q)]}C \\
&\quad - \frac{\lambda q(\lambda\beta + \lambda q\alpha)(\alpha\mu + \lambda\beta + \theta\beta)}{\theta\beta(\mu - \lambda q)[\lambda\beta + \lambda q\alpha + (\alpha + \beta)(\mu - \lambda q)]}C.
\end{aligned}
\tag{8.1.44}
$$

通过观察, 我们发现社会收益是一个关于 q 的函数. 当提出一个定价 p 的时候, 顾客将会选择相应的进队概率去使得自身的收益最大化. 而社会管理者的目的是通过调节价格使得顾客能够达到社会最优时的进队概率. 我们首先考虑的问题是通过改变 q 使得 SW 最大, 即寻找最大的社会收益所对应的进队概率 q^*. 然后我们将证明这样的社会最优的止步策略是唯一的.

定理 8.1.8 在带有延迟休假的 $M/M/1$ 重试排队系统中, 若 $\lambda < \mu$, 存在唯一的混合策略 "若顾客在到达时刻发现服务台不可用, 则以概率 q^* 进队" 使得社会收益最大化, 这样的 q^* 由以下式子给出:

$$q^* = \begin{cases} 0, & 0 < \dfrac{R}{C} < W_1, \\ q^{**}, & W_1 \leqslant \dfrac{R}{C} \leqslant W_2, \\ 1, & \dfrac{R}{C} > W_2, \end{cases} \qquad (8.1.45)$$

其中

$$q^{**} = \frac{\mu\beta A - \beta B - \sqrt{\beta^2 B^2 + AB\beta(\lambda\beta + \alpha\mu)}}{\lambda\beta A}, \qquad (8.1.46)$$

$$W_1 = \frac{(\lambda\beta + \alpha\mu + \beta\mu)[(\lambda\beta + \alpha\mu)(\lambda\beta + \alpha\mu + \beta\mu + \theta\beta) + \alpha\mu\theta(\beta - \mu)]}{\theta\beta\mu^2(\alpha + \beta)(\lambda\beta + \alpha\mu)}, \qquad (8.1.47)$$

$$W_2 = \frac{\mu(\lambda\beta + \alpha\mu + \theta\beta)[\alpha\mu^2(\alpha + 2\beta) + \lambda\beta^2(2\mu - \lambda)]}{\theta\beta\mu(\alpha + \beta)(\lambda\beta + \alpha\mu)(\mu - \lambda)^2}$$
$$- \frac{(\mu - \lambda)^2[\beta^2(\theta - \mu)(\lambda\beta + \alpha\mu) - \alpha\theta(\beta - \mu)(\lambda\beta + \alpha\mu + \beta\mu)]}{\theta\beta\mu(\alpha + \beta)(\lambda\beta + \alpha\mu)(\mu - \lambda)^2}, \qquad (8.1.48)$$

以及

$$A = \theta\beta\mu(\alpha + \beta)(\lambda\beta + \alpha\mu)R + \beta^2(\lambda\beta + \alpha\mu)(\theta - \mu)C$$
$$- \alpha\theta(\beta - \mu)(\lambda\beta + \alpha\mu + \beta\mu)C, \qquad (8.1.49)$$

$$B = \beta\mu(\lambda\beta + \alpha\mu)(\lambda\beta + \alpha\mu + \theta\beta)C. \qquad (8.1.50)$$

证明　为简洁起见, 我们省去这里的证明. 实际上, 根据 Wang 和 Zhang(2013) 中的定理 4 的相关证明方法, 我们可以立即得到本定理的结果. □

对于 $\lambda \geqslant \mu$ 的情形, 我们可以得到类似的结论.

定理 8.1.9　在带有延迟休假的 $M/M/1$ 重试排队系统中, 若 $\lambda \geqslant \mu$, 存在唯一的混合策略"若顾客在到达时刻发现服务台不可用, 则以概率 q^* 进队"使得社会收益最大化, 这样的 q^* 由以下式子给出:

$$q^* = \begin{cases} 0, & 0 < \dfrac{R}{C} < W_1, \\ q^{**}, & \dfrac{R}{C} > W_1, \end{cases} \qquad (8.1.51)$$

其中 q^{**} 和 W_1 分别由 (8.1.46) 和 (8.1.47) 给出.

现在最后一个问题便是如何确定最优的价格, 使得顾客的个人均衡与社会最优下的行为相一致. 也就是说, 通过适当的定价, 我们需要消去顾客均衡与社会最优之间的差异. 首先, 我们考虑 $\lambda < \mu$ 的情形, 并且得到以下结论.

定理 8.1.10 在带有延迟休假的 $M/M/1$ 重试排队系统中, 若 $\lambda < \mu$, 使得单位时间社会收益最优的定价 p^* 满足

$$
p^* = \begin{cases}
C(W_1 - T(0)), & 0 < \dfrac{R}{C} < W_1, \\[2mm]
R - C\Big(\dfrac{1}{\theta} + \dfrac{\alpha(\mu - \beta)}{\beta(\lambda\beta + \alpha\mu)} + \dfrac{\beta(\lambda + \theta) + \alpha\mu}{\theta\beta(\mu - \lambda q^{**})}\Big), & W_1 \leqslant \dfrac{R}{C} \leqslant W_2, \\[2mm]
C(W_2 - T(1)), & \dfrac{R}{C} > W_2,
\end{cases} \qquad (8.1.52)
$$

其中 $T(0)$, $T(1)$, W_1, W_2 以及 q^{**} 分别由 (8.1.30), (8.1.31), (8.1.47), (8.1.48) 和 (8.1.46) 给出.

证明 当 $\dfrac{R}{C} < W_1$ 时, 社会最优的进队概率是 0. 我们令 $p = C(W_1 - T(0))$, 那么有 $\dfrac{R - p}{C} < T(0)$, 同时这也是顾客均衡进队概率为 0 的条件. 因此, $p = C(W_1 - T(0))$ 是使得个人均衡与社会最优相一致的最优定价, 从而我们得到了 (8.1.52) 的第一种情形.

利用相同的方法, 我们可以得到 (8.1.52) 的第三种情形.

当 $\dfrac{R}{C} \in [W_1, W_2]$ 时, 由 (8.1.45) 可知, 社会最优下的进队概率为 q^{**}. 令

$$
q^{**} = \frac{1}{\lambda}\left(\mu - \frac{\beta(\lambda + \theta) + \alpha\mu}{\theta\beta\Big(\dfrac{R - p}{C} - \dfrac{1}{\theta} - \dfrac{\alpha(\mu - \beta)}{\beta(\lambda\beta + \alpha\mu)}\Big)} \right),
$$

可以得到

$$
p = R - C\Big(\frac{1}{\theta} + \frac{\alpha(\mu - \beta)}{\beta(\lambda\beta + \alpha\mu)} + \frac{\beta(\lambda + \theta) + \alpha\mu}{\theta\beta(\mu - \lambda q^{**})}\Big).
$$

若采取这样的定价, 我们有 $\dfrac{R - p}{C} \in [T(0), T(1)]$. 由 (8.1.29) 的第二种情形, 得到顾客的均衡进队概率为 q^{**}. 此时顾客的个人均衡也与社会的最优收益相一致. 从而我们得到了 (8.1.52) 的第二种情形. $\qquad\square$

同理, 对 $\lambda \geqslant \mu$ 的情形, 我们可以做类似的分析.

定理 8.1.11 在带有延迟休假的 $M/M/1$ 重试排队系统中, 当 $\lambda \geqslant \mu$ 时, 使得单位时间社会收益最优的定价 p^* 满足

$$
p^* = \begin{cases}
C(W_1 - T(0)), & 0 < \dfrac{R}{C} < W_1, \\[2mm]
R - C\Big(\dfrac{1}{\theta} + \dfrac{\alpha(\mu - \beta)}{\beta(\lambda\beta + \alpha\mu)} + \dfrac{\beta(\lambda + \theta) + \alpha\mu}{\theta\beta(\mu - \lambda q^{**})}\Big), & \dfrac{R}{C} \geqslant W_1.
\end{cases} \qquad (8.1.53)
$$

8.1.5   数值实验

本节将通过数值实验探究参数对服务台和社会管理者定价策略的影响.

我们观察到图 8.1.1 中 p_e 是关于 μ 是单增的, 但是 p^* 关于 μ 却不是单增的. 这是因为当 μ 增大的时候, 服务供应商在单位时间内能够服务更多的顾客, 从而导致制定更高的入场费而社会管理者将选择降低费用使得更多的顾客能够进入系统当中, 以至于能够补偿由增加的进队顾客造成的多余的等待花费. 除此以外, 当 μ 很小的时候, 服务台可能会制定一个很低的价格 (低于社会最优的价格) 以至于能够吸引到更多的顾客进入该系统并接受服务, 从而谋取更大的利益. 与之对比的是, 当 μ 足够大时, 有大量的顾客希望获取服务. 因此, 服务台可以设定一个很高的价格 (高于社会最优的价格) 去使得自身利益最大化.

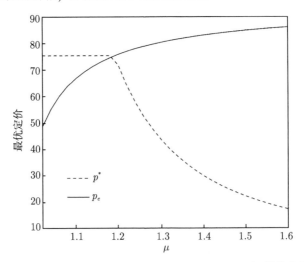

图 8.1.1   当 $\lambda = 0.9$, $\theta = 0.3$, $\alpha = 0.2$, $\beta = 0.4$, $R = 100$, $C = 1$ 时, 服务台和社会管理者的最优定价关于 μ 的变化

图 8.1.2 描述了到达率对于服务台和社会管理者的定价策略的影响. 注意到 p_e 关于 λ 是单调递减的, 但 p^* 关于 λ 是非减的. 原因是当 λ 增加时, 到达的顾客可能认为重试空间的人数很多, 从而犹豫是否进入. 因此当 λ 足够大时, 服务台不得不制定一个较低的价格 (低于社会最优下的价格), 以至于能够吸引更多的潜在用户使自身的利益最大化. 然而对社会管理者而言, 它将选择一个更高的价格以防产生过多的等待花费.

对 β 而言, 当它增加时, 平均的休假时间将会减少, 从而导致重试空间中顾客的等待时间减少, 以至于他们的等待花费减少. 此时服务台和社会管理者均能够通过制定更高的价格获得更大的利益. 正如图 8.1.3 所呈现的, p_e 是分段的且关于 β 非减的函数, 而 p^* 关于 β 是单增的. 当 β 很小的时候, 服务台能够通过制定和报酬差不多大的价格使得自身利益最大. 当 β 足够大时, 平均的休假时间变得很短, 服务台可能制定一个低于社会最优的价格去增加进队的顾客以使自身利益最大. 我们同时注意到 p_e 不是关于 β 连续的. 这个现象可以解释为: 由于 $R > CT(1)$ 对所有的处于 0.3 到 0.6 的 β 成立, 那么服务台的最优定价 p_e 便是 $\max\{f(p_l), f(R - CT(1)), f(p_h)\}$ 所对应的价格. 当 β 从 0.3 开始增加时, 最优的定价为 $p_e = p_l$, 其中 p_l 是趋于 R 的. 当 β 继续增大到 0.45 到 0.5 之间的时候, 最优的定价 p_e 突然由之前的 p_l 变为 p_h, 其中 p_h 是小于 p_l. 因此, 这时存在一个突然的变化, 从而解释了为什么 p_e 是不连续的.

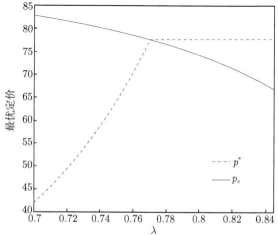

图 8.1.2 当 $\mu = 1$, $\theta = 0.3$, $\alpha = 0.2$, $\beta = 0.4$, $R = 100$, $C = 1$ 时, 服务台和社会管理者的最优定价关于 λ 的变化

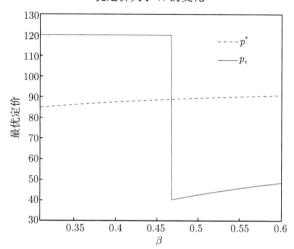

图 8.1.3 当 $\lambda = 0.9$, $\mu = 1$, $\theta = 0.3$, $\alpha = 0.2$, $R = 120$, $C = 1$ 时, 服务台和社会管理者的最优定价关于 β 的变化

　　图 8.1.4 根据不同的 α 描述了服务台和社会管理者所对应的最优定价. 当 α 增加时, 在一次服务完成后, 服务台的预留时间将会变短. 这样重试空间里的顾客就不得不浪费更多的时间去重试, 导致到达的顾客可能更不愿进入系统. 为了吸引更多的顾客进入系统, 服务台和社会管理者都将制定一个较低的价格去减少顾客的花费. 从而解释了图 8.1.4 中两条曲线的单减性质.

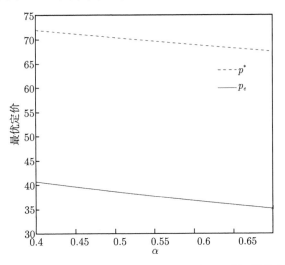

图 8.1.4　当 $\lambda = 0.9$, $\mu = 1$, $\theta = 0.3$, $\beta = 0.4$, $R = 100$, $C = 1$ 时, 服务台和社会管理者的最优定价关于 α 的变化

　　类似于图 8.1.3, 在图 8.1.5 中, 我们很容易发现 p_e 是关于 θ 的非减的分段函数, 而 p^* 是关于 θ 单增的函数. 这是因为当重试次数越频繁的时候, 顾客在重试空

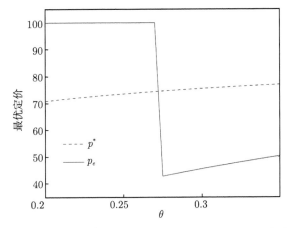

图 8.1.5　当 $\lambda = 0.9$, $\mu = 1$, $\alpha = 0.2$, $\beta = 0.4$, $R = 100$, $C = 1$ 时, 服务台和社会管理者的最优定价关于 θ 的变化

间的逗留时间将会减少, 从而导致顾客的总体花费减少. 因此, 随着 θ 的增加, 服务台和社会管理者都将通过提高定价以获得更大的利益. 当 θ 很小时, 服务台制定的最优价格将趋近于报酬 R; 当 θ 很大时, 顾客将花费更少的时间待在重试空间里, 以至于产生更少的等待花费. 此时服务台为使自身利益最大, 将通过制定低于社会最优的价格以吸引更多的顾客接受服务.

图 8.1.6 展示了策略性顾客关于不同定价 p 的进队概率. 我们发现进队概率关于 p 几乎是呈线性的, 这和我们预期的结果是一致的. 在图 8.1.7 中我们展示了策

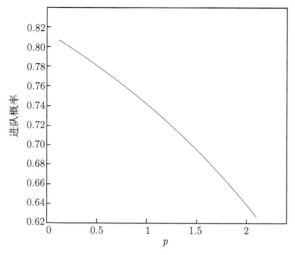

图 8.1.6　当 $\lambda = 0.8$, $\mu = 1$, $\alpha = 0.1$, $\theta = 0.7$, $\beta = 0.5$, $R = 9$, $C = 1$ 时, 顾客的进队概率关于 p 的变化

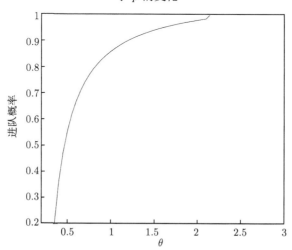

图 8.1.7　当 $\lambda = 0.8$, $\mu = 1$, $\alpha = 0.1$, $\beta = 0.5$, $R = 9$, $C = 1$ 时, 顾客的进队概率关于 θ 的变化

略性顾客关于不同重试率 θ 的进队概率. 显然, 当 θ 增加的时候, 策略性顾客的进队概率 q_e 也增加. 当 θ 达到一个阈值的时候, 进队概率将很快趋于 1, 这是因为此时的重试率特别大, 系统将退化成传统的先到先服务排队系统.

8.2　认知无线电中的应用

由 Mitola (2001) 提出的认知无线电 (CR), 在不改变原有的主用户通信设施的基础上, 可以有效地提高无线电频谱的效用. 在认知无线电中, 基于动态频谱分享的概念, 机会频谱接入可分为集中式和分散式认知介质访问控制协议. 在集中式动态频谱接入的情况下, 一个中央控制器对所有用户的频谱接入作决策. 然而, 通过分散或分布式动态频谱接入, 次级用户可以独立自主地作出频谱接入的决策. 在分散的动态频谱接入的情况下, 由于次级用户是非合作的, 它们可以独立地做出自己的决定, 因此这可以被看成是一种博弈, 本节将关注于次级用户的进队策略以及对应的无线电网络的纳什均衡 (可参考相关文献 (Hassin, Haviv, 2003; Stidham, 2009) 了解排队论关于该模型中的应用). 相对应地, 在集中的动态频谱接入的情况下, 我们将寻找一个由中央控制器设计的合作策略, 以使次级用户的整体收益最大化.

参考 Wang 和 Li(2016), 在 8.2.1 节中我们介绍基本的模型与相关假设. 在 8.2.2 节和 8.2.3 节我们分别研究了次级用户在非合作 (个人均衡) 以及合作 (社会最优) 下的均衡进队策略. 在 8.2.4 节中, 我们得到了使得个人均衡与社会最优相一致的定价策略. 在 8.2.5 节中我们通过数值实验给出参数的敏感程度分析.

8.2.1　模型描述

我们考虑一个带有单个主用户专用频谱的认知无线电系统. 这个专用频谱可当成是服务主用户以及次级用户的服务台. 在此系统中, 在专用频谱没有被主用户或者次级用户占用的时候, 次级用户将随机地尝试占用该专用频谱以获取服务. 换句话来说, 只要专用频谱是空闲的, 我们允许次级用户接入该专用频谱, 但是主用户可以随时打断它的服务. 即只要当主用户需要服务的时候, 专用频谱将停止对次级用户的服务. 此外, 我们假设被打断的次级用户不会再次进入重试空间, 而是在服务区域等待, 当该主用户服务结束后, 它将立刻占用该服务台. 因此, 该专用频谱 (服务台) 具有四个状态: 空闲, 被次级用户占用, 被主用户占用且有一个被打断的次级用户, 被主用户占用但没有被打断的次级用户.

假设主用户的到达服从一个参数为 α 的泊松过程, 服务时间是一个参数为 β 的指数分布. 次级用户以一个到达率为 λ 的泊松过程到达该系统. 在没有主用户的时候, 我们假设次级用户的服务时间服从于一个参数为 μ 的指数分布.

在到达的时刻, 每一个次级用户只能够感应到专用频谱是否是空闲的. 即当次级用户发现专用频谱不可用时, 它不知道专用频谱是被主用户占用还是次级用户占用的. 并且次级用户也不能知道重试空间中有多少个与它相同的次级用户. 根据专用频谱的信息, 每一个到达的次级用户必须决定是否进入重试空间以尝试通过重试获取服务还是就此止步. 除此以外, 次级用户的决定是不能改变的, 即一旦决定进入重试空间, 它将不能再次选择止步或者中途退出. 次级用户的重试间隔时间服从参数为 θ 的指数分布, 并且顾客之间的重试是相互独立的. 我们假设次级用户的到达间隔, 服务时间, 以及重试的间隔时间, 主用户的到达间隔, 主用户的逗留时间都是相互独立的.

当一个次级用户决定进入重试空间时, 在重试空间中占用的这段时间将会产生一个费用 (这个费用从进入重试空间那一刻起, 一直累积到离开重试成功那一刻). 和 8.1 节一样, 我们用 C 表示单位时间次级用户在重试空间中的花费. R 表示服务报酬. 我们假设次级用户的广义服务时间为次级用户从进入专用频谱直到离开系统的这段时间, 即 $\frac{1}{\mu}\left(1+\frac{\alpha}{\beta}\right)$. 记 $\rho_1 = \frac{\lambda}{\mu}$ 以及 $\rho_2 = \frac{\alpha}{\beta}$ 分别为次级用户和主用户的服务强度. 为了方便, 引入 $\rho = \rho_1(1+\rho_2)$, $\rho_\theta = \frac{\theta}{\mu}$, 以及 $\bar{a} \equiv 1-a$, $a \in [0,1]$. 假设所有的次级用户都策略性的并且是风险中立的. 在本小节中, 我们将考虑两种情形. 一种是次级用户之间是非合作的, 即它们希望最大化自身的期望收益. 另一种是次级用户可以相互合作的情形, 其目的是最大化所有次级用户的收益之和. 我们假设从次级用户成功接入专用频谱后, 将不会再产生等待花费, 因此如果一个到达的次级用户发现专用频谱是空闲的, 无论是合作还是非合作的情形它都将立刻占用专用频谱, 因为这样总能给它带来正的效益 R. 因此, 对于到达发现专用频谱空闲的次级用户来说, 进入系统是一个占优的策略. 在以下的章节里, 我们将重点关注次级用户在到达时刻发现专用频谱是不可用时的均衡策略. 在此模型下, 我们有两个纯策略: 进入重试空间或止步, 以及一个混合策略: 在到达时刻, 若发现专用频谱不可用, 则以一定的概率进入重试空间.

用 $I(t)$ 表示专用频谱在时刻 t 的状态, 其中 $I(t) = 0,1,2$ 或 3 分别表示的是空闲, 被次级用户占用, 被主用户占用且有一个被打断的次级用户, 被主用户占用但没有被打断的次级用户. 令 $N(t)$ 为在 t 时刻重试空间中次级用户的个数. 随机过程 $\{(I(t), N(t)), t \geq 0\}$ 构成了一个二维的连续时间马尔可夫链, 其状态空间为 $\{0,1,2,3\} \times \{0,1,2,\cdots\}$. 假设所有的次级用户是相同的并且都服从策略 "在到达时刻若发现专用频谱不可用, 则以概率 q 进入重试空间, 以概率 $1-q$ 止步". 因此, 当专用频谱不可用时, 重试空间的有效到达率为 λq. 采用与 Kulkarni 和 Choi(1990) 类似的方法, 我们该系统的稳态条件是 $q\rho < 1$. 令 $p(i,j)$ 表示系统处于状态 (i,j) 的稳态概率, 则我们可以得到 $j = 0,1,2,\cdots$ 时对应的平衡方程

$$(\lambda + \alpha + j\theta)p(0, j) = \mu p(1, j) + \beta p(3, j), \tag{8.2.1}$$

$$(\lambda q + \alpha + \mu)p(1, j) = \lambda p(0, j) + \lambda q p(1, j - 1)$$
$$+ (j + 1)\theta p(0, j + 1) + \beta p(2, j), \tag{8.2.2}$$

$$(\lambda q + \beta)p(2, j) = \lambda q p(2, j - 1) + \alpha p(1, j), \tag{8.2.3}$$

$$(\lambda q + \beta)p(3, j) = \lambda q p(3, j - 1) + \alpha p(0, j), \tag{8.2.4}$$

其中 $p(1, -1) = p(2, -1) = p(3, -1) = 0$.

首先定义如下的部分概率母函数:

$$p_i(z) = \sum_{j=0}^{\infty} z^j p(i, j), \quad i = 0, 1, 2, 3. \tag{8.2.5}$$

下面的定理 8.2.1 分别给出了专用频谱处于不同状态的平稳概率, 以及在四种状态下重试空间中次级用户的平均个数.

定理 8.2.1　在处于平稳状态下的认知无线电系统中, 当次级用户发现专用频谱不可用时选择以概率 q 进入重试空间的情形下, 我们有以下结果.

(1) 专用频谱处于空闲, 被次级用户占用, 被主用户占用且有一个被打断的次级用户, 被主用户占用但没有被打断的次级用户这四种状态下的平稳概率分别是

$$p_0(1) = \frac{1 - q\rho}{(1 + \rho_2)(1 + \bar{q}\rho_1)}, \tag{8.2.6}$$

$$p_1(1) = \frac{\rho_1(1 + q\rho_2)}{(1 + \rho_2)(1 + \bar{q}\rho_1)}, \tag{8.2.7}$$

$$p_2(1) = \frac{\rho_1\rho_2(1 + q\rho_2)}{(1 + \rho_2)(1 + \bar{q}\rho_1)}, \tag{8.2.8}$$

$$p_3(1) = \frac{\rho_2(1 - q\rho)}{(1 + \rho_2)(1 + \bar{q}\rho_1)}. \tag{8.2.9}$$

(2) 专用频谱处于空闲, 被次级用户占用, 被主用户占用且有一个被打断的次级用户, 被主用户占用但没有被打断的次级用户这四种状态下重试空间中的次级用户的平均个数分别是

$$N_0 = \frac{\rho_1 q(\rho + \rho_2)}{\rho_\theta(1 + \rho_2)(1 + \bar{q}\rho_1)}, \tag{8.2.10}$$

$$N_1 = \frac{q\rho_1^2(1 + \rho_2 q)[(\rho_1 + \rho_\theta)(1 + \rho_2) + \rho_2]}{\rho_\theta(1 + \rho_2)(1 + \bar{q}\rho_1)(1 - q\rho)}$$
$$+ \frac{\lambda q^2 \rho_1 \rho_2}{\beta(1 + \rho_2)(1 - q\rho)}, \tag{8.2.11}$$

$$N_2 = \frac{\lambda q \alpha \rho_1 [q\rho_2(1 + \bar{q}\rho_1) + (1 + q\rho_2)(1 - q\rho)]}{(1 + \rho_2)(1 + \bar{q}\rho_1)(1 - q\rho)}$$

$$+ \frac{q\alpha\beta\rho_1^2(1 + q\rho_2)[\rho_2 + \rho + \rho_\theta(1 + \rho_2)]}{\rho_\theta(1 + \rho_2)(1 + \bar{q}\rho_1)(1 - q\rho)}, \tag{8.2.12}$$

$$N_3 = \frac{q\rho_1\rho_2[\beta(\rho + \rho_2) + \theta(1 - q\rho)]}{\rho_\theta\beta(1 + \rho_2)(1 + \bar{q}\rho_1)}. \tag{8.2.13}$$

证明 对式 (8.2.1)—(8.2.4) 乘上 z^j, 并且对所有的 j 求和, 经过简单的代数处理后, 我们得到以下的等式:

$$(\lambda + \alpha)p_0(z) + \theta z p_0'(z) = \mu p_1(z) + \beta p_3(z), \tag{8.2.14}$$

$$(\lambda q(1 - z) + \alpha + \mu)p_1(z) = \lambda p_0(z) + \theta p_0'(z) + \beta p_2(z), \tag{8.2.15}$$

$$(\lambda q(1 - z) + \beta)p_2(z) = \alpha p_1(z), \tag{8.2.16}$$

$$(\lambda q(1 - z) + \beta)p_3(z) = \alpha p_0(z), \tag{8.2.17}$$

在 (8.2.14)—(8.2.17) 中消去 $p_1(z)$, $p_2(z)$ 和 $p_3(z)$, 我们可以得到以下的关于 $p_0(z)$ 的微分方程.

$$p_0'(z) = \frac{\lambda q p_0(z)}{\theta(\lambda q(1 - z) + \beta)((\mu - \lambda q z)(\lambda q(1 - z) + \beta) - \lambda q \alpha z)}$$

$$\times \Big(\lambda(\lambda q(1 - z) + \alpha + \beta)(\lambda q(1 - z) + \beta)$$

$$+ \alpha((\lambda q(1 - z) + \beta)(\lambda q(1 - z) + \alpha + \mu) - \alpha\beta)\Big). \tag{8.2.18}$$

代入 $z = 1$ 到以上式子, 我们有

$$p_0'(1) = \frac{\lambda q(\rho + \rho_2)}{\theta(1 - q\rho)} p_0(1). \tag{8.2.19}$$

对 (8.2.18) 求导, 并将 $z = 1$ 代入, 我们得到

$$p_0''(1) = \frac{1}{\theta\beta(1 - q\rho)}$$

$$\times \Big\{ [-\lambda^2 q^2(\rho_1(2 + \rho_2) + \alpha(1 + \rho_2)/\mu + \rho_2)]p_0(1)$$

$$+ [\lambda q(\beta(\rho + \rho_2) + \theta(\alpha + \beta + 2\mu)/\mu$$

$$- \theta\rho_1 q(2 + \rho_2))]p_0'(1) \Big\}. \tag{8.2.20}$$

令 (8.2.14)—(8.2.17) 中的 $z = 1$, 并考虑 (8.2.19) 和归一性条件

$$\sum_{j=0}^{\infty}(p(0,j) + p(1,j) + p(2,j) + p(3,j))$$

$$= p_0(1) + p_1(1) + p_2(1) + p_3(1) = 1,$$

再通过一些代数运算, 我们可以得到 (8.2.6)—(8.2.9).

将 (8.2.6) 代入 (8.2.19), 我们得到 $N_0 = p_0'(1)$, 即 (8.2.10). 对 (8.2.17) 求导并在 $z = 1$ 处取值, 我们得到 $N_3 = p_3'(1)$, 通过代入 (8.2.9) 和 (8.2.10), 我们得到 (8.2.13). 同理, 通过分别对 (8.2.14) 以及 (8.2.16) 求导并令 $z = 1$, 再结合 (8.2.6), (8.2.10), (8.2.13), (8.2.20) 以及 (8.2.8) 和 (8.2.11), 我们可分别得到 (8.2.11) 和 (8.2.12).   □

值得注意的是, 我们发现定理 8.2.1(1) 中的四个概率都是与 θ 独立无关的. 实际上, 服务台的平稳概率分布并不依赖于重试率, 这在 Falin 和 Templeton(1997) 的文献的 12 和 13 页中有详细说明.

8.2.2   非合作策略

如果所有的次级用户都是自私的, 它们的目的都是最大化自身的收益. 在它们的到达时刻, 若发现专用频谱是不可用的, 它们不得不估计自身的等待时间, 并且与接受完服务所获得的报酬进行对比, 选择是否进入重试空间. 当报酬严格大于它的等待花费时, 次级用户倾向于进入重试空间; 当报酬与等待花费一致时, 次级用户进入重试空间与否是没有区别的. 每一个次级用户的行为不仅会受到认知无线电系统性能的影响, 还会受到其他次级用户决策的影响. 因此该系统可以被看成一个次级用户间的非合作博弈, 而我们的目的是在这样的博弈环境下, 寻找次级用户的纳什均衡.

定理 8.2.2 给出了次级用户到达发现专用频谱不可用且它选择进入重试空间时, 它在重试空间的平均等待时间.

定理 8.2.2   当次级用户到达发现专用频谱不可用且它选择以概率 q 进入重试空间时, 它在重试空间的平均等待时间为

$$T(q) = \frac{(1+\rho_2)(1+\bar{q}\rho_1)}{\theta(1-q\rho)} + \frac{\rho_2(1+\bar{q}\rho_1)}{\beta(1-q\rho)(\rho+\rho_2)} + \frac{\rho_1(1+\rho_2)^2(1+q\rho_2)}{\mu(1-q\rho)(\rho+\rho_2)}. \tag{8.2.21}$$

此外, $T(q)$ 是关于 q 单调递增的.

证明   由 PASTA 性质, 次级用户发现专用频谱被次级用户占用的概率、被主用户占用且有一个被抢占的次级用户的概率、被主用户占用且没有被抢占的次级用户的概率等于对应的系统平稳概率 $p_1(1)$, $p_2(1)$, 和 $p_3(1)$. 所以, 重试空间的总到达率为

$$\begin{aligned} \lambda_{ret} &= \lambda q(p_1(1) + p_2(1) + p_3(1)) \\ &= \frac{\lambda q(\rho+\rho_2)}{(1+\rho_2)(1+\bar{q}\rho_1)}. \end{aligned} \tag{8.2.22}$$

因此, 重试空间中次级用户的平均个数为

$$
\begin{aligned}
N &= N_0 + N_1 + N_2 + N_3 \\
&= \frac{\lambda q(\rho + \rho_2)}{\theta(1 - q\rho)} + \frac{\lambda q\rho_2}{\beta(1 + \rho_2)(1 - q\rho)} + \frac{q\rho_1\rho(1 + q\rho_2)}{(1 + \bar{q}\rho_1)(1 - q\rho)}.
\end{aligned}
\tag{8.2.23}
$$

利用 Little 公式, 我们可以得到次级用户在重试空间中的平均等待时间:

$$
\begin{aligned}
T(q) &= \frac{N}{\lambda_{ret}} \\
&= \frac{(1 + \rho_2)(1 + \bar{q}\rho_1)}{\theta(1 - q\rho)} + \frac{\rho_2(1 + \bar{q}\rho_1)}{\beta(1 - q\rho)(\rho + \rho_2)} + \frac{\rho_1(1 + \rho_2)^2(1 + q\rho_2)}{\mu(1 - q\rho)(\rho + \rho_2)}.
\end{aligned}
\tag{8.2.24}
$$

最后, $T(q)$ 关于 q 显然是单调递增的, 所以我们这里不再证明. □

基于我们先前假设的费用结构, 当次级用户到达发现专用频谱不可用且它选择以概率 q 进入重试空间时, 它的期望收益为

$$
\begin{aligned}
S(q) &= R - CT(q) \\
&= R - C\left[\frac{(1 + \rho_2)(1 + \bar{q}\rho_1)}{\theta(1 - q\rho)} + \frac{\rho_2(1 + \bar{q}\rho_1)}{\beta(1 - q\rho)(\rho + \rho_2)} + \frac{\rho_1(1 + \rho_2)^2(1 + q\rho_2)}{\mu(1 - q\rho)(\rho + \rho_2)}\right].
\end{aligned}
$$

由定理 8.2.2 知道, $S(q)$ 是关于 q 单调递减的. 现在讨论当次级用户到达发现专用频谱不可用时它的均衡行为.

注意到在 $q\rho < 1$ 时, 系统是稳定的, 其中 $\rho < 1$ 或者 $\rho \geqslant 1$. 因此, 我们分别考虑在两种情形下次级用户的混合策略: $\rho < 1$ 和 $\rho \geqslant 1$, 分别在下面的定理 8.2.3 和定理 8.2.4 中给出.

定理 8.2.3 在认知无线电系统中, 若 $\rho < 1$, 那么存在唯一的均衡进队概率 q_e, 其中 q_e 的表达式如下:

$$
q_e = \begin{cases}
0, & \frac{R}{C} < T(0), \\
q_{ee}, & T(0) \leqslant \frac{R}{C} \leqslant T(1), \\
1, & \frac{R}{C} > T(1),
\end{cases}
\tag{8.2.25}
$$

其中

$$
q_{ee} = \frac{\left\{R\theta(\rho + \rho_2) - C\rho_\theta\rho(1 + \rho_2) - C(1 + \rho_1)\left(\rho(1 + \rho_2) + \rho_2\left(1 + \rho_2 + \frac{\theta}{\beta}\right)\right)\right\}}{\left\{R\theta\rho_1(1 + \rho_2)(\rho + \rho_2) + C\rho_\theta\rho\rho_2(1 + \rho_2) - C\rho_1\left(\rho(1 + \rho_2) + \rho_2\left(1 + \rho_2 + \frac{\theta}{\beta}\right)\right)\right\}},
\tag{8.2.26}
$$

$$T(0) = \frac{(1 + \rho_1)(1 + \rho_2)}{\theta} + \frac{\mu\rho_2(1 + \rho_1) + \beta\rho(1 + \rho_2)}{\beta\mu(\rho + \rho_2)}, \tag{8.2.27}$$

$$T(1) = \frac{1 + \rho_2}{\theta(1 - \rho)} + \frac{\rho\beta(1 + \rho_2)^2 + \mu\rho_2}{\mu\beta(1 - \rho)(\rho + \rho_2)}. \tag{8.2.28}$$

证明   当 $\mu\beta > \lambda(\alpha + \beta)$ 时, $S(q)$ 是关于 $q \in [0, 1]$ 单调递减的, 且它存在唯一的最大值

$$\begin{aligned} S(0) &= R - CT(0) \\ &= R - C\Big(\frac{(1 + \rho_1)(1 + \rho_2)}{\theta} + \frac{\mu\rho_2(1 + \rho_1) + \beta\rho(1 + \rho_2)}{\beta\mu(\rho + \rho_2)} \Big) \end{aligned} \tag{8.2.29}$$

和唯一的最小值

$$\begin{aligned} S(1) &= R - CT(1) \\ &= R - C\Big(\frac{1 + \rho_2}{\theta(1 - \rho)} + \frac{\rho\beta(1 + \rho_2)^2 + \mu\rho_2}{\mu\beta(1 - \rho)(\rho + \rho_2)} \Big). \end{aligned} \tag{8.2.30}$$

因此, 当 $\frac{R}{C} < T(0)$ 时, $S(q)$ 关于 $\forall q \in [0, 1]$ 都是负的, 此时次级用户的最优反应是止步, 所以均衡进队概率为 $q_e = 0$, 由此给出了 (8.2.25) 的第一种情形.

当 $T(0) \leqslant \frac{R}{C} \leqslant T(1)$ 时, 存在唯一的 $q \in [0, 1]$ 使得 $S(q) = 0$ 成立, 由此给出了 (8.2.25) 的第二种情形.

当 $\frac{R}{C} > T(1)$ 时, 到达的次级用户总能获得正的收益. 因此, 次级用户的最优反应是以概率 1 进队, 由此给出了 (8.2.25) 的第三种情形.   □

同样的方法, 当 $\rho \geqslant 1$ 时, 我们得到以下类似的结论.

定理 8.2.4   在认知无线电系统中, 若 $\rho \geqslant 1$, 那么存在唯一的均衡进队概率 q_e, 其中 q_e 的表达式如下:

$$q_e = \begin{cases} 0, & \frac{R}{C} < T(0), \\ q_{ee}, & \frac{R}{C} \geqslant T(0), \end{cases} \tag{8.2.31}$$

其中 q_{ee} 和 $T(0)$ 分别在 (8.2.26) 和 (8.2.27) 中给出.

8.2.3   合作策略

现在我们考虑社会最优下次级用户的最优进队策略, 此时社会最优的目的是使得单位时间所有次级用户的收益和最大. 当次级用户是非合作时, 它们通常通过竞

争的方式接入专用频谱. 然而, 如果次级用户通过合作的方法接入专用频谱, 它们的期望收益以及认知无线电网络的性能都将提高.

当次级用户到达时发现专用频谱不可用且它选择以概率 q 进入重试空间时, 单位时间的社会收益为

$$S_{soc}(q) = \lambda^* R - CN, \tag{8.2.32}$$

其中 λ^* 是次级用户进入认知无线电系统的有效到达率, N 是在重试空间中次级用户的平均个数, 由 (8.2.23) 给出. 通过 (8.2.6)—(8.2.9) 和 PASTA 性质, 我们有

$$\lambda^* = \lambda p_0(1) + \lambda q(p_1(1) + p_2(1) + p_3(1))$$
$$= \frac{\mu\rho_1(1 + q\rho_2)}{(1 + \rho_2)(1 + \bar{q}\rho_1)}. \tag{8.2.33}$$

将 (8.2.23) 和 (8.2.33) 代入 (8.2.32), 我们得到

$$S_{soc}(q) = \frac{R\mu\rho_1(1 + q\rho_2)}{(1 + \rho_2)(1 + \bar{q}\rho_1)} - \frac{C\lambda q}{\theta\beta(1 + \rho_2)(1 + \bar{q}\rho_1)(1 - q\rho)}$$
$$\times \Big(\beta(1 + \rho_2)(1 + \bar{q}\rho_1)(\rho + \rho_2)$$
$$+ \theta\rho_2(1 + \bar{q}\rho_1) + \beta\rho_\theta\rho(1 + \rho_2)(1 + q\rho_2) \Big). \tag{8.2.34}$$

在接下来的定理 8.2.5 和定理 8.2.6 中, 我们考虑使得社会收益最大的 q, 即寻找当次级用户发现专用频谱不可用时, 它们最优的进队概率 q^*.

定理 8.2.5 在认知无线电系统中, 若 $\rho < 1$, 那么存在唯一的进队概率 q^* 使得社会收益最大化, 其中 q^* 表示为

$$q^* = \begin{cases} 0, & \frac{R}{C} < W_1, \\ \frac{1}{\rho}\left[1 - \frac{x_2(1 + \rho_2)}{\mu}\right], & W_1 \leqslant \frac{R}{C} \leqslant W_2, \\ 1, & \frac{R}{C} > W_2, \end{cases} \tag{8.2.35}$$

其中

$$x_2 = \frac{-B + \sqrt{B^2 - AB\left(\lambda + \frac{\alpha\mu}{\alpha + \beta}\right)}}{A}, \tag{8.2.36}$$
$$A = (\lambda(\alpha + \beta) + \alpha\mu)(C\theta(\alpha + \beta)^2 - C\beta^2\mu + R\theta\beta\mu(\alpha + \beta))$$
$$- \frac{C\alpha\mu\theta(\beta\mu - (\alpha + \beta)^2)}{1 + \rho_2}, \tag{8.2.37}$$

$$B = -\frac{C\beta\mu(\lambda(\alpha+\beta)+\alpha\mu)}{1+\rho_2} \times \left((\lambda+\theta)(\alpha+\beta)+\alpha\mu+\frac{\alpha\mu\theta}{\alpha+\beta}\right) < 0, \qquad (8.2.38)$$

$$W_1 = \frac{1}{\theta}(1+\rho_1)^2(1+\rho_2) + \frac{\rho_2(1+\rho_1)^2}{\beta(\rho+\rho_2)} + \frac{\rho(1+\rho_1)(1+\rho_2)}{\mu(\rho+\rho_2)}, \qquad (8.2.39)$$

$$W_2 = \frac{(1+\rho_2)(\mu+\rho\theta)}{\mu\theta(1-\rho)^2} + \frac{\rho_2}{\beta(1-\rho)^2(\rho+\rho_2)} + \frac{\rho(1+\rho_2)(1+\rho+\rho_2)}{\mu(1-\rho)(\rho+\rho_2)}. \qquad (8.2.40)$$

证明 在所有次级用户都采取"若发现专用频谱不可用, 则以概率 q 进入重试空间"的策略时, 单位时间的社会收益由 (8.2.34) 给出. 令 $x = \frac{\mu\beta}{\alpha+\beta} - \lambda q$, 那么 (8.2.34) 可以改写成关于 x 的函数:

$$f(x) = \frac{C(\rho+\rho_2)}{\mu\theta(1+\rho_2)} + \frac{C\rho_2(1-(1+\rho_2)^2)}{(1+\rho_2)^2} - \frac{R\mu\rho_2}{1+\rho_2}$$
$$+ \frac{Ax+B}{\theta\beta(\alpha+\beta)x((\alpha+\beta)x+\lambda(\alpha+\beta)+\alpha\mu)}, \qquad (8.2.41)$$

其中 A 和 B 由 (8.2.37) 和 (8.2.38) 分别给出.

因此, 在区间 $q \in [0,1]$ 上最大化 $S_{soc}(q)$ 的问题等价于在区间 $x \in \left[\frac{\mu(1-\rho)}{1+\rho_2}, \frac{\mu}{1+\rho_2}\right]$ 上最大化 $f(x)$. 对 $f(x)$ 关于 x 求导, 我们得到

$$f'(x) = -\frac{A(\alpha+\beta)x^2 + 2B(\alpha+\beta)x + B(\lambda(\alpha+\beta)+\alpha\mu)}{\theta\beta(\alpha+\beta)x^2((\alpha+\beta)x+\lambda(\alpha+\beta)+\alpha\mu)^2}. \qquad (8.2.42)$$

我们考虑以下两种情形.

情形 1: $\frac{R}{C} \leqslant \frac{\rho_2(\mu-\beta(1+\rho_2)^2)}{\mu\beta(1+\rho_2)^2(\rho+\rho_2)} + \frac{1-\rho_\theta(1+\rho_2)^2}{\theta(1+\rho_2)} \Leftrightarrow A \leqslant 0$.

在这种情形下, 我们发现对任意的 $x \in \left[\frac{\mu(1-\rho)}{1+\rho_2}, \frac{\mu}{1+\rho_2}\right]$, 都有 $f'(x) > 0$ 成立, 这意味着 $f(x)$ 是关于 x 单调递增的, 其最大值在 $x = \frac{\mu}{1+\rho_2}$ 取到. 因此, 当次级用户发现专用频谱不可用时, 它的最优反应是以概率 $q^* = 0$ 进入重试空间.

情形 2: $\frac{R}{C} > \frac{\rho_2(\mu-\beta(1+\rho_2)^2)}{\mu\beta(1+\rho_2)^2(\rho+\rho_2)} + \frac{1-\rho_\theta(1+\rho_2)^2}{\theta(1+\rho_2)} \Leftrightarrow A > 0$.

在这种情形下, $f(x)$ 在区间 $x \in \left[\frac{\mu(1-\rho)}{1+\rho_2}, \frac{\mu}{1+\rho_2}\right]$ 上不总是关于 x 单调的.

通过求解 $f'(x) = 0$, 我们可以得到两个根:

$$x_1 = \frac{-B - \sqrt{B^2 - AB\left(\lambda + \frac{\alpha\mu}{\alpha + \beta}\right)}}{A} < 0, \tag{8.2.43}$$

$$x_2 = \frac{-B + \sqrt{B^2 - AB\left(\lambda + \frac{\alpha\mu}{\alpha + \beta}\right)}}{A} > 0. \tag{8.2.44}$$

因此, $f(x)$ 在区间 $(-\infty, x_1)$ 和 $(x_2, +\infty)$ 上是单调递减的, 而在 $[x_1, x_2]$ 上是单调递增的. 接下来我们考虑三种子情形.

情形 2a: $\frac{\mu}{1 + \rho_2} < x_2 \Leftrightarrow \frac{R}{C} < W_1$. 在此子情形下, $f(x)$ 在 $x \in \left[\frac{\mu(1 - \rho)}{1 + \rho_2}, \frac{\mu}{1 + \rho_2}\right]$ 上是单调递增的, 其最大值在 $x = \frac{\mu}{1 + \rho_2}$ 取到, 即 $q^* = 0$.

情形 2b: $\frac{\mu(1 - \rho)}{1 + \rho_2} \leqslant x_2 \leqslant \frac{\mu}{1 + \rho_2} \Leftrightarrow W_1 \leqslant \frac{R}{C} \leqslant W_2$. 在此子情形下, $f(x)$ 在区间 $x \in \left[\frac{\mu(1 - \rho)}{1 + \rho_2}, \frac{\mu}{1 + \rho_2}\right]$ 上是单峰的. 即它在 $x \in \left[\frac{\mu(1 - \rho)}{1 + \rho_2}, x_2\right]$ 是单增的, 在 $x \in [x_2, \frac{\mu}{1 + \rho_2}]$ 上单减的. 所以最优解是 $x = x_2$, 即 $q^* = \frac{1}{\rho}\left[1 - \frac{x_2(1 + \rho_2)}{\mu}\right]$. 换句话说, 当发现专用频谱不可用时, 次级用户的最优策略是以概率 $q^* = \frac{1}{\rho}\left[1 - \frac{x_2(1 + \rho_2)}{\mu}\right]$ 进入重试空间.

情形 2c: $\frac{\mu(1 - \rho)}{1 + \rho_2} > x_2 \Leftrightarrow \frac{R}{C} > W_2$. 在此子情形下, $f(x)$ 在区间 $x \in \left[\frac{\mu(1 - \rho)}{1 + \rho_2}, \frac{\mu}{1 + \rho_2}\right]$ 上是单调递减的, 所以最大值在 $x = \frac{\mu(1 - \rho)}{1 + \rho_2}$ 取得, 即 $q^* = 1$.

综合以上两种情形的结果, 并结合

$$\frac{\rho_2(\mu - \beta(1 + \rho_2)^2)}{\mu\beta(1 + \rho_2)^2(\rho + \rho_2)} + \frac{1 - \rho_\theta(1 + \rho_2)^2}{\theta(1 + \rho_2)} < W_1,$$

我们可以得到由该定理给出的社会最优进队概率. □

同样的方法, 当 $\rho \geqslant 1$ 时, 我们得到以下类似的结论.

定理 8.2.6 在认知无线电系统中, 若 $\rho \geqslant 1$, 那么存在唯一的均衡进队概率 q^* 使得社会收益最大化, 其中 q^* 表示为

$$q^* = \begin{cases} 0, & \frac{R}{C} < W_1, \\ \frac{1}{\rho}\left[1 - \frac{x_2(1 + \rho_2)}{\mu}\right], & \frac{R}{C} \geqslant W_1, \end{cases} \tag{8.2.45}$$

其中 x_2 和 W_1 分别由 (8.2.36) 和 (8.2.39) 给出.

8.2.4 定价策略

至此, 我们已经得到了非合作以及合作情形下次级用户的均衡策略, 我们很容易发现个人决策下 (非合作) 的均衡进队概率与社会决策下 (合作) 的均衡进队概率是存在偏差的. 即在非合作下, 顾客的均衡往往是不能达到社会最优的. 实际上, 我们通常希望个人均衡下的 q_e 能够和社会最优下的 q^* 相一致. 为了达到这一目的, 我们首先在下面的定理中比较 q_e 和 q^* 的大小.

定理 8.2.7   在认知无线电系统中, 均衡进队概率 q_e 不小于社会最优下的进队概率 q_*, 即

$$q^* \leqslant q_e. \tag{8.2.46}$$

证明   我们仅证明 $\rho < 1$ 的情形, 因为 $\rho \geqslant 1$ 的情形可以类比得到.

根据 (8.2.25) 和 (8.2.35), 我们得到 $T(0) < W_1$ 以及 $T(1) < W_2$. 因此我们分为以下两种情形比较 $T(1)$ 和 W_1.

情形 1: 若 $W_1 > T(1)$, 我们有以下五种子情形:

情形 1a: 若 $\frac{R}{C} < T(0)$, 那么 $q^* = q_e = 0$.

情形 1b: 若 $T(0) \leqslant \frac{R}{C} \leqslant T(1)$, 那么 $q^* = 0$ 并且 $q_e = q_{ee} \in [0,1]$. 所以不等式 $q^* \leqslant q_e$ 成立.

情形 1c: 若 $T(1) < \frac{R}{C} < W_1$, 那么 $q^* = 0$ 并且 $q_e = 1$.

情形 1d: 若 $W_1 \leqslant \frac{R}{C} \leqslant W_2$, 那么 $q^* = \frac{1}{\rho}\left[1 - \frac{x_2(1+\rho_2)}{\mu}\right] \in [0,1]$ 并且 $q_e = 1$. 显然, $q^* \leqslant q_e$.

情形 1e: 若 $\frac{R}{C} > W_2$, 那么 $q^* = q_e = 1$.

情形 2: 若 $W_1 \leqslant T(1)$, 我们也将讨论五个子情形:

情形 2a: 若 $\frac{R}{C} < T(0)$, 那么 $q^* = q_e = 0$.

情形 2b: 若 $T(0) \leqslant \frac{R}{C} \leqslant W_1$, 那么 $q^* = 0$ 并且 $q_e = q_{ee} \in [0,1]$. 所以不等式 $q^* \leqslant q_e$ 成立.

情形 2c: 若 $W_1 < \frac{R}{C} \leqslant T(1)$, 那么 $q^* = \frac{1}{\rho}\left[1 - \frac{x_2(1+\rho_2)}{\mu}\right]$ 并且 $q_e = q_{ee}$. 通过一些代数运算, 我们有 $q^* < q_e$.

情形 2d: 若 $T(1) < \frac{R}{C} \leqslant W_2$, 那么 $q^* = \frac{1}{\rho}\left[1 - \frac{x_2(1+\rho_2)}{\mu}\right] \in [0,1]$ 并且 $q_e = 1$.

显然, $q^* \leqslant q_e$.

情形 2e: 若 $\dfrac{R}{C} > W_2$, 那么 $q^* = q_e = 1$.

所以不等式 (8.2.46) 对任何情形都是成立的. □

定理 8.2.7 说明了当次级用户发现专用频谱不可用时, 它们的均衡进队概率大于社会最优下的进队概率. 这意味着在非合作情形下, 次级用户表现得更加独立, 而不需要考虑其他次级用户的收益情况, 因此会导致次级用户比在社会最优时更倾向于进入重试空间. 这样的结论可以有以下的解释. 当一个次级用户决定进入重试空间时, 它的进入将会增加其他次级用户的延迟. 这样的影响我们称作负的外部效应. 而该次级用户的目的是最大化自身的利益, 而不关心对其他次级用户所产生的外部效应, 这样将会导致系统的过度使用. 然而, 在合作的情形下, 这些外部效应将会被考虑. 所以, 在后者的情形下, 将会有更少的顾客进入系统, 从而导致一个不拥挤的系统. 从而解释了为什么我们有 $q^* \leqslant q_e$ 的结论.

为了更有效地应用专用频谱并且消除个人均衡与社会最优的差异, 系统管理者可以对所有决定进入系统的次级用户征收一个入场费用 p(即在非合作下, 次级用户通过服务所能获得的报酬 R 将减少为 $R-p$). 在这种情形下, 次级用户将不得不减少它们的进队概率. 我们将在定理 8.2.8 中给出 $\rho < 1$ 的情形, 并给出证明.

定理 8.2.8 在认知无线电系统中, 若 $\rho < 1$, 那么存在一个对次级用户收取的入场费用 p, 使得当次级用户决定进入重试空间的时候, 它通过服务所能获得的报酬是 $R-p$, 此时非合作下的进队概率可以与社会最优时的进队概率相一致 (见定理 8.2.5). 该入场费定义如下:

$$p^* = \begin{cases} C(W_1 - T(0)), & \dfrac{R}{C} < W_1, \\[2mm] p^{**}, & W_1 \leqslant \dfrac{R}{C} \leqslant W_2, \\[2mm] C(W_2 - T(1)), & \dfrac{R}{C} > W_2, \end{cases} \qquad (8.2.47)$$

其中

$$p^{**} = R - \frac{C\rho_2 + C(1+\rho_2)(\rho_1 - \rho_2 x_2/\mu)}{(\rho + \rho_2)x_2}$$

$$- \frac{C(\lambda\rho_2 + \rho(\lambda + x_2))}{\theta(\rho + \rho_2)x_2} - \frac{C\rho_2\left(1 + \rho_2 + \dfrac{\theta}{\beta}\right)\left(\dfrac{\rho_2\mu}{1+\rho_2} + \lambda + x_2\right)}{\theta(1+\rho_2)(\rho+\rho_2)x_2}, \qquad (8.2.48)$$

并且 $T(0), T(1), W_1, W_2$ 和 x_2 分别由 (8.2.27), (8.2.28), (8.2.39), (8.2.40) 和 (8.2.36) 给出.

证明   当完成一次服务后获得的报酬分别是 R 和 $R-p$ 的时候, 社会的目标函数都是一样的, 都由 (8.2.34) 表示, 因为入场费的收取可以看成是利益的内部转移 (由次级用户转移到系统管理者). 因此, 社会最优的进队概率和 (8.2.35) 一样. 然而此时, 均衡进队概率变为了

$$q_e = \begin{cases} 0, & 0 < \dfrac{R-p}{C} < T(0), \\[2mm] q_{ee}, & T(0) \leqslant \dfrac{R-p}{C} \leqslant T(1), \\[2mm] 1, & \dfrac{R-p}{C} > T(1), \end{cases} \qquad (8.2.49)$$

当 $\dfrac{R}{C} < W_1$ 时, 社会最优的进队概率为 $q^* = 0$. 如果我们令 $p = C(W_1 - T(0))$, 那么有 $\dfrac{R-p}{C} < T(0)$, 这正是均衡进队概率为 0 的条件. 因此 $p = C(W_1 - T(0))$ 是一个使得个人均衡与社会最优相一致的定价. 由此给出了 (8.2.47) 的第一种情形.

类似地, 我们可以得到 (8.2.47) 的第三种情形.

对于情形 $W_1 \leqslant \dfrac{R}{C} \leqslant W_2$, 社会最优的进队概率为 $q^* = \dfrac{1}{\rho}\left[1 - \dfrac{x_2(1+\rho_2)}{\mu}\right]$. 如果我们令 $q_{ee} = \dfrac{1}{\rho}\left[1 - \dfrac{x_2(1+\rho_2)}{\mu}\right]$, 那么 $p = p^{**}$, 由 (8.2.48) 给出. 由 (8.2.49) 的第二个分支, 此时的均衡进队概率为 $\dfrac{1}{\rho}\left[1 - \dfrac{x_2(1+\rho_2)}{\mu}\right]$. 因此, 此时表明通过定价, 个人的均衡进队概率与社会最优的进队概率一致, 由此给出 (8.2.47) 的第二种情形. $\qquad\qquad\square$

对于相反的情形 $\rho \geqslant 1$, 通过类似的方法, 我们可以得到最优的入场费, 使得个人均衡与社会最优下的均衡相一致.

定理 8.2.9   在认知无线电系统中, 若 $\rho \geqslant 1$, 那么存在一个对次级用户收取入场费用 p, 使得当次级用户决定进入重试空间的时候, 它通过服务所能获得的报酬是 $R-p$, 此时非合作下的进队概率可以与社会最优时的进队概率相一致 (8.2.35), 该入场费定义如下:

$$p^* = \begin{cases} C(W_1 - T(0)), & \dfrac{R}{C} < W_1, \\[2mm] p^{**}, & \dfrac{R}{C} \geqslant W_1, \end{cases} \qquad (8.2.50)$$

其中 p^{**}, $T(1)$, W_1 和 x_2 分别由 (8.2.48), (8.2.28), (8.2.39) 和 (8.2.36) 给出.

8.2.5 数值实验

在这一小节中, 我们将分别在非合作与合作的情形下通过数值实验探究参数对次级用户进队行为的影响.

图 8.2.1 和图 8.2.2 描述了参数 λ, α 对均衡和社会最优下的进队概率的影响. 首先, 我们可以发现 q^* 在所有情形下都是小于 q_e 的, 这和定理 8.2.7 的结果是相吻合的.

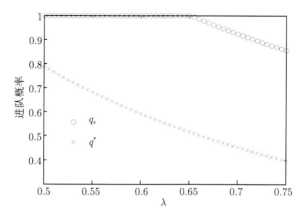

图 8.2.1 当 $\mu = 1$, $\alpha = 0.1$, $\beta = 0.5$, $\theta = 0.7$, $R = 15$, $C = 1$ 时, 均衡和社会最优下的进队概率关于 λ 的变化

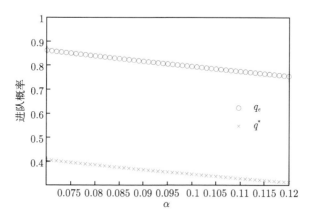

图 8.2.2 当 $\lambda = 0.8$, $\mu = 1$, $\beta = 0.5$, $\theta = 0.7$, $R = 15$, $C = 1$ 时, 均衡和社会最优下的进队概率关于 α 的变化

在图 8.2.1 中, q_e 和 q^* 关于到达率 λ 都是单调递减的. 这是因为随着到达率 λ 的增加, 到达的次级用户若发现专用频谱不可用时将认为重试空间是更加拥堵的. 因此为防止产生过多的等待花费, 它们将更不愿意进入重试空间. 图 8.2.2 描述了

主用户的到达率 α 对次级用户的进队概率的影响. 我们观察到 q_e 和 q^* 都是关于 α 单调递减的. 这是因为随着 α 的增加, 主用户到达专用频谱的频率增加, 从而次级用户在服务时被打断的次数将会增加, 这将会导致次级用户的广义服务时间和等待时间都会增加. 因此次级用户将更不愿意进入重试空间. 类似地, 在图 8.2.3 中, 进队概率随着 θ 增加, 这是因为随着次级用户在重试空间中的重试率增大, 将在同一段时间内, 它们更容易获取到服务, 从而导致等待时间的减少.

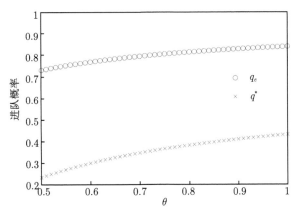

图 8.2.3　当 $\lambda = 0.8$, $\mu = 1$, $\alpha = 0.1$, $\beta = 0.5$, $R = 15$, $C = 1$ 时, 均衡和社会最优下的进队概率关于 θ 的变化

然后, 我们分析了不同参数对社会最优收益的影响. 由图 8.2.4, 社会收益关于 R 递增, 同时关于 C 递减, 这和我们直观的想法是一致的. 在图 8.2.5 中, 当 λ 增加的时候, 社会收益将会增加. 这是因为当系统不太拥挤的时候, 所有到达的次级用户都能够被服务. 然而, 当 λ 继续增大时, 如图 8.2.1 所示, 当次级用户到达时刻发

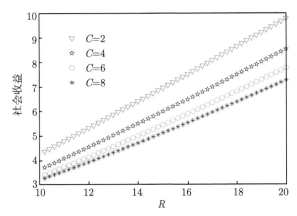

图 8.2.4　当 $C = 2$, $C = 4$, $C = 6$, $C = 8$ 时, 最大的社会收益关于 R 的变化

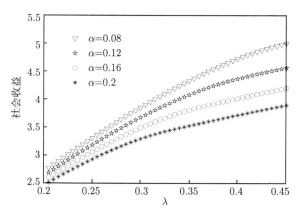

图 8.2.5 当 $\alpha = 0.08$, $\alpha = 0.12$, $\alpha = 0.16$, $\alpha = 0.2$ 时, 最大的社会收益关于 λ 的变化

现专用频谱不可用时, 进队概率将趋于 0. 但是即使此时次级用户的进队概率趋于 0, 这不会影响最优的社会收益, 因为当专用频谱是空闲时, 它们的进队概率将会是 1. 在图 8.2.5 中, 可以观察到社会收益是随着 α 的增加而减少的. 这是因为由主用户造成的打断将会对系统产生外部效应, 从而导致更少的次级用户进入重试空间.

最后我们分析入场费是如何影响这两种策略的 (图 8.2.6). 显然入场费是不会对社会收益造成影响的, 这是因为它仅仅是次级用户与系统管理者之间的利益转移. 同时, 当 p 增加时, 进入系统的次级用户将会减少. 由于次级用户的均衡进队概率是关于入场费用的单调函数, 所以当 p 增加时, 总是存在唯一的点使得均衡进队概率与社会最优下的进队概率相一致.

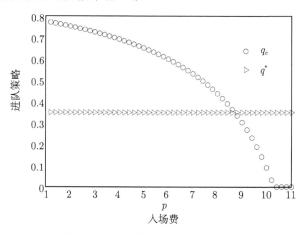

图 8.2.6 均衡和社会最优下的进队概率关于 p 的变化

参 考 文 献

Adiri I, Yechiali U. 1974. Optimal priority purchasing and pricing decisions in non-monopoly and monopoly queues. Operations Research, 22: 1051–1066.

Aguir S, Karaesmen F, Aksin O Z, Chauvet, F. 2004. The impact of retrials on call center performance. OR Spectrum, 26: 353–376.

Allon G, Bassamboo A, Gurvich I. 2011. We will be right with you: managing customer expectations with vague promises and cheap talk. Operations Research, 59: 1382–1394.

Allon G, Bassamboo A. 2011. The impact of delaying the delay announcements. Operations Research, 59: 1198–1210.

Altman E, Hassin R. 2002. Non-threshold equilibrium for customers joining an $M/G/1$ queue//"ISDG2002, Vol. I, II" (St. Petersburg), St. Petersburg State Univ. Inst. Chem., St. Petersburg: 56–64.

Armony M, Shimkin N, Whitt W. 2009. The impact of delay announcements in many-server queues with abandonment. Operations Research, 57: 66–81.

Arnott R, de Palma A, Lindsey R. 1996. Information and usage of free-access congestible facilities with stochastic capacity and demand. International Economic Review, 37: 181–203.

Arnott R, de Palma A, Lindsey R. 1999. Information and time-of-usage decisions in the bottleneck model with stochastic capacity and demand. European Economic Review, 43: 525–548.

Artalejo J R. 1995. A queueing system with returning customers and waiting line. Operations Research Letters, 17: 191–199.

Artalejo J R, Gómez-Corral A. 1997. Steady state solution of a single-server queue with linear repeated requests. Journal of Applied Probability, 34: 223–233.

Artalejo J R, Gómez-Corral A. 1998. Analysis of a stochastic clearing system with repeated attempts. Stochastic Models, 14: 623–645.

Artalejo J R, Gómez-Corral A. 2008. Retrial Queueing Systems: A Computational Approach. Berlin: Springer.

Avi-Itzhak B, Naor P. 1962. Some queueing problems with the service station subject to breakdown. Operations Research, 10: 303–320.

Balachandran K R. 1972. Purchasing priorities in queues. Management Science, 18: 319–326.

Balachandran K R. 1991. Incentive and regulation in queues. Lecture Notes in Economics and Mathematical Systems, 370: 162–176.

Borgs C, Chayes J T, Doroudi S, Harchol-Baltera M, Xu K. 2014. The optimal admission threshold in observable queues with state dependent pricing. Probability in the Engineering and Informational Sciences, 28: 101–119.

Boudali O, Economou A. 2012. Optimal and equilibrium balking strategies in the single server Markovian queue with catastrophes. European Journal of Operational Research, 218: 708–715.

Boudali O, Economou A. 2013. The effect of catastrophes on the strategic customer behavior in queueing systems. Naval Research Logistics, 60: 571–587.

Burnetas A. Economou A. 2007. Equilibrium customer strategies in a single server Markovian queue with setup times. Queueing Systems, 56: 213–228.

Cao J, Cheng K. 1982. Analysis of $M/G/1$ queueing system with repairable service station (in Chinese). Acta Mathematicae Applicatae Sinica, 5: 113–127.

Chen H, Frank M. 2001. State dependent pricing with a queue. IIE Transactions, 33: 847–860.

Chen H, Frank M. 2004. Monopoly pricing when customers queue. IIE Transactions, 36: 569–581.

Cui S, Su X, Veeraraghavan S. 2013. A model of rational retrials in queues. working paper, University of Pennsylvania.

De Vany A. 1976. Uncertainty, waiting time, and capacity utilization: a stochastic theory of product quality. Journal of Political Economy, 84: 523–541.

Debo L G, Veeraraghavan S. 2014. Equilibrium in queues under unknown service rates and service value. Operations Research, 62: 38–57.

Dimitrakopoulos Y, Burnetas A. 2015. Customer equilibrium and optimal strategies in an $M/M/1$ queue with dynamic service control. European Journal of Operational Research, 252: 477–486.

Do C, Tran N, Nguyen M V, Hong C S, Lee S. 2012. Social optimization strategy in unobserved queueing systems in cognitive radio networks. Communications Letters, IEEE, 16: 1944–1947.

Dolan R J. 1978. Incentive mechanisms for priority queueing problems. Bell Journal of Economics, 9: 421–436.

Economou A, Gómez-Corral A, Kanta S. 2011. Optimal balking strategies in single-server queues with general service and vacation times. Performance Evaluation, 68: 967–982.

Economou A, Kanta S. 2008. Equilibrium balking strategies in the observable single-server queue with breakdowns and repairs. Operations Research Letters, 36: 696–699.

Economou A, Kanta S. 2011. Equilibrium customer strategies and social-profit maximization in the single-server constant retrial queue. Naval Research Logistics, 58: 107–122.

Economou A, Manou A. 2013. Equilibrium balking strategies for a clearing queueing system in alternating environment. Annals of Operations Research, 208: 489–514.

Edelson N M, Hildebrand K. 1975. Congestion tolls for Poisson queueing processes. Econometrica, 43: 81–92.

Elaydi S. 2005. An introduction to difference equations. New York: Springer Science & Business Media.

Elcan A. 1994. Optimal customer return rate for an $M/M/1$ queueing system with retrials. Probability in the Engineering and Informational Sciences, 8: 521–539.

Elias J, Martignon F, Capone A, Altman E. 2011. Non-cooperative spectrum access in cognitive radio networks: a game theoretical model. Computer Networks, 55: 3832–3846.

Falin G I. 2008. The $M/M/1$ retrial queue with retrials due to server failures. Queueing Systems, 58: 155–160.

Falin G I, Templeton J G C. 1997. Retrial Queues. London: Chapman & Hall.

Frey A, Takahashi Y. 1999. An $M^X/GI/1/N$ queue with close-down and vacation times. Journal of Applied Mathematics and Stochastic Analysis, 12: 63–83.

Fuhrmann S W, Cooper R B. 1985. Stochastic decompositions in the $M/G/1$ queue with generalized vacations. Operations Research, 33: 1117–1129.

Gross D, Harris C. 1998. Fundamentals of Queueing Theory. New York: John Wiley & Sons.

Guha D, Banik A D, Goswami V, Ghosh S. 2014. Equilibrium balking strategy in an unobservable $GI/M/c$ queue with customers' impatience. 10th International Conference on Distributed Computing and Internet Technology, ICDCIT 2014, Proceedings, 188–199.

Guo P, Hassin R. 2011. Strategic behavior and social optimization in Markovian vacation queues. Operations Research, 59: 986–997.

Guo P, Hassin R. 2012. Strategic behavior and social optimization in Markovian vacation queues: The case of heterogeneous customers. European Journal of Operational Research, 222: 278–286.

Guo P, Li Q. 2013. Strategic behavior and social optimization in partially-observable Markovian vacation queue. Operations Research Letters, 41: 277–284.

Guo P, Sun W, Wang Y. 2011. Equilibrium and optimal strategies to join a queue with partial information on service times. European Journal of Operational Research, 214: 284–297.

Guo P, Zhang Z G. 2013. Strategic queueing behavior and its impact on system performance in service systems with the congestion-based staffing policy. Manufacturing & Service Operations Management, 15: 118–131.

Guo P, Zipkin P. 2007. Analysis and comparison of queues with different levels of delay information. Management Science, 53: 962–970.

Hassan M, Atiquzzaman M. 1997. A delayed vacation model of an $M/G/1$ queue with setup time and its application to SVCC-based ATM networks. IEICE Transactions on Communications, 80: 317–323.

Hassin R. 1985. On the optimality of first come last served queues. Econometrica, 53: 201–202.

Hassin R. 1986. Consumer information in markets with random product quality: the case of queues and balking. Econometrica, 54: 1185–1195.

Hassin R. 1995. Decentralized regulation of a queue. Management Science, 41: 163–173.

Hassin R. 1996. On the advantage of being the last server. Management Science, 42: 618–623.

Hassin R, Haviv M. 1996. On optimal and equilibrium retrial rates in a queueing system. Probability in the Engineering and Informational Sciences, 10: 223–227.

Hassin R, Haviv M. 1997. Equilibrium threshold strategies: the case of queues with priorities. Operations Research, 45: 966–973.

Hassin R, Haviv M. 2003. To Queue or Not to Queue: Equilibrium Behavior in Queueing Systems. Boston: Kluwer Academic Publishers.

Hassin R, Henig M. 1986. Control of arrivals and departures in a state-dependent input-output system. Operations Research Letters, 5: 33–36.

Haviv M, van der Wal J. 1997. Equilibrium strategies for processor sharing and queues with relative priorities. Probability in the Engineering and Informational Sciences, 11: 403–412.

Hossain E, Niyato D, Han Z. 2009. Dynamic spectrum access and management in cognitive radio networks. Cambridge: Cambridge University Press.

Jagannathan K, Menache I, Modiano E, Zussman G. 2012. Non-cooperative spectrum access-the dedicated vs. free spectrum choice. IEEE Journal on Selected Areas in Communications, 30: 2251–2261.

Jouini O, Dallery Y, Aksin O Z. 2009. Queueing models for multiclass call centers with real-time anticipated delays. International Journal of Production Economics, 120: 389–399.

Kerner Y. 2008. The conditional distribution of the residual service time in the $M_n/G/1$ queue. Stochastic Models, 24: 364–375.

Kerner Y. 2011. Equilibrium joining probabilities for an $M/G/1$ queue. Games and Economic Behavior, 71: 521–526.

Kulkarni V G. 1983a. A game theoretic model for two types of customers competing for service. Operation Research Letters, 2: 119–122.

Kulkarni V G. 1983b. On queueing systems with retrials. Journal of Applied Probability, 20: 380–389.

Kulkarni V G, Choi B D. 1990. Retrial queues with server subject to breakdowns and repairs. Queueing Systems, 7: 191–208.

Larsen C. 1998. Investigating sensitivity and the impact of information on pricing decisions in an $M/M/1/\infty$ queueing model. International Journal of Production Economics, 56-57: 365–377.

Li H, Han Z. 2011. Socially optimal queuing control in CR networks subject to service interruptions: to queue or not to queue? IEEE Transactions on Wireless Communications, 10: 1656–1666.

Li L, Wang J, Zhang F. 2013. Equilibrium customer strategies in Markovian queues with partial breakdowns. Computers & Industrial Engineering, 66: 751–757.

Li X, Wang J, Zhang F. 2014. New results on equilibrium balking strategies in the single-server queue with breakdowns and repairs. Applied Mathematics and Computation, 241: 380–388.

Lillo R E. 2001. Optimal control of an $M/G/1$ queue with impatient priority customers. Naval Research Logistics, 48: 201–209.

Littlechild S C. 1974. Optimal arrival rate in a simple queueing system. International Journal of Production Research, 12: 391–397.

Liu W, Ma Y, Li J. 2012. Equilibrium threshold strategies in observable queueing systems under single vacation policy. Applied Mathematical Modelling, 36: 6186–6202.

Ma Y, Liu W, Li J. 2012. Equilibrium balking behavior in the $Geo/Geo/1$ queueing system with multiple vacations. Applied Mathematical Modelling, 37: 3861–3878.

Mandelbaum A, Yechiali U. 1983. Optimal entering rules for a customer with wait option at an $M/G/1$ queue. Management Science, 29: 174–187.

Miller B L, Buckman A G. 1987. Cost allocation and opportunity costs. Management Science, 33: 626–639.

Mitola Iii J. 2001. Cognitive radio for flexible mobile multimedia communications. Mobile Networks and Applications, 6: 435–441.

Mitrany I L, Avi-Itzhak B. 1968. A many server queue with service interruptions. Operations Research, 16: 628–638.

Nalebuff B. 1989. The arbitrage mirage, waitwatchers, and more. Journal of Economic Perspectives, 3: 165–174.

Naor P. 1969. The regulation of queue size by levying tolls. Econometrica, 37: 15–24.

Neuts D. 1989. Structured stochastic matrices of $M/G/1$ type and their applications. New York and Basel: Marcel Dekker.

Nisan N, Roughgarden T, Tardos E, Vazirani V V. 2007. Algorithmic Game Theory. New York: Cambridge University Press.

Niyato D, Hossain E. 2008a. Competitive spectrum sharing in cognitive radio networks: a dynamic game approach. Wireless Communications, IEEE Transactions on, 7: 2651–2660.

Niyato D, Hossain E. 2008b. Competitive pricing for spectrum sharing in cognitive radio networks: dynamic game, inefficiency of Nash equilibrium, and collusion. Selected Areas in Communications, IEEE Journal on, 26: 192–202.

Sakai Y, Takahashi Y, Takahashi Y, Hasegawa T. 1998. A Composite queue with vacation/ set-up/close-down times for SVCC in IP over ATM networks. Journal of the Operations Research Society of Japan, 41: 68–80.

Schroeter R. 1982. The costs of concealing the customer queue, working paper. Department of Economics, Iowa State University.

Shone R, Knight V, Williams J. 2013. Comparisons between observable and unobservable $M/M/1$ queues with respect to optimal customer behavior. European Journal of Operational Research, 227: 133–141.

Stidham S Jr. 1978. Socially and individually optimal control of arrivals to a $GI/M/1$ queue. Management Science, 24: 1598–1610.

Stidham S Jr. 2009. Optimal Design of Queueing Systems. Boca Raton: CRC Press, Taylor and Francis.

Sun W, Guo P, Tian N. 2010. Equilibrium threshold strategies in observable queueing systems with setup/closedown times. Central European Journal of Operational Research, 18: 241–268.

Takagi H. 1991. Queueing Analysis: A foundation of Performance Evaluation, Vol. 1, Vacation and Priority Systems, Part I. Amsterdam: North-Holland.

Thiruvenydan K. 1963. Queueing with breakdown, Operations Research, 11: 62–71.

Tian N, Zhang Z G. 2006. Vacation Queueing Models. Theory and Applications. New York: Springer.

Tilt B, Balachandran K R. 1979. Stable and superstable customer policies with balking and priority options. European Journal of Operational Research, 3: 485–498.

Wang F, Wang J, Zhang F. 2014. Equilibrium customer strategies in the $Geo/Geo/1$ queues with single working vacation. Discrete Dynamics in Nature and Society, vol. 2014, Article ID 309489, 9 pages.

Wang F, Wang J, Zhang F. 2015. Strategic behavior in the single-server constant retrial queue with individual removal. Quality Technology and Quantitative Management, 12: 325–342.

Wang J, Cao J, Li Q. 2001. Reliability analysis of the retrial queue with server breakdowns and repairs. Queueing Systems, 38: 63–380.

Wang J, Li W. 2016. Non-cooperative and cooperative joining strategies in cognitive radio networks with random access. IEEE Transactions on Vehicular Technology, forthcoming. DOI: 10.1109/TVT. 2015. 2470115.

Wang J, Zhang F. 2011. Equilibrium analysis of the observable queues with balking and delayed repairs. Applied Mathematics and Computation, 218: 2716–2729.

Wang J, Zhang F. 2013. Strategic joining in $M/M/1$ retrial queues. European Journal of Operational Research, 230: 76–87.

Wang J, Zhang F. 2016. Monopoly pricing in a retrial queue with delayed vacations for local area network applications. IMA Journal of Management Mathematics, 27(2): 315–334.

Whitt W. 1986. Deciding which queue to join: some counterexamples. Operations Research, 34: 55–62.

Whitt W. 1999. Improving service by informing customers about anticipated delays. Management Science, 45: 192–207.

Yang T, Wang J, Zhang F. 2014. Equilibrium balking strategies in the $Geo/Geo/1$ queues with server breakdowns and repairs. Quality Technology and Quantitative Management, 11: 231–243.

Yechiali U. 1971. On optimal balking rules and toll charges in the $GI/M/1$ queuing process. Operations Research, 19: 349–370.

Yechiali U. 1972. Customers' optimal joining rules for the $GI/M/s$ queue. Management Science, 18: 434–443.

Zhang F, Wang J, Liu B. 2012. On the optimal and equilibrium retrial rates in an unreliable retrial queue with vacations. Journal of Industrial and Management Optimization, 8: 861–875.

Zhang F, Wang J, Liu B. 2013a. Equilibrium joining probabilities in observable queues with general service and setup times. Journal of Industrial and Management Optimization, 9: 901–917.

Zhang F, Wang J, Liu B. 2013b. Equilibrium balking strategies in Markovian queues with working vacations. Applied Mathematical Modelling, 37: 8264–8282.

Zhang H, Jiang C, Beaulieu N C, Chu X, Wen X, Tao M. 2014b. Resource allocation in spectrum-sharing OFDMA femtocells with heterogeneous services. IEEE Trans. Commun., 62: 366–2377.

Zhang H, Jiang C, Mao X, Chen H. 2015a. Interference-limit resource optimization in cognitive femtocells with fairness and imperfect spectrum ensing. IEEE Trans. Veh. Technol., DOI: 10.1109/TVT.2015.2405538.

Zhang H, Jiang C, Beaulieu N C, Chu X, Wang X, Quek T. 2015b. Resource allocation for cognitive small cell networks: A cooperative bargaining game theoretic approach. IEEE Trans. Wireless Commun., DOI: 10.1109/TWC.2015.2407355.

Zhang Z, Wang J, Zhang F. 2014a. Equilibrium customer strategies in the single-server constant retrial queue with breakdowns and repairs. Mathematical Problems in Engineering, vol. 2014, Article ID 379572, 14 pages.

《运筹与管理科学丛书》已出版书目